개정판

군리더십개론

MILITARY LEADERSHIP

남기봉 · 신상우

도서출판 진영사

군리더십개론

남기봉·신상우

2008년 3월 02일 초판 인쇄
2008년 3월 05일 초판 발행
2019년 1월 11일 개정판 인쇄
2019년 1월 15일 개정판 발행
2020년 1월 17일 개정2쇄 발행

발행인 ‖ 박진영
발행처 ‖ 도서출판 진영사
인천광역시 부평구 주부토로236 인천테크노밸리U1 지식산업센터 B동 1507호
Tel. 032)505-4207
Fax. 032)505-4206
E.mail 0183734207@hanmail.net

ISBN 978-89-6541-408-7 93390

머리말

리더십은 동·서양을 막론하고 지금까지도 역사적으로 꾸준히 논의되고 있는 몇 가지 개념 중의 하나이다. 또한 리더십에 관심을 갖는 학문분야도 심리학, 사회학, 경영학, 교육학, 정치학 등으로 다양하며, 그 다양성만큼이나 다채로운 논의들이 개진되어 왔다.

이렇게 리더십에 관한 풍부한 논의와 이론적인 발전이 이루어져 왔음에도 불구하고 여전히 현대사회는 리더십에 관한 색다른 시각들을 요청하고 있는데, 그 가장 큰 이유는 사회가 끊임없이 변화하고 있으며, 아울러 사회의 변화추세에 걸맞게 또한 그 변화를 주도할 수 있는 조직을 선도해 나갈 리더의 역할이 점점 더 중요해 지기 때문이다.

리더십에 대한 관심은 민간조직에 비해 군에서 훨씬 크다고 할 수 있다. 그 이유는 군이 민간사회의 조직에 비해 리더에게 더 많은 권한과 책임을 부여하고 있으며, 부대내 조직의 모든 행위가 리더를 중심으로 일어나고 있으므로, 리더의 행위가 조직의 전반적인 임무수행에 보다 큰 영향을 미치고 있기 때문이다. 한국군도 창군 이래 군의 리더십발전을 위해 다양한 노력을 기울여 왔으며 이제는 외국학자들과 미군들이 연구한 리더십이론과 지식을 단순히 전수하는 차원에서 탈피하여 한국군에 맞는 리더십개발을 위해 다방면으로 노력을 경주하고 있다. 이에 따라 군에서는 보다 체계적이고 조직적인 리더십 연구개발을 위해 국방부와 각 군별로 리더십연구전문기관을 설치하여 노력하고 있으며, 이에 따라 한국적 특성에 맞고 사회적 변화와 발전에 부응한 한국군 고유의 리더십 이론과 모형 및 리더십 측정도구 등의 개발이 기대되고 있는 상황이다.

현재 육군의 리더인 장교와 부사관을 양성하는 교육과정은 다양하며, 교육기관별로 나름대로 창의적인 리더십교육을 위해 노력하고 있을 뿐만 아니라 각 민간대학에서도 사회변화의 추세에 맞추어 사회적 영역별 특성에 맞는 리더십개발을 연구하고 있다.

이 책은 일차로 군 초급간부들에게 필요한 리더십구비와 능력배양을 위해 편집되었으며, 특히 군의 초급간부들이 장차 변화하는 환경에 대응하여 군 조직을 효과적으로 지휘하고 관리하는데 필요한 기본적인 지식과 안목을 갖추도록 하는 데에 초점을 맞추었다.

이 책은 모두 4개의 장으로 구성되어 있다. 제1,2장에서는 일반 리더십의 개념과 본질에 대하여 이론적 측면에서 고찰하였고, 제3장에서는 군 리더에게 필요한 군 리더십의 이론적 개념을 제시하는 한편, 군 초급간부들이 실무부대에서 적용하는데 필요한 실질적인 내용을 습득할 수 있도록 광범위하게 구성하였으며, 마지막 제4장에서는 전장이라는 불확실한 상황과 환경하에서 군의 리더가 기본적으로 알고 대처해야 할 내용을 소개하였다.

본 책자를 편집하기 위해 군의 초급간부 양성기관인 육군사관학교, 제3사관학교, 육군행정학교에서 사용되고 있는 강의서등을 참고 하였으며, 국방리더십센터와 육군 리더십센터에서 연구하고 있는 내용 및 육군에서 발간된 교범, 교육회장 등과 외국군 주요교범등도 광범위하게 참고 하였다. 효과적인 군의 리더로 성장하기 위해서는 이 책이 제공하는 리더십의 기본적 이론과 개념을 숙지하고 실무에서 상황과 여건에 맞게 적절히 적용해야 할 것이며, 군 이라는 특수한 조직의 특성에 부합하고 가치를 내면화하는 포괄적이고 지속적인 노력을 경주하여 모두들 군에서 요구하는 창의적이고 우수한 리더가 되기를 기대한다.

끝으로 이 책을 편집하기 위해 무더운 날씨와 어려운 여건하에서도 의욕과 열성을 갖고 동참하고 노력해 주신 관계 교수님들께 감사드리고, 또한 이 책이 나오기까지 출판의 전과정에 걸쳐 애써주신 진영사 박진영사장님과 출판사 여러분께 깊은 감사를 드립니다.

2019년 1월

양지골에서

차 례

제1장 리더십의 기본개념

제1절 리더십 연구의 역사 ······ 11

1. 리더십 연구의 초점 ······ 11
2. 리더십 연구의 발전과정 ······ 12

제2절 리더십의 정의와 관련된 쟁점 ······ 15

1. 리더십의 정의 ······ 15
2. 리더십 개념과 관련된 논쟁점들 ······ 19

제2장 리디십 연구의 이론적 고찰

제1절 리더십 유형에 관한 이론 ······ 29

1. 현대 리더십 연구의 주요 이론적 접근 ······ 30
2. 초기 특성이론 연구 ······ 33
3. 초기의 행동이론 연구 ······ 36
4. 최근의 이론적 경향 ······ 41

제2절 리더십의 인접 개념 ······ 52

1. 팔로워십(Followership) ······ 52
2. 임파워먼트(Empowerment) ······ 58
3. 조직 유효성 ······ 62
4. 리더십 관련 이론의 군 조직에서의 함의점 ······ 65

제3절 의사소통 ······ 68

1. 의사소통의 정의와 기능 ······ 69
2. 의사소통의 모델: 과정과 구성요소 ······ 70
3. 의사소통에서 의미의 왜곡 ······ 72
4. 조직 내에서의 의사소통 ······ 78
5. 조직에서의 효과적인 의사소통을 위한 전략 ······ 84

제4절 동기유발 ······ 88

1. 동기유발의 정의 ······ 89
2. 동기 유발 이론 ······ 90
3. 동기 유발 방법 ······ 109
4. 동기 유발을 위한 제 변수의 활용 ······ 126

제3장 군과 리더십

제1절 환경변화와 리더십 ······ 137

1. 리더십 환경변화 및 리더십 역량과 사례 ······ 137
2. 지휘통솔과 리더십 ······ 179
3. 21세기 이상적인 육군의 리더상 ······ 186

제2절 리더의 영향력과 핵심역량 ······ 195

1. 영향력의 종류 ······ 195
2. 리더의 영향력과 구성원의 반응 ······ 198
3. 효과적인 영향력 발휘 ······ 201
4. 육군 리더십 역량 ······ 205
5. 리더십 원칙 ······ 216

제3절 인간중심 리더십 ······ 226

1. 「인간중심」과 「리더십」 ······ 226
2. 수행기반 ······ 237
3. 세부 실천방향 ······ 242

제4절 임무형 지휘 ······ 253

1. 지휘 유형 ······ 253
2. 수행기반 ······ 264
3. 세부 실천방향 ······ 269

제4장 전장 환경 하에서의 리더십

제1절 개 요 ······ 277

제2절 전장의 환경과 극복요소 ······ 278

1. 전장 환경 영향요소 ······ 278
2. 전장 환경 극복요소 ······ 280

제3절 전투의 특성과 지휘관 ······ 284

1. 전투는 불확실의 영역이다. ······ 285
2. 전투는 위험의 영역이다. ······ 287
3. 전투는 마찰의 영역이다. ······ 288
4. 전투는 정신적, 육체적 피로와 고통의 영역이다. ······ 290

제4절 전장속의 인간이해 ······ 292

1. 전사(戰史)의 교훈과 창조적 적용 ······ 292
2. 전투지휘의 본질-인간이해 ······ 293
3. 극한상황 속의 인간모습 ······ 295
4. 전의(戰意)를 촉진시키는 정신적 요소 ······ 296

제5절 전장에서의 각종 심리현상과 극복대책 ······ 298

1. 필승의 신념과 패전의식의 공존 ······ 298
2. 공포 ······ 300
3. 유언비어 ······ 301
4. 공황 ······ 303
5. 지각(知覺)능력의 저하 ······ 305
6. 가치기준(價値基準)의 하락 ······ 305
7. 동화(同化)의식 확산 ······ 306
8. 전투피로증 ······ 307

제6절 전승을 위한 리더십 ······ 308

1. 강력한 지휘체계 확립 ······ 309
2. 명확한 지휘관 의도 전파 ······ 309
3. 현장 지휘 ······ 311
4. 통합전투력 운용 ······ 312
5. 독단활동 ······ 312
6. 전장군기 확립 ······ 314
7. 전투 스트레스(Stress) 관리 ······ 314
8. 사상자 처리 ······ 315
9. 공포와 공황의 통제 ······ 315
10. 적 심리전 방어 ······ 316

제7절 역사상 성공적 전투지휘 사례 ······ 316

1. 도덕적 용기를 발휘한 지휘관 ······ 316
2. 과단성(果斷性)으로 난군을 극복한 지휘관 ······ 317
3. 고도의 용기를 발휘한 지휘관 ······ 319
4. 냉정과 침착으로써 위기를 극복한 지휘관 ······ 320
5. 인기에 영합(迎合)하지 않은 지휘관 ······ 321

제1장

리더십의 기본개념

제1절 리더십 연구의 역사

제2절 리더십의 정의와 관련된 쟁점

LEADERSHIP

군리더십개론

제1장 리더십의 기본개념

리더십이라는 문제는 집단이 존재하는 곳이라면 어디서든 사람들의 관심을 끄는 주제일 것이다. 예로부터 군사 지휘관은 물론 정치, 종교, 사회 지도자, 학자 그리고 일반인들에게 이르기까지 리더십이라는 문제는 중요한 관심 대상이었다. 위인전이라든가 각종 역사 관련 서적들이 여러 분야의 지도자들에 관한 얘기로 가득 차 있는 것을 보면 리더십이라는 문제에 대한 사람들의 관심이 어느 정도인가를 쉽게 짐작할 수 있다. 우리나라에서는 최근 들어서 군을 비롯하여 기업이나 행정 조직체에서 리너십에 관한 관심이 부쩍 고조되고 있는 것을 볼 수 있다.

제1절 리더십 연구의 역사

1. 리더십 연구의 초점

리더십에 관한 사람들의 첫 번째 관심은 아마도 한 집단에서 어떠한 사람이 리더로 부각되고, 또 리더로 선출될 것인가(leader emergence)의 문제일 것이다. 이러한 관심은 사람들이 자신이 리더가 되고 싶은 욕구를 갖고 있거나 자신이 좋아하는 사람을 리더로 만들고 싶은 욕구를 갖고 있기 때문일 것으로 풀이된다. 사실상 리더십에 관한 초기의 과학적 연구도 이런 문제에 대한 해답을 얻고자 하는 데서 시작되었다(Stogdill, 1948, 1974).

리더십 문제에 관한 두 번째 관심사는 리더 직책을 담당한 사람이 어떻게 하면 그의 역할을 성공적으로 수행해낼 수 있을 것이냐의 문제이다. 즉 리더십의 효과성(leadership effectiveness)에 관한 문제이다. 군이나 공무원 조직 또는 기업체와 같은 공식 조직체에서 각급 제대의 지휘관이나 부서장은 임명에 의해 리더의 직책을 맡게 된다. 이들은 예하 구성원들에 의해 선출된 리더가 아니지만 리더의 직책을 담당한 이상 리더로서의 역할을 성공적으로 완수하기를 바랄 것이다. 따라서 이들에게는 어떤 사람이 리더로 선출되느냐의 문제보다는 어떻게 하면 성공적인 리더가 되느냐의 문제가 더 중요한 관심사가 된다. 대부분의 리더십 연구는 이 문제에 대한 해답을 찾는 데 초점을 맞추고 있다(신응섭외, 리더십의 이론과 실제, 2007, pp.17~18).

2. 리더십 연구의 발전과정

리더십이라는 문제에 관한 논의는 유사 이래로 계속 있어 왔지만, 오랜 기간 동안 사변적인 수준에 머물러 있었다. 고대 중국의 유명한 병서(兵書)인 『삼략(三略)』이나 법가(法家)의 사상서인 『한비자(韓非子)』라든가, 서구의 플라톤의 『국가론』, 마키아벨리의 『군주론』 등이 고전적인 의미의 대표적인 리더십 이론 서적이라고 볼 수 있다. 이러한 저술들은 리더십의 문제를 주로 지도자가 어떠한 덕성을 갖추어야 하며 어떤 식의 행동을 해야 하는가에 관하여 사변적 수준과 당위론적인 입장에서 논의하였다. 따라서 현실적으로 어떤 덕성을 갖춘 리더가 더 성공적이고, 어떤 방식의 행동을 하는 리더가 더 효과적인가에 관한 증거의 제시, 즉 실증적인 검증은 결여된 것들이었다.

리더십 연구에 관한 진일보된 시각의 접근은 19세기 중반의 Carlye (1841)의『영웅과 영웅 숭배』라는 저서에서 나타나기 시작했다. 그는 이 저서에서 역사는 소수의 뛰어난 위인들에 의해서 만들어지며, 그러한 위인들은 보통 사람들과는 다른 훌륭한 자질이나 특성을 타고 난다고 보았다. 그리하여 그는 유럽의 과거 역사에서 뛰어난 인물들이 지녔던 특성이 무엇인가를 찾으려는 시도를 하였다. 이러한 위인(偉人)이론은 그 후 영국의 우생학자인 Galton(1869)의 '뛰어난 자질과 능력은 유전적으로 결정된다.'는 유전론에 힘입어 더욱 발전하게 된다. Woods(1913)는 14개 국가를 대상으로 하여 각 국가에서 오백 년 내지 천 년에 걸친 기간의 국세나 치적을 조사하였는데, 이것이 통치자의 능력과 거의 정비례한다는 결과를 보고하였다. 즉 훌륭한 능력과 자질을 소유한 통치자가 다스린 나라는 융성하며, 그러한 자질은 유전된다는 것이었다.

리더십에 대한 과학적인 연구의 발전은 20세기에 들어서면서 심리학의 발달과 더불어, 특히 태도(attitude)나 성격(personality), 지능 등을 측정하는 기법이 가용하게 되면서부터 본격화되기 시작하였다. 따라서 19세기에 등장한 위인 이론은 심리 측정 기법의 발달과 결합되어 '특성론'이라는 이론적 접근으로 발전하게 된다. 이것은 리더가 보유하고 있는 정신 능력이나 심리적 특성이 보통 사람들과는 어떻게 다른가를 각종 심리 검사나 태도 척도를 사용하여 알아보려는 방법이다. 이 특성론은 리더십 연구에 대한 최초의 과학적인 이론적 접근이라고 볼 수 있다.

약 반세기 동안 활기를 띠었던 특성 연구는 그다지 고무적인 결과를 내어놓지 못했다. 즉 성공적인 리더가 되기 위해서는 어떤 심리적 능력이나 특성을 갖추어야 되는가에 대한 일관성 있는 결론이 모아지지 않았던 것이다. 그래서 초기의 야심적이었던 특성 연구자들의 의욕은 한풀 꺾인 셈이다. 따라서 다른 활로를 모색해야 한다는 필요성이 제기되었다.

이러한 시기에 사회과학 분야 전반에서는 사회과학 연구가 보다 더 과학적인 방식으로 이루어져야 한다는 견해가 확산되고 있었다. 과학에서의 생명은 객관적인 관찰과 측정을 통한 타당성 있는 수량적 자료를 획득하는 일이다. 즉 측정 내용이 객관성 있고 타당성이 있어야 하며, 자료는 가능한 한 정밀하게 수량화될 것이 요망된다는 것이다. 리더십 분야의 연구에서도 이러한 시대사조가 영향을 미치게 되었다. 따라서 눈으로 볼 수 없는, 그래서 타당성 있는 측정이 어려운 내적 특성을 규명하려고 하기보다는, 객관적인 관찰과 측정이 용이한 외적 행동을 연구하는 것이 바람직하다는 견해가 우세해지면서 리더의 행동에 대한 연구가 활기를 띠게 된다.

리더 행동에 대한 연구가 활성화되게 된 또 다른 배경은 리더 훈련에 있어서 행동 연구적 접근이 더 효과적이라는 점이 인식된 것이다. 내적인 특성은 발견하기도 어렵거니와, 장기간의 생활을 통해 형성되어 온 것이기 때문에 변화시키기도 어려우며, 또한 변화 여부를 평가하기도 어렵다. 이에 비해 외적인 행동은 리더 훈련에서의 목표 설정과 그 훈련의 효과성을 평가하기가 상대적으로 훨씬 더 용이한 대상이다. 그래서 1950년대 이후 약 20년간은 리더 행동에 대한 연구가 성황을 이루었다.

1960년대 후반에 접어들면서 기존의 리더 특성이나 행동에 관한 연구 접근법에 중요한 비판이 가해졌다. 즉 기존의 특성 연구나 행동 연구는 모든 상황에서 성공적일 수 있는 특성이나 행동이 무엇인가를 찾아내려고 노력해왔는데 그런 일반적인 요인은 있을 수 없다는 것이다. 그 이유는 부하의 특성이나 과제의 성질과 같은 상황적 요소가 달라짐에 따라 동일한 특성이나 행동도 그 효과가 달라진다는 사실이 발견된 것이다 (Fiedler, 1964, 1967;House, 1971; Evanse, 1974; Hersey & Blanchard, 1969). 이것이 곧 상황 부합적 접근으로 대두된 것이다.

리더의 내적 특성과 외적 행동에 대한 연구와는 별도로, 리더십에 관한 전통적 연구의 한 범주로서 리더가 사용하는 권력의 유형 및 이들의 상대적 효과에 관한 연구가 1960년대 이후 지속적으로 있어 왔다. 리더십에서 핵심이 되는 요소 중의 하나는 부하에게 영향력을 행사한다는 것이다. 권력-영향력 연구는 이런 영향력이 어디에서 나오는 것이며, 어떤 영향력 형태를 어떤 방식으로 행사하는 것이 집단 임무 달성과 구성원의 만족도를 높이는 데 더 효과적인가를 밝히는 것이다.

1970년대 후반에 접어들면서 리더십 연구는 심리학을 포함하는 사회과학 전반에 걸쳐 인지주의적 관점(cognitive approach)과 인본주의적 관점(humanistic psychology)이 확장되고, 국제적으로 기업들의 경쟁이 치열해지면서 기업의 생존 전략 모색이 핵심적인 문제로 대두됨에 따라 조직 문화(organizational culture)와 같은 문제가 주요 관심사로 부각되는 등 새로운 방향으로 연구가 진행되었다(신응섭외, 리더십의 이론과 실제, 2007, pp.19~20).

제2절 리더십의 정의와 관련된 쟁점

1. 리더십의 정의

리더십에 대한 정의는 리더십을 연구하는 사람들의 수만큼이나 다양하다(Stogdill, 1974). 리더십 현상을 조망하는 관점에 따라서, 또한 시대사조(zeitgeist)에 따라서 리더십의 정의는 달라진다. 그렇기 때문에 리더십을 일의적으로 정의하기는 어렵다. 초기의 리더십 연구들에서는 리더십을 일반적으로 '집단의 목표를 달성하기 위하여 구성원들을 동기화시키고, 그들에게 영향력을 발휘하는 과정'이라고 보았다. 이 정의는 리더가 집단의 성패를 좌우하는 핵심적인 인물(agent)로서, 그의 부하에 대한 동기화 능력과 영향력 발휘 기술이 중요하다는 점을 강조하는 것이다. 이런 정의는 리더가 집단을 이끌어가는 중심인물 이라는 점을 기본적으로 전제하고 있다.

즉 부하는 리더의 지도하에서 그를 잘 따라가기만 하면 집단의 목표가 성공적으로 달성될 것이라는 가정이다. '나를 따르라(Follow me)'라는 구호가 이러한 입장의 정의를 상징적으로 표현하는 것이라고 볼 수 있다. 이것을 '현대적 입장'에서의 정의와 대비하여 '전통적 입장'에서의 리더십이라고 명명하기로 하자.

전통적 입장의 리더십의 정의에 입각한 연구들은 집단 임무 수행의 성패는 리더가 결정적인 열쇠를 쥐고 있다고 보기 때문에 그가 어떤 인물이며, 어떤 행동을 하며, 또한 어떤 방식으로 권력을 획득하는가가 주요 연구 대상이었다. 그러나 리더십이라는 복잡한 현상에 대한 이해가 확장되고, 사회의 가치관이 민주적인 방향으로 변화함에 따라서 리더십을 바라보는 시각에도 큰 변화가 일어나게 되었다. 이러한 변화의 물결에 맞추어서 등장한 리더십 연구의 주요 접근이 바로 변환적 리더십이다. 변환적 리더십에서는 부하를 이기적 욕심이나 공포와 같은 하급 욕구만을 가진 존재로 보기보다는 자유, 평등, 자아실현과 같은 고차원적 동기도 갖는 존재로 파악하기 때문에 단순히 지시와 영향력 행사만으로는 부하를 동기화시키기 어려우며, 집단의 성패가 리더 한 사람의 역량에 의해 좌우되기보다는 집단 구성원 전체의 총체적 역량에 의해 결정된다고 보는 것이다.

리더십 연구에 대한 이러한 최근의 관점들을 통합적으로 고려하여 Forsyth(1990)는 리더십을 "집단과 각 구성원들의 목표 달성을 촉진하기 위하여 각 구성원들이 다른 구성원들에게 영향을 미치고 또한 그들을 동기화시키는 교호적, 교환적 및 변화적 과정"으로 정의한다. 이러한 정의는 앞에서 정의한 '전통적 정의'에 대비되는 '현대적 정의'라고 할 수 있다.

현대적 정의에서는 리더십을 교호적(reciprocal) 과정으로 파악한다. 즉 부하는 리더의 영향을 받는다. 예컨대 리더의 인간적 매력에 이끌려서 또는 리더의 추궁을 받지 않기 위해서 일을 열심히 한다. 그러나 리더 역시 부하의 영향력을 받는다. 리더는 부하의 요구를 잘 살펴서 리더십 행동을 조정한다. 또한 리더와 부하는 모두 외부적 요구에 따라 적절히 대처를 해야 하고, 자신들에게 유리한 환경을 조성해 나가야 한다. 이처럼 리더, 구성원, 환경의 세 가지 요소는 어느 한 요소가 다른 요소에 일방적으로 영향을 주는 것이 아니라, 서로가 서로에게 영향을 주고받는다. 리더십은 유동적이고 역동적(dynamic)인 과정이기 때문에 이 세 가지 요소들 간에 끊임없이 조정과 조율이 일어난다.

현대적 정의에서도 전통적 정의와 마찬가지로 리더십에 교환적(transactinal) 과정이 개입됨을 인정한다. 즉 리더는 일을 잘 하는 부하에게 상을 주고, 일을 못하는 부하에게는 벌을 준다. 부하들이 성공적으로 임무를 완수하면 리더는 거기에서 보람을 느끼고, 집단 임무를 완수함으로써 리더는 그 자신의 상관으로부터 인정을 받고 진급도 한다. 이처럼 리더와 부하는 일방적으로 누가 누구에게 은전을 베풀고 받는 관계가 아니다. 리더-구성원 관계는 각자 자신의 역할을 훌륭히 수행할 경우 상호간에 보상을 주고받는 교환적 관계이다. 즉 리더와 구성원은 각자가 원하는 금전적 또는 사회적 보상(reward)을 얻기 위하여 상호간 시간과 노력을 거래하는 관계이다.

현대적 정의에서는 리더십에서 변환적(transformational)과정에 주목한다. 이순신 장군은 위험을 무릅쓰고 적탄이 날아오는 진두에 서서 지휘를 함으로써 부하들의 전의를 북돋웠다. 중국의 명장 오기(吳起)는 부하의 등에 난 종기를 자신의 입으로 빨아서 치료해 줌으로써 그 부하의 목숨을 건 충성심을 이끌어 내었다고 한다. 그는 또 부하들이 식사를 시작하지 않았으면 자신도 식사를 하지 않았고, 부하들의 숙영 시설이 준비되지 않았으면 자신도 숙소에 들지 않았다고 한다. 이처럼 리더십이란 자신의 권한이나 권력을 단순히 휘두르는 것이 아니라 부하들의 신념, 가치, 욕구를 변화시키고, 그들을 일치 단결시켜서 목표를 향해 매진하게 만드는 것이다. 즉 리더는 부하를 동기화시키고, 자신감을 갖게 만들고, 만족감을 갖도록 해주어야 한다. 나아가서 부하의 고차원적 욕구, 즉 자아 실현적 욕구를 자극하여 스스로 일을 찾아서 하면서 보람을 느끼도록 만들어야 한다는 것이다.

우리는 여기서 리더십에 관한 현대적 정의의 의미를 전적으로 수용하면서 논의의 편의상 전통적 정의를 리더십의 정의로 받아들이고자 한다. 이것은 표현상의 간결성을 취하기 위한 목적 이외의 다른 의미는 없다. 참고적으로 군의 지휘 통솔 교범이나 외국군 사관학교 리더십 교재에 나타난 리더십의 정의를 몇 가지 아래에 소개한다(신응섭외, 리더십이론과 실제, 2007, pp.21~24).

■ 한국 육군 지휘통솔 교범(2006)

"부여된 책임과 권한을 바탕으로 부대발전 및 조직목표를 효과적으로 달성하기 위하여 구성원에게 목적 및 방향제시, 동기부여를 통한 영향력을 행사하여 구성원의 모든 노력을 부대 목표에 집중시키는 활동 및 과정"

■ 미국 육군 리더십 교범(1990)

"임무 완수를 위하여 목적과 방향을 제시하고 동기를 부여함으로써 부하에게 영향력을 발휘하는 과정(the process of influencing others to accomplish the mission by providing purpose, direction and motivation)"

■ 미국 육사 리더십 교재(1988)

"조직체에서 임명된 리더가 부여된 목표를 달성하기 위하여 인간행동에 영향력을 미치는 과정(the process of influencing human behavior so as to accomplish the goals prescribed by the organizationally appointed leader)"

■ 미국 공사 리더십 교재(1996)

"조직체의 목표를 달성하기 위하여 그 조직체에 대하여 영향력을 발휘하는 과정(the process of influencing an organized group toward accomplishing its goals)"

2. 리더십 개념과 관련된 논쟁점들

가. 리더십과 영향력

리더십 문제에서의 한 가지 주요 논쟁점은 리더십(지도력)과 영향력을 같은 개념으로 보느냐, 그렇지 않으면 구분되는 개념으로 보느냐의 문제이다. 먼저 이 두 가지 개념을 굳이 구분할 필요가 없다고 보는 관점의 주장을 보자. 이들은 집단 내의 구성원들 간에 영향력이 발휘되는 모든 과정을 집합적으로 일컬어서 리더십이라고 본다. 통상 집단 내에서는 공식적으로 지정된 리더가 있기 마련이지만, 그런 경우라고 하더라도 그 공식적인 리더가 항상 가장 많은 영향력을 발휘하는 것은 아니라고 본다. 사안에 따라서 또는 상황에 따라서는 가장 많은 영향력을 발휘하는 사람이 달라질 수도 있는데, 이처럼 그 상황에서 가장 많은 영향력을 발휘하는 사람을 리더라고 볼 수 있다. 그리고 영향력을 행사하는 목적이 집단의 목표를 달성하기 위한 것이든 개인적인 목적을 달성하기 위한 것이든 상관하지 않고 그것이 다른 사람의 자발적인 동기를 불러일으키는 것이든, 이기심에 호소하는 것이든, 공포감을 유발하는 것이든 상관없이 상대방에게 영향력을 발휘하는 사람을 곧 리더로 간주한다. 그래서 이 입장은 영향력이라는 개념으로 리더십 현상을 충분히 이해하고 설명할 수 있으므로 리더십이라는 중복적(redundant)인 용어를 만들지 말고, 개념 또는 이론상의 간결성을 도모하는 것이 좋다는 것이다.

반면 이 두 개념을 명확히 구분되는 것으로 보는 학자들은 영향력 발휘 과정 그 자체가 곧 리더십은 아니라고 본다. 리더십이란 단순한 영향력 발휘 그 이상의 내용을 포함한다는 것이다. 집단 내의 역할 구조를 보면 리더와 부하의 역할이 분화 되어 있어서 담당하는 기능이 서로 다르고, 리더에게는 부하에게 영향력을 행사할 수 있는 권한이 부여되는데, 리더가 그 역할과 기능을 수행하는 과정에서 이 영향력을 발휘하는 것이 리더십이라는 것이다. 부하가 영향력을 발휘하는 경우도 있을 수 있지만 이것을 리더십이라고 보지는 않는다. 나아가 집단의 목표를 달성하기 위하여 리더가 영향력을 발휘하는 것이 리더십이며, 개인적인 목적이나 기타의 목적을 위하여 영향력을 행사하는 것은 진정한 의미의 리더십이 아니라고 본다. 또한 부하의 자발적이고 진정한 복종을 유도하고 부하를 동기화시키는 방향으로 영향력을 발휘하는 것이 리더십이며, 권한이나 강제 또는 보상을 이용하여 외형적인 복종을 강요하는 식의 영향력 행사는 진정한 의미의 리더십이 아니라고 본다.

리더십과 영향력을 동일한 과정으로 보는 입장은 리더십에 대한 광의적인 관점이다. 반면 이 두 과정을 구분이 되는 것으로 보는 입장은 리더십에 대한 협의적인 관점이다. 비공식적 집단에서의 리더십이나 리더의 출현 과정에서의 리더십을 다루는 경우에는 광의적인 관점이 더 유용할 수 있을 것이다. 반면 군이나 공무원 또는 대규모 기업체와 같은 공식적인 조직체에서의 리더십을 다루는 경우에는 협의적인 관점이 더 유용할 수 있을 것이다. 그러나 리더십에 대한 이해를 더 풍부하게 만들기 위해서는 이 두 관점이 갖고 있는 시사점을 동시에 고려하는 것이 필요할 것이다.

나. 리더십과 관리

리더십과 관련된 개념상의 논쟁점 중에서 또 하나의 중요한 주제는 리더십과 관리(management)의 구분에 관한 것이다. 일반적으로 리더십과 관리라는 것이 서로 확연히 구분되는 개념인 것으로 더 널리 알려져 있다. 리더십은 감성적인 요소가 더 많이 개입되는 과정인 반면, 관리는 이성적인 요소가 더 많은 과정인 것으로 구분한다. 그래서 카리스마적 리더라든가 영웅적 리더라는 말은 많이 들어 보았겠지만, 카리스마적 관리자 또는 영웅적 관리자라는 말은 별로 들어보지 못했을 것이다. 또 리더십이라는 말을 들으면 '모험, 역동성, 창조, 변화, 비전' 등과 같은 단어가 연상이 되는 반면, 관리라는 말을 들으면 '효율성, 계획, 규정과 절차, 사무, 통제' 등과 같은 단어가 머리에 떠오른다. 관리 이론가들은 전통적으로 관리의 목적을 '관리의 대상자들을 설정된 기준과 절차에 맞추어서 잘 가동되도록 하는 것'이라고 보았다. 관리 이론가들은 직접적인 대면 상황에서의 관리자와 부하들 간의 상호작용 문제에 관해서는 거의 관심을 기울이지 않았다. 이러한 직접 대면 상황에서의 상호작용 문제는 리더십의 문제라고 본 것이다. 이러한 관점이 리더십과 관리라는 개념을 서로 구분되는 개념으로 보게 만든 것이다.

리더십 연구자들 중에서도 많은 학자들이 관리 이론가들의 이런 관점에 동조한다. 예를 들면 Bennis와 Nanus(1985, p.21)는 "관리자들은 일이 올바르게 되도록 하는 사람이고, 리더는 옳은 일을 하는 사람이다."라는 말로써 관리자와 리더를 구분했다. 또 Zaleznik(1977)은 관리자는 일이 어떻게 하면 잘 해 낼 수 있을까라는 문제에 대해 관심을 갖는 사람인 반면, 리더는 어떻게 하면 이 일을 부하들로 하여금 의미 있는 일로 생각하게끔 만들까라는 문제에 관심을 갖는 사람이라고 했다. 이처럼 리더십과 관리를 구분되는 개념으로 보는 학자들의 입장을 요약해 본다면, 리더는 부하들을 동기화 시키고 자발적으로 따라오게 만들려고 하는 사람인 반면 관리자는 자신에게 부여된 권한을 행사하여 자신의 책임과 의무를 완수하려고 하는 사람이라는 것이다.

그러나 실제에 있어서는 리더도 전통적인 관리자의 기능에 해당하는 역할들을 수행하며, 관리자 역시 리더가 수행한다고 얘기되는 기능들을 수행한다. 예를 들면 전통적으로 관리의 고유 기능이라고 정의되는 정책 입안, 조정, 통제와 같은 기능을 관리자가 수행한다고 할 때 부하들과의 직접적인 대면 접촉이 없이 어떻게 이러한 기능을 수행할 수 있을 것인가? 또한 리더가 집단 목표 달성을 위하여 부하들을 동기화시키고 자발적인 복종을 유도하려고 할 때 사전 계획이나 조정, 통제 활동이 없이 어떻게 성공적으로 부하들을 동기화시킬 수 있을 것인가? 이러한 문제점 때문에 다른 학자들은 리더십과 관리라는 개념을 굳이 구분할 필요가 없다고 보는 입장을 보인다(Yukl, 1989).

리더십과 관리라는 개념이 개념적으로는 충분히 구분되는 것이지만, 이러한 기능을 실제로 수행하는 현장의 리더나 관리자의 행동을 관찰해 보면 리더와 관리자를 구분하는 입장의 학자들이 구분하는 것처럼 그렇게 확연히 구분하기가 어렵다. 예를 들면 중대장은 리더인가 관리자인가? 십여 명의 간호사를 관리하는 수간호사는 리더인가 관리자인가? 중대장과 수간호사는 둘 다 리더와 관리자의 역할을 모두 수행하는 사람들이다. 그러나 리더 또는 관리자를 리더적인 리더와 관리자적인 리더, 또는 리더적인 관리자와 관리자적인 관리자로 구분하는 것은 현실적으로도 가능하다고 본다. 같은 중대장이라고 하더라도 좀 더 부하의 동기를 유발하려고 노력하고, 비전을 제시하려고 하고, 직접적인 대면 접촉을 통하여 부하들과의 친밀감을 형성하려고 노력하는 중대장은 리더적인 리더라고 볼 수 있을 것이다. 반면 부하들과 대면 접촉은 최소화하고, 규정과 방침에 입각하여 중대를 지휘하고, 통계치와 효율성의 문제를 더 중요하게 생각하는 중대장은 관리자적인 리더라고 볼 수 있을 것이다.

리더십과 관리는 개념적으로 명확히 구분이 되는 용어들이다. 그러나 앞에서 논의한 바와 같이 리더와 관리자를 그들이 수행하는 직책의 명칭에 근거하여 양자를 구분하는 것은 의미가 없다.

다. 리더십의 이론과 실제

다른 학문적 주제에서도 비슷한 경우가 있겠지만 리더십에 관해서는 많은 사람들이, 특히 현장에서 리더의 역할을 경험해 본 사람일수록 '이론은 이론이고 실제는 실제다.'라는 말을 많이 한다. 다시 말해서 이론이란 학자들이 책상머리에 앉아서 하는 것이기 때문에 현실에서는 별로 유용한 것이 못 된다는 뜻이다. 그래서 리더십 문제에 관해서는 학자들의 의견을 경청하려고 하기보다는 오랜 세월 리더로서의 경험을 풍부하게 갖고 있는 사람들의 경험담을 듣는 것이 더 유용하다고 생각하는 사람들이 많다.

현장에서 리더 역할을 담당하는 사람에게 있어서 리더십은 경험을 통하여 습득하고 또한 이 습득된 리더십을 창조적으로 발휘하는 일종의 예술(art)의 성격을 갖는 대상이다. 반면 리더십을 연구하는 학자들에게는 과학적(science)연구의 대상이 되는 객관적 현상이 된다. 따라서 현장의 리더는 자신이 당면한 현장에서 경험한 성공 사례나 실패 사례에 초점이 국한되기 쉽다. 반면 리더십을 연구하는 학자들은 수많은 구체적인 상황에 보편적으로 적용될 수 있는 리더십의 기본 원리에 관한 지식을 발견하고자 한다. 물론 리더십 전문 연구자가 되는 것이 훌륭한 리더가 되는 데 필요조건도 아니고 또한 충분조건도 아니다. 리더십에 관해서 강의를 전혀 들어본 적도 없고, 더구나 리더십 훈련 프로그램에 참가해 본 적이 전혀 없는 사람도 훌륭한 리더가 되는 경우를 우리 주변에서 얼마든지 볼 수 있다. 그러나 이러한 사실이 곧 리더십에 관한 학문적 연구 결과를 아는 것이 리더십을 향상시키는 데 아무런 도움이 되지 않는다는 말은 아니다. 비록 리더십에 관한 학문적 지식을 갖추는 것이 리더십을 성공적으로 발휘하는 데 충분조건은 아니라고 하더라도, 리더십 연구에서 밝혀진 주요 결과들에 관한 지식을 갖추려는 것이 리더십 현상에 대한 개인의 분석 능력을 향상시키고 나아가 보다 성공적인 리더로 성장하는 데 도움이 된다는 것은 두말할 나위가 없다.

현장의 리더는 자신이 체득한 리더십의 원리를 일상적인 용어로써 기술하며, 상황을 구체적이고 세부적으로 기술한다. 따라서 일반 사람들이 들으면 이해가 쉽고 생동감이 느껴진다. 그러나 이런 이론들이란 대부분 타당성이나 일반성이 검증된 바가 없는 각 개인의 제한된 경험일 뿐이며, 따라서 확실한 지식으로서 받아들이기가 어렵다. 한편 리더십 연구자들은 보다 정제된 전문적 용어로써 현상을 객관적으로 관찰하여 기술하고 여러 상황에 보편적으로 적용될 수 있는 일반 원리를 추출해 내기 때문에 추상적인 이론을 제시하게 된다. 이처럼 다소 생소하게 느껴지는 전문적 용어와 이론의 추상적 성격때문에 일반인은 그 이론을 탁상 공론적인 이론으로 치부해 버리는 경향이 강하다. 그러나 과학적 연구방법을 통하여 나온 리더십 연구자들의 이론이 훨씬 더 확실하고 따라서 리더십 현상의 이해에 더 유용한 지식임은 두말할 필요가 없다.

리더십은 다양한 상황 속에서 전개될 수밖에 없는데 리더십 연구자들은 이러한 다양한 상황에서 공통적으로 적용될 수 있는 일반적인 원리 또는 법칙성을 찾아내려고 한다. 이러한 원리를 추출하는 과정에서 자연히 개별상황과 관련된 구체적이고 세부적인 정보는 생략될 수밖에 없다. 따라서 현장의 리더가 이러한 이론이나 모델을 적용하고자 할 때는 자신의 상황에 맞도록 구체성과 세부성을 보완하여야 한다. 그러나 리더십 이론을 실제에 잘 적용한다는 것이 누워서 떡 먹기 식의 그런 쉬운 일은 결코 아니다. 현장의 리더는 자신이 당면한 상황을 끊임없이 연구하여 이론을 제대로 적용할 수 있는 능력을 길러야 한다. 명장이란 지휘 이론을 충분히 이해하고, 그것을 제대로 적용하는 사람을 말한다. 중국의 『삼국지』에 나오는 '泣斬馬謖'이라는 고사를 보면 마속(馬謖)은 병서는 구구절절이 잘 외는 사람이었지만 현실에 적용하는 능력이 부족하여 결국 기산 전투에서 패배를 하게 된다. 그래서 비유적으로 말한다면, '성공적인 리더십'이라는 그림을 그리는 데 있어서 방향과 윤곽을 잡아주는 것이 학자가 하는 일이라면, 세부사항들을 그려 넣어서 그 그림을 완성하는 것은 현장의 각 리더가 해야 할 몫이라고 할 수 있다. 현장의 리더들이 성공적인 리더가 되기 위해서 추상성이 높고 따라서 좀 어려워 보이는 것이기는 하지만 리더십의 이론이나 모델에 관한 지식을 습득하는 것이 중요한 이유가 바로 여기에 있다. 이론은 실제와 결코 다른 것이 아니다. 다만 잘못된 이론이 실제와 다른 것이다(신응섭외, 리더십의 이론과 실제, 2007, pp.24~29).

제 2 장

리더십 연구의 이론적 고찰

제1절 리더십 유형에 관한 이론

제2절 리더십의 인접 개념

제3절 의사소통

제4절 동기유발

LEADERSHIP

군리더십개론

제2장 리더십 연구의 이론적 고찰

제1절 리더십 유형에 관한 이론

물리학, 화학 또는 생물학 등의 이과계의 학문에서와는 달리 사회과학 분야에서는 고도로 정교화 되고 잘 정립된 것으로 내세울 만한 이론이나 법칙이 드물다. 사회과학의 한 하위 분야인 리더십 연구의 경우도 예외가 아니다. 리더십은 인간의 조직 생활 또는 군집 생활에서 하나의 중요한 주제로서 많은 사람에게 관심의 대상이 되어왔는데, 그러한 관심을 반영하듯이 과거 약 1세기 동안 리더십에 관한 수많은 경험적 연구가 이루어졌다. 그러나 어떤 사람이 리더로서 적합한 자질을 갖추고 있는가를 판단하는 문제나 어떤 사람이 리더로서 성공적이었는가 여부를 평가하는 문제 등 리더십 연구에서 핵심이 되는 이러한 문제들을 포함하여, 리더십의 제반 현상에 관해 명확하게 답변해 줄 수 있는 단일한 이론 또는 이론적 체계는 현재까지 확립되어 있지 않다. 리더십이라는 문제가 복잡한 현상인 만큼 그에 관한 연구의 접근 방법 또는 이론적 관점 또한 다양하다. 이러한 접근 방법의 다양성이 리더십 현상의 제반 문제들에 대하여 단일하고도 명쾌한

답변을 제시할 수 없게 만들지만, 바로 그러한 다양한 접근 방법에 의한 다각적 분석이 복잡한 리더십 현상을 포괄적이고 심도 있게 이해하는 데 도움이 될 것이다.

1. 현대 리더십 연구의 주요 이론적 접근

가. 권력-영향력 접근

권력-영향력접근 연구들은 리더십의 효과를 리더가 갖고 있는 권력의 양, 권력의 유형, 권력 행사의 방식 등과 관련하여 설명하려고 한다. 이 접근에서 한 가지 주요 연구 문제는 리더가 권력을 갖게 되는 원천이 무엇이며, 어떤 상황에서 어떤 리더가 권력을 많이 갖게 되느냐의 문제이다. 또 다른 주요 연구 문제로서는 리더가 권력을 획득하고 또 상실하게 되는 과정에 관한 문제이다. 세 번째 주요 문제는 권력이라는 추상적인 개념을 구체적인 행동과 연결시켜 보려고 하는 노력이다.

나. 특성적 접근

특성적 접근은 리더가 갖고 있는 개인적인 특성에 연구의 초점을 맞춘다. 리더십에 관한 과학적인 연구가 시작된 20세기 초반에는 리더와 비리더를 구분 짓게 하는 특성이 무엇인가를 밝히려는 연구들로 성황을 이루었다. 그러나 약 반세기의 이러한 노력은 결정적인 결론을 얻지 못하고 막을 내렸다. 그 이후의 특성 연구는 리더들 중에서 어떤 특성을 가진 리더가 더 성공적인가라는 문제에 초점을 맞추어서 이루어지고 있다. 이 접근에서 연구되는 구체적인 리더 특성들은 성격, 동기, 가치, 지능, 기술 등과 같은 것이다.

다. 행동적 접근

특성적 접근이 눈에 보이지는 않지만 리더가 내적으로 갖고 있다고 생각되는 특성을 연구하는 것이라면, 행동적 접근은 우리가 가시적으로 관찰할 수 있는 리더의 행동이나 활동을 연구하는 것이다. 행동적 접근은 눈에 보이지 않는 특성을 연구한다는 것이 연구방법상에서 문제점을 많이 갖고 있기 때문에 관찰 및 측정이 가능한 행동을 연구하는 것이 더 낫겠다는 입장에서 비롯된 것이다.

리더 행동 연구는 크게 두 갈래 범주로 나눌 수 있는데, 하나는 기술(記述) 연구(descriptive research)이고, 다른 하나는 설명 연구(explanation research)이다. 기술 연구는 리더가 어떤 식의 행동 패턴을 보이며, 어떤 행동을 가장 많이 하는 가 등과 같이 리더의 행동을 객관적으로 관찰하여 있는 그대로 기술하는 것이다. 이런 연구는 제3자에 의한 직접 관찰이나, 리더 자신의 일지(diary) 기록 또는 면접을 통하여 이루어진다. 리더 행동 관찰 연구(behavior observation research)에서는 리더의 행동 또는 활동을 단순하게 기술하는 것뿐만 아니라 역할, 기능, 관행 등의 측면에서 범주로 분류하여 정리하기도 한다. 또 리더가 직무상 하도록 요구되는 행동이 무엇인가를 기술하게 하는 방식으로 리더의 행동을 기술하는 직무 기술 연구(job description research)도 이 분야의 연구에 속한다.

설명연구에서는 성공적인 리더와 그렇지 못한 리더를 구분해 주는 리더 행동이 무엇인가를 밝혀내려고 하는 연구로서 리더 행동 연구에서 주류가 되는 분야이다. 20세기 후반에는 효과적인 리더 행동 패턴이 무엇인가를 찾아내려는 연구들이 매우 활발하게 나왔다. 이 연구들은 대부분 설문지를 이용한 연구들인데, 리더 행동과 부하 만족도 간, 또는 리더 행동과 업무성과 간의 상관관계를 알아보는 연구들이 주종을 이룬다.

라. 상황 부합적 접근

특성 연구나 행동 연구가 처음 시작될 때에는 모든 상황에 일반적으로 적용될 수 있는 가장 효과적인 특성이나 행동이 무엇인가를 발견한다는 것이 묵시적인 기본 가정이었다. 그러나 연구가 촉진되면서 예상하지 못했던 사실들이 발견되었다. 즉 상황에 따라서 리더 특성이나 행동이 달라진다는 것이다. 이런 결과에 기초하여 리더특성이나 행동이 효과를 제대로 나타내게 만들기도 하고 또한 효과가 나타나지 않게도 만드는 상황적 요인이 무엇인가를 찾는 연구들이 등장했다. 이것이 바로 상황 부합적 접근이다. 상황 부합적 연구에서는 효과적인 리더 특성이나 리더 행동과 이런 특성이나 행동의 효과를 조정하는(moderate) 상황 요인이 무엇인가를 밝히는 것이 연구의 주요 관건이 된다.

마. 상황적 접근

앞의 네 가지 접근에서는 리더의 권력 유형이나 특성 또는 행동이 어떤 효과를 나타내는가를 알아보는 것이 연구의 주요 틀이었다. 즉 요인들 간의 인과 관계의 연쇄에서 리더 요인이 원인이 되고 리더십 효과가 결과가 되는 구도이다. 그러나 상황적 접근에서는 어떤 상황적 요인이 리더로 하여금 어떤 행동을 하게 만드는가를 알아보려고 한다. 즉 상황적 요인이 원인이고 리더 행동이 결과가 되는 구도이다. 리더의 행동을 결정짓는 주요 상황적 요인으로서는 리더가 보유하는 권한의 크기, 집단에 부여된 임무의 성격, 부하의 능력과 동기화 정도, 환경적 여건, 상사와 부하 및 동료들의 역할 요구 등이다(신응섭외, 리더십의 이론과 실제, 2007, pp.29~37).

2. 초기 특성이론 연구

20세기 초반부터 중반까지 약 반세기 동안 리더의 특성에 관한 연구가 백여 편 이상 이루어졌다. 이 연구들은 주로 리더와 리더가 아닌 사람들 간에 신체적 특징(예: 키, 용모)이나 성격 특성(예: 자존심, 지배성, 정서 안정성) 또는 심리적 능력(예: 일반 지능, 언어 유창성, 창조성, 사회적 통찰력)면에 있어서 어떠한 차이가 있는가를 비교한 것이었다. 이 시기에 성공적인 리더와 그렇지 못한 리더를 비교한 연구, 즉 리더 특성과 리더십 효과 간의 상관관계를 측정한 연구도 있었지만 이런 연구는 소수에 불과했다.

이 기간에 이루어진 리더 특성 연구들은 Stogdill의 1948년 개관 논문에 잘 요약되어 있다. Stogdill은 이 논문에서 1904년에서 1948년 사이에 발표된 124편의 특성 연구의 결과를 검토하였다. 이 연구들에서는 리더는 "적극적인 참여와 능력의 발휘를 통해서 집단 성원이 목표 달성을 위하여 최선을 다하도록 만드는 사람"으로서 정의되고 있다. 이러한 리더의 정의에 부합되는 특성으로서 지능, 타인의 욕구, 상태에 대한 민감성, 업무 내용의 파악 능력, 문제 해결의 주도성과 집요성, 자신감, 리더 직책의 담당 및 지배 통제 욕구 등이 여러 연구에서 제시되었다. 그러나 각 특성의 상대적 중요성은 상황에 따라 달랐고, 리더가 되는 것을 보장해 주는 필요충분조건이라고 할 만한 특성은 발견되지 않았다. 따라서 Stogdill(1948, p.64)은 다음과 같이 결론을 내리고 있다. "한 개인이 어떤 특성들의 조합을 갖추고 있다고 해서 반드시 리더가 되는 것은 아니다… 리더가 되기 위해 구비해야 할 특성들은 부하의 특성, 활동, 목표 등에 따라 달라진다."

사실상, 초기의 연구들은 특정한 특성 조합을 갖춘 사람은 그러한 자질로 인하여 리더가 될 것이라는 특성론적 접근의 기본 가정을 지지해 주지 못하였다. 비록 어떤 특성들은 여러 종류의 리더들에게서 광범위하게 발견되는 것 같이 보이지만, 이러한 특성들조차도 리더가 되는 것을 보장해 주는 필요조건도 충분조건도 아니었다.

Stogdill의 1948년 논문은 특성 연구가 전망이 매우 어두운 것으로 평가하게 만들었다. 더불어서 1950년대를 전후하여 심리학을 비롯한 사회과학 전반이 행동주의적 접근법에 의해 주도되었기 때문에 리더십 연구에 있어서도 리더의 특성에 관한 연구는 퇴조하는 것처럼 보였다. 그러나 산업 심리학자들은 관리자 선발의 문제를 다루면서 특성 연구를 계속 진행하였고, 다각도로 특성 연구의 활로를 모색하였다. 이러한 노력에 힘입어 특성 연구는 다시 많은 진전을 이루게 되었다(Stogdill, 1974).

특성 연구가 진일보하게 된 배경은 먼저, 연구의 초점을 리더와 리더가 아닌 사람들 간의 특성의 차이를 규명하기보다는 리더들 중에서 어떤 특성을 가진 리더가 더 유능한가, 즉 어떤 특성이 리더십 효과와 관계가 있는가를 찾는 쪽으로 전환하였다는 점을 들을 수 있다. 둘째, 리더십 효과를 예측하는 특성으로서 추상적인 성격 특성이나 일반 지능보다는 효과적인 리더십 역할과 직접 관련이 되는 구체적인 성격 특성(예: 성격, 동기, 흥미, 가치관)이나 기술 등을 연구하게 된 점이다. 셋째, 연구방법에 있어서 많은 진전이 있었다. 대부분의 초기 연구들은 리더와 리더가 아닌 사람들을 성격 검사나 능력 검사에서 나온 점수를 가지고 구분하려고 하였고, 또 그러한 검사 점수가 리더십 효과 기준과 어떤 상관을 보이는가를 연구하였다. 그러나 1950년대 이후의 연구들은 기존의 연구방법 이외에도 평가 센터 접근법(Bray, Campbell, & Grant, 1974), 행동 사건 면접법(Boyatzis, 1982), 중도 탈락한 관리자 면접(McCall & Lombardo, 1983) 등과 같은 다양한 연구방법을 동원하여 성공적인 리더의 특성을 규명하려고 하였다. 마지막으로, 리더 특성의 효과가 상황에 따라 달라질 수 있다는 발견에 입각하여 상황 부합 이론을 발전시킨 점이다.

1974년에 Stogdill은 1949년에서 1970년 사이에 이루어진 특성 연구들을 다시 개관한 논문을 발표하였다. 이 개관 논문에서 Stogdill은 자신이 1948년에 발표한 논문에서 특성 연구에 대해 너무 성급하게 회의적인 진단을 내렸음을 인정하고, 진일보된 연구들의 결과로 효과적인 리더의 특성에 관하여 상당히 일관성 있고, 유용한 연구 결과가 축적되었다는 사실을 희망적으로 평가하였다. 물론 이러한 평가는 특성 연구가 초기의 입장으로 되돌아가도 된다는 것을 의미하는 것은 아니다. 20세기 후반의 약 반세기 동안 특성 연구에서 나온 결과들은 어떤 특성들을 보유하고 있는 리더는 그렇지 않은 리더에 비해 리더로서의 성공 가능성이 더 높다는 결론을 내릴 수 있게 만들었다. 물론 이 말은 이러한 특성을 보유하고 있다는 것이 리더로서의 성공을 반드시 보장한다는 의미는 아니다.

〈표 2-1〉 효과적인 리더 특성

성격특성	능력과 기술
결단성	개념적 기술
사회적 환경에 대한 민감성	직무 지식
상황 적응력	대화 유창성
스트레스에의 내구력	사교술
신뢰성	설득력
야심, 성취 지향성	정치적 및 외교적 수완
자기 주장성	조직력(행정 능력)
자신감	창조성
활력(활동성)	총명성(지능)
지배성(타인에 대한 영향 욕구)	
지구력	
책임감	

특정한 특성을 가진 사람이 어떤 상황에서는 성공적이 될 수 있지만, 다른 상황에서는 그렇지 못할 수 있다. 더 나아가서 서로 다른 특성 조합을 가진 두 사람이 동일한 상황 하에서 똑같이 성공적이 될 수도 있다. 참고적으로 성공적인 리더의 특성으로서 여러 연구들 간에 비교적 일치되게 나오는 특성을 열거해 보면 〈표 2-1〉과 같다(Stogdill, 1974)(신응섭외, 리더십 이론의 실제, 2007, pp.87~89).

3. 초기의 행동이론 연구

많은 학자들은 리더의 인간 중심 지향성과 과업 중심 지향성이라는 두 개의 영역을 중심으로, 이 영역에서 리더가 어느 정도 행동을 보이는가에 따라 조합을 구성하여 리더 또는 리더십의 유형을 구분하고 있다. 최근 리더십 연구에서는 복잡한 환경 속에서 조직의 적응성이 조직 생존의 중요한 변수로 다루어짐에 따라 리더가 미래를 어느 정도 바라보고, 여기에 대처할 수 있는 능력을 가지고 있는가에 점차 관심을 두는 경향을 보이고 있다.

가. 미시간(Michigan) 대학의 연구

리더십을 리더가 행하는 구체적인 외현적 활동으로 보았을 때, 초기에 유행했던 접근 방법은 리더십의 행동 유형을 1차원 상에서 과업 지향성 대 종업원 지향성으로 구분한 미시간 대학의 연구가 대표적이다.

연구자들은 리더십을 생산 지향 리더십과 종업원 지향 리더십이라는 두 가지 구별되는 유형으로 나누었다. 연구 결과 생산 지향적 리더는 수행해야 될 과업과 직무의 기술적 측면과 과업성취를 위한 계획과 절차의 개발을 강조하는 것으로 나타났다. 한편, 종업원 지향적인 리더는 위임적 의사결정을 중시하고 지원적 작업 환경을 조성함으로써 종업원들의 욕구를 만족시키는 데 관심이 많았다. 또한 종업원 지향의 리더는 종업원의 개인적 성장, 향상 및 성취에 관심이 많은 지도자였다.

미시간 대학팀에 의해서 수행된 많은 현장 연구와 실험의 결과를 정확하게 요약한다는 것은 매우 어려우나 일반적으로 지지되고 있는 내용들을 요약하면 다음과 같다(Hoy and Miskel, 1991).

① 효과적인 리더는 비효과적인 리더보다 종업원의 자존심을 높여 주고 종업원들과 지원적인 관계를 맺는 경향이 있다.

② 효과적인 리더는 비효과적인 리더보다 작업감독과 의사결정에 있어 대면적 방법보다는 집단적 방법을 사용한다.

③ 효과적인 지도자는 덜 효과적인 지도자보다 더 높은 과업 수행 목표를 설정하는 경향이 있다.

나. 오하이오(Ohio) 주립대학교 리더십 연구

오하이오 주립대학교 연구의 초점은 지도자의 행위였으며, 이러한 지도자의 행위를 측정하기 위해 LBDQ(Leader Behavior Description Questionnaire)를 개발하였다. 이 도구를 개발하기 위해서 연구자들은 리더십 행위를 기술하는 1,800개의 문항을 제시하였다. 이 문항들은 다시 기술하는 문항들을 삭제한 후 지도자 행위를 기술하는 열 개의 범주로 정리되었다. 이 단계에서 Halpin과 Winer는 열 개의 범주로 구성된 문항들을 승무원에게 반응하도록 하여 공군 지휘관들의 리더십 행위를 연구하였다. 이들 자료들은 요인분석한 결과 리더십 차원을 구조주도(Initiating Structure)와 배려(Consideration)라는 두 개의 요인으로 압축하였다. 여기서 구조주도란 "리더 자신과 작업집단 구성원간의 관계를 묘사하고, 분명한 조직 패턴, 의사소통 통로 및 작업절차의 방법을 확립하고 노력하는 지도자의 행동"을 의미하며, 배려란 "리더와 집단 구성원간의 관계에 있어서 우정과 상호 신뢰, 존경 및 온정을 나타내 보이는 행동"을 의미한다(Halpin, 1966, p.86). 즉 구조주도는 조직의 목표를 달성하기 위한 리더의 행위를, 배려는 조직 구성원의 사회심리적 욕구를 충족시키려는 리더의 행위를 말한다.

한편, 오하이오 주립대학교 연구진들은 리더의 구조주도와 배려 행위가 상호 독립적 차원임을 발견하였다. 즉, 한쪽 차원에서 높은 점수를 보인다고 해서 반드시 다른 한쪽 차원이 낮은 점수를 보이지는 않으며, 리더의 행동은 이와 같은 상호 독립된 두 가지 행동차원의 조합에 의해서 기술될 수 있다고 하였다.

리더의 위치를 점유하고 있는 사람에 대한 LBDQ 점수는 배려와 구조주도 차원의 평균점을 기준으로 역동적 리더, 구조적 리더, 수동적 리더, 배려적 리더로 리더십 유형을 구분할 수 있다.

Halpin은 오하이오 주립대학교의 연구를 통해서 얻어진 주요한 결과를 다음과 같이 기술하고 있다(한국교육행정학회편, 1995, p.178).

① LBDQ에 의해서 측정된 구조주도와 배려는 리더 행위의 기초적 차원이다.
② 효과적인 리더는 양 차원의 리더십 행위가 모두 높게 나타나는 경향이 있다.
③ 상사와 부하는 리더십 효과의 평가에 있어 리더의 행위 차원을 상반되게 평가하는 경향이 있다. 부하가 배려 행위를 강조하는 한편, 상사는 구조주도를 강조하는 경향이 있다. 따라서 리더는 가끔 역할 갈등을 겪기도 한다.
④ 역동적 리더는 집단의 조화성, 친밀성 및 절차의 명확성과 같은 특성과 집단적 태도의 우호적인 변화와 관계가 있다.
⑤ 리더가 자신의 행위에 대한 규범적 진술을 하는 것과, 부하가 리더의 행위를 기술하는 것 사이에는 상관관계가 미미한 편이다.
⑥ 상이한 상황은 상이한 리더십 유형을 촉진하는 경향이 있다.

LBDQ는 다양한 조직에서 리더십을 연구하는 데 널리 이용되어 왔다. LBDQ에서 유능한 지도자는 과업과 인화의 두 차원에서 높은 점수를 얻은 사람이라고 하였지만 그 두 차원의 최적 비율에 대한 지표를 밝히지는 못하였다. 그러나 LBDQ는 과업과 인화의 두 차원을 조합하여 리더의 행동 특성을 실증적으로 밝혔다는 점에 있어서 의의를 찾을 수 있다(한국교육행정학회편, 1995, p.178).

다. Blake와 Mouton의 관리망(Managerial Grid) 연구

Blake와 Mouton은 생산에 대한 관심(concern for production)과 인간에 대한 관심(concern for people)을 양 차원으로 한 관리망 또는 관리격자를 만들어 리더십 훈련 프로그램에서 널리 사용하였다.

생산에 대한 관심은 단순히 물질적인 것에 대한 관심을 말하는 것이 아니라 구성원들로 하여금 과업을 성공적으로 완수하도록 하기 위하여 조직이 관여하는 모든 것을 말한다. 한편 인간에 대한 관심은 일차적으로 온정적인 인간관계와 관련을 가지며, 구성원들의 자아 존중과 가치를 강조하는 것이다(조종회, 1992, p.275).

이 두 개의 기본적인 구성차원을 양축으로 하여 생산에 대한 관심은 가로축에 나타내고, 리더가 생산에 대한 관심이 많을수록 우측으로 향하게 된다. 가로축에 9로 평정된 관리자는 생산에 대해 최대의 관심을 가지고 있음을 나타낸다. 그리고 리더가 인간에 대한 관심이 많을수록 세로축을 따라 위로 올라간다. 세로축에서 9로 평정된 리더는 인간에 대해 최대의 관심을 가지고 있음을 나타낸다. 따라서 이론상으로는 81개(9×9)의 리더십 유형을 그릴 수 있지만 Blake와 Mouton은 전형적인 리더십 유형으로 과업형(task), 사교형(country club), 중도형(middle of the road), 무기력형(impoverished), 팀형(team)의 다섯 가지를 제시하였다(Blake et al., 1964, p.136).

Blake와 Mouton은 팀형(9,9형) 리더십 유형이 가장 이상적이라고 지적하면서도 산업조직에서의 연구결과에 의하면, 가장 전형적인 리더십 유형이 중도형(5,5형)이고, 그 다음으로 (9,9형),(9,1형),(1,9형),(1,1형)의 순으로 나타났다고 밝히고 있다(이형행, 1988, p.398).

Blake와 Mouton의 관리망은 오하이오 주립대학교와 미시간 주립대학교에서의 연구와도 이론적으로 일치하고 있다. 즉 이들의 연구는 선행 연구의 사분도에 다섯 개의 점을 취하고 거기에다 알기 쉬운 명칭을 붙인 것에 지나지 않는다. 그러면서도 관리망 연구는 중도형(5,5형)을 중심으로 보다 더 광범위한 리더십 유형을 가정해 볼 수 있는 준거가 될 수 있다(이종인 외, 한국군 리더십, 1999, pp.303~316).

[그림 2-1] Blake와 Mouton(1973)의 관리격자이론

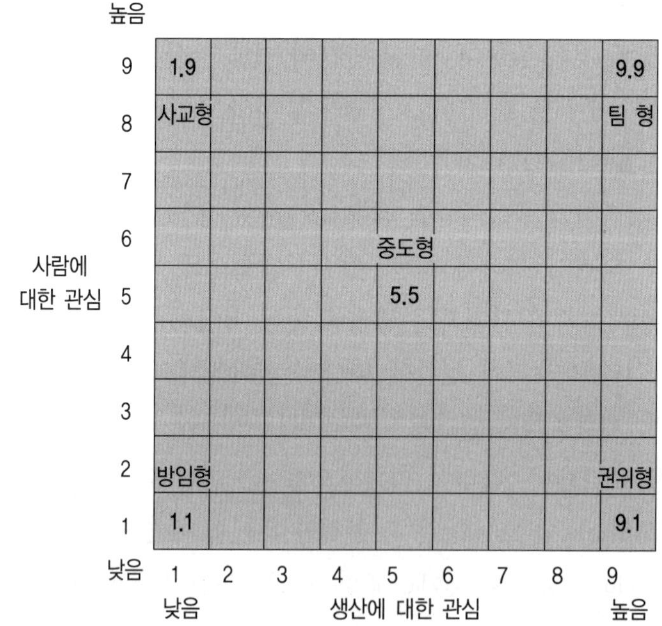

4. 최근의 이론적 경향

1970년대 후반 이후의 리더십 연구는 심리학 또는 사회과학 전반에 걸쳐 인지적 관점(cognitive approach)과 인본주의적 관점(humanistic psychology)이 확장되고, 국제적으로 기업들의 경쟁이 치열해지면서 기업의 생존 전략 모색이 핵심적인 문제로 대두됨에 따라 새로운 방향으로 연구가 진행되었다.

인지주의는 행동주의가 연구의 과학성을 지나치게 추구함으로써 편협한 말초주의에 빠졌다고 비판하면서 등장한 관점이다. 행동주의자들은 연구에서 엄격한 과학성을 달성하기 위하여 객관적인 관찰과 측정이 가능한 외현적 행동만을 연구대상으로 삼아야 한다고 하였다. 그러나 인간의 보다 더 중요한 측면인 정신세계를 조명하지 않고서는 인간에 대한 충분한 이해는 어려우며, 행동주의적 접근만으로는 인간의 정신세계를 다루는 데 절대적인 한계가 있다는 비판점이 대두되었다.

또한 행동주의는 인간을 환경적 자극에 단순히 반응하는 수동적인 존재로서 파악하고 있는데, 이러한 관점이 인간을 잘못 보고 있는 것이라는 점이 비판의 대상이 되었다. 인간은 환경 자극에 수동적으로 반응하는 무생물적인 기계가 아니며, 정보를 적극적으로 추구하고, 가용한 정보들을 재구성하고 적극적으로 해석하는 능동적 존재라는 것이다. 따라서 이러한 정신세계에서 일어나고 있는 정보처리 과정을 탐구하지 않고서는 인간 이해가 완전할 수 없다는 것이다.

이런 관점의 변화에 부가하여 여러 분야의 공학 및 심리학적 지식과 기술의 발전도 인지주의가 자신감 있는 목소리를 내게 된 배경으로서 한 몫을 했다고 볼 수 있다. 컴퓨터, 정밀한 기계 및 각종 공학적 지식과 기술의 발달, 그리고 이제는 100여년이라는 상당한 기간의 역사를 갖는 과학적 심리학이 그 동안 축적해 놓은 지식과 기법 등이 심리학자들로 하여금 인간의 정신세계에 대한 과학적 접근을 모색하게 하는 데 자신감을 불어넣어 준 것이다.

이러한 시대적 배경에 힘입어 외현 행동(overt behavior)에 추가하여 인간의 정신세계(mental processes)를 직접적으로 연구 대상으로 삼아야 한다는 인지주의가 등장한 것이다. 이러한 인지주의의 물결에 영향을 받은 리더십 연구는 리더나 부하의 지각 과정(perceptual processes)에 연구의 초점을 둔다.

인지주의적 관점과 더불어 최근에 크게 부각되고 있는 사조가 바로 인본주의이다. 인본주의는 행동주의나 정신분석학적 견해가 인간을 지나치게 수동적인 존재로 가정하며 인간의 본성에 대해 비관적으로 본다는 점을 비판하면서 새로운 인간관을 제시하고 나왔다.

이 관점은 행동주의가 인간의 행동이 환경 자극에 대한 반응으로서 일어나고, 이러한 자극에 대한 반응 경향성도 과거의 학습 경험의 결과로 형성된 것이라고 보는 관점에 반대하고, 인간은 미래에 대한 목표, 희망, 포부 등을 갖고 있고, 이러한 미래 지향적 관점에서 자신의 행동을 능동적으로 계획하고 결정한다는 입장을 취한다. 행동주의가 인간 행동의 동인을 과거에서 찾는다면 인본주의는 인간 행동의 원동력을 미래에서 찾는다. 따라서 인본주의에 의하면 인간은 자유 의지를 갖고 있으며, 이 자유 의지에 따라 자신의 운명을 개척해 나가고, 창조적인 삶을 만들어 간다고 보는 것이다.

또한 인본주의는 정신분석학에서 가정하고 있는 인간관에 반대한다. 정신분석학에서는 인간은 생후 5세까지의 경험에서 형성된 성격에 의해 이후의 일생 동안의 행동 방식이 결정되며, 생후 5세까지의 경험 중 성격 형성에 가장 중요한 역할을 하는 것은 타고나는 생물학적인 힘인 성 본능이라고 본다. 인본주의는 이러한 관점에 대해 반대하고, 인간의 행동은 과거지사에 의해 결정되기보다는, 앞서 언급되었듯이, 미래에 대한 기대에 의해 방향지워지며, 인간의 행동에 힘을 불어 넣는 가장 중요한 동기적 요인은 성 본능이 아니라 각 개인이 타고나는 성장 잠재력을 최대한으로 실현하려고 하는 자아실현(self-actualization)의 동기라는 것이다. 따라서 인본주의적 관점의 리더십 연구는 자아실현 동기의 자극, 잠재력 개발이라는 문제에 초점을 둔다.

리더십 연구에서 새로운 방향을 모색하게 만든 또 다른 영향원은 1980년대에 들어서서 국제적으로 기업들 간에 경쟁이 치열해졌다는 점이다. 1980년에 들어서 미국의 기업들은 외국 기업, 특히 일본 기업들의 거센 도전에 직면하며 종전과 같은 경쟁 우위를 확보하기가 어렵다는 문제의식을 갖게 되었다. 이에 따라서 비교 문화적 연구들이 성행하면서 일본 기업, 일본 문화에 대한 재조명 작업이 활발하게 일어났다. 일본 기업들이 조직원들로부터 절대적인 충성심을 이끌어 내는 비법이 무엇인가가 미국 기업 경영자들의 큰 관심사였다. 이들의 잠정적인 결론은 그것은 일본의 가부장적 문화에 근거하는 주군에 대한 충성이라는 것이었고, 이러한 아이디어에 입각하여 카리스마적 리더에 대한 연구가 다시 활기를 띠게 된 것이다. 아울러 조직 문화에 관심도 각광을 받게 되었다.

인지주의, 인본주의, 카리스마 등의 관점들은 서로 차이나는 점도 많지만, 상호 많은 관련성을 갖는다. 각각의 관점을 대표하는 이론들을 굳이 대응시켜 본다면, 인지주의-귀인 이론, 인본주의-변환적 리더십 이론, 카리스마-카리스마적 리더십 이론이라고 할 수 있다. 그러나 이 관점들은 복합적으로 상호 연결되어서 최근의 새로운 리더십 이론들의 개념적 기초가 되고 있다. 이런 새로운 관점들의 등장에 따라서 최근의 리더십 이론과 훈련 프로그램에서는 카리스마, 변환(transformation), 희망(vision), 영감(inspiration), 권력부여(empowerment), 자기-리드(self-lead), 수퍼-리더십(super leadership), 팔로워십(followership) 등과 같은 용어들이 많이 사용되고 있다.

가. 인지적 접근

대상에 대한 인간의 인식 내용은 그 대상의 본질을 있는 그대로 본 객관적인 것인가, 아니면 개인의 해석에 따라서 달라지는 주관적인 것인가? 인지적 접근 중의 하나인 귀인 이론(attribution theory)은 이런 물음의 정답이 무엇인가에 대해서는 별로 관심이 없다. 다만 귀인 이론에서는 개인의 인식 내용이 객관적인 것이든 주관성이 개입되어 편파된 것이든 상관할 것 없이 인식된 내용이 사람의 차후 판단과 행동에 영향을 미친다는 사실을 중요시한다.

바람직한 리더의 특성과 행동에 대한 종전의 관점은 리더의 그러한 특성과 행동이 객관적으로 존재하는 것임을 묵시적으로 가정하고 있다. 따라서 바람직한 특성을 함양하고, 바람직한 행동 양식을 습득하면 성공적인 리더가 될 수 있다고 본다. 그러나 같은 리더의 행동이라 할지라도 부하들마다 다르게 인식하고 평가한다. 예를 들면, '나를 따르라'는 식의 행동을 하는 소대장에 대해 강력한 리더십이 있는 훌륭한 리더라고 좋게 평가하는 소대원이 있는가 하면, 권위주의적 리더라고 부정적으로 평가하는 소대원이 있을 수 있다. 또 이와는 반대로 서로 다른 내용의 행동들을 같은 것으로 인식할 수도 있다. 따라서 귀인 이론적 입장에 의하면 바람직한 리더의 특성이나 행동이란 리더가 갖추어야 할 객관적인 요소라기보다는 부하의 눈에 비친 것으로서 부하들이 갖고 있는 리더상에 부합되는 특성이나 행동이라고 본다. 아래에서 귀인 이론적 입장의 리더십 연구에 대해 간략하게 살펴보자.

사람들은 저마다 어떤 경위를 통해서건 리더십에 관한 이론(implicit leadership theories)을 형성해 가지고 있고(Lord, De Vader & Alliger, 1986), 또한 나름대로 바람직한 리더의 자질이나 행동에 대한 리더상(leader prototype)이 무엇인가에 관한 견해를 갖고 있다(Foti, Fraser & Lord, 1982). 부하들은 이러한 자신의 이론이나 견해에 입각하여 리더를 보고 평가한다. 그래서 부하는 자신이 가지고 있는 리더상에 부합되는 특성을 갖고 있다고 생각되는 리더나 자신의 리더십 이론에 부합되는 방식으로 행동하는 리더를 훌륭한 리더라고 평가한다. 예를 들면 부하들이 '리더란 외향적이고, 남성적이며, 주도적인 사람이어야 한다.'고 생각한다면, 부하들로부터 훌륭한 리더라는 인정을 받기 위해서는 자신이 이러한 특성을 갖고 있다는 것을 부하들에게 보여 주어야 한다. 따라서 훌륭한 리더라는 인상을 부하들에게 심어 주기 위해서는 먼저 부하들이 어떤 리더상 또는 리더십 이론을 갖고 있는가를 파악하는 것이 중요하다.

부하가 리더를 어떻게 인식하는가에 따라서 부하의 리더에 대한 평가와 행동이 달라지듯이, 리더 또한 부하의 행동을 어떻게 인식하는가에 따라 부하에 대한 평가와 행동이 달라진다. 부하가 일을 잘 못했을 경우 리더는 그 원인이 어디에 있는가를 판단하여 그러한 문제점을 어떻게 시정할 것인가를 결정한다. 여기서 부하의 저조한 성과의 원인을 판단함에 있어 리더는 두 가지 방향으로 생각할 수 있다. 즉 그 원인을 부하의 결함(예, 노력부족 또는 능력부족)에서 찾을 수 있고(즉 내부 귀인: internal attribution), 외부적 요인(예, 너무 어려운 과제, 자원 부족, 지원 부족, 정보 부족 또는 불운)에서 찾을 수도 있다(외부 귀인: external attribution).

부하의 저조한 성과에 대해 외부 귀인을 했을 경우, 리더는 더 쉬운 과제를 부여하고, 자원과 지원을 증가시켜 주고, 정보를 제공해 주며, 불운에 대해 위로를 해주는 등 상황을 변화시키는 조치를 취할 것이다. 내부 귀인을 했을 경우 그것이 능력 부족에 기인한다고 생각한다면, 리더는 보다 상세하게 일하는 방법을 가르쳐 주고, 구체적으로 감독하며, 더 쉬운 일을 맡도록 과제를 바꾸어 주는 조치를 취할 것이다. 내부 귀인에서도 주원인이 노력 부족이나 책임감 부족에서 나온 것으로 생각 한다면, 리더는 경고를 하거나 처벌을 내릴 수도 있고, 부하에 대한 감독을 강화할 수도 있으며, 다른 동기 유발 방법을 강구할 수도 있다.

Mitchell을 중심으로 한 여러 학자들의 연구에 의하면(예: Mitchell & Liden, 1982) 리더는 주로 내부 귀인을 많이 하는 경향을 보이며, 그에 대한 조치는 주로 처벌을 증가시킨다는 것이다. 이에 비해 부하는 자신들의 저조한 성과의 원인을 주로 외부적인 요인 탓으로 돌리는 경향을 보인다. 이런 점에서 지휘 상에 문제가 발생한다. 리더는 저조한 성과를 부하의 잘못 때문이라고 생각하고 그에 따라 처벌을 증가시키는 반면, 부하들은 그 문제가 자신들의 잘못 때문이 아니라, 외부적인 요인 때문이라고 생각하기 때문에 상 하간 불신감과 불만감이 팽배해질 수 있다.

이러한 연구 결과들은 대인 지각(person perception), 귀인 과정(attribution processes) 및 귀인 오류(attribution biases) 등과 같은 사회인지(social cognition)적 접근이 리더십 연구에서 인과 관계의 과정을 규명하는 데 하나의 유용한 접근법을 제공해 줄 것이라는 점을 시사한다.

나. 카리스마적 리더십

카리스마(Charisma)란 원래 그리스어로서 예언이나 기적을 행할 수 있는 '천부적 자질'이라는 뜻의 말이다. 사회학자 Max Weber(1947)가 직책이나 전통 등의 권위에 의거하지 않고, 부하들이 특별한 자질을 갖춘 리더라고 자발적으로 추앙함으로써 갖게 되는 영향력이라는 의미로 사용했다. 카리스마적 리더에 관한 주제는 정치학이나 사회학 분야에서 정치 지도자, 사회 운동가, 종교 지도자 등과 관련해서 논의되어 오다가, 1980년대에 들어서서 심리학 및 조직행동학의 리더십 분야에서 본격적으로 논의되기 시작했다.

House(1977)는 최근의 카리스마적 리더십 이론의 선구자이다. 그는 카리스마적 리더가 어떤 방식으로 행동하며, 보통 사람들과는 어떻게 다르며, 어떤 상황에서 카리스마적 리더가 출현할 가능성이 가장 많은가에 대한 이론을 제시하였다. House에 의하면 카리스마적 리더는 권력 동기와 자신감이 강하고, 부하들에게 능력 있고 강하다는 이미지를 심어 주며, 부하들의 가치관, 이상, 영감에 호소함으로써 집단의 목표를 일종의 이데올로기적 목표로 만든다. 또한 행동을 통하여 모범을 보임으로써 리더를 추앙하고 동일시하게 만들며, 부하에 대한 기대감과 신뢰감을 마음속에 심어 줌으로써 부하의 성취 욕구와 리더에 대한 충성심을 이끌어 낸다. 한편 카리스마적 리더의 예하에 있는 부하들은 리더가 갖고 있는 신념이 옳은 것이라고 확신하고 리더의 요구에 의문을 제기함이 없이 따르며, 리더를 진정으로 좋아하여 리더에게 자발적으로 복종한다. 이들은 또한 집단의 일을 자신의 일처럼 여기고 일을 잘 해야겠다는 마음 자세를 갖추고 있다고 한다.

Bass(1985)는 House의 이론을 확장하여, 카리스마적 리더의 특성, 출현 조건, 카리스마적 리더십의 효과에 대해 부가적인 명제들을 제시하였고, Conger와 Kanungo(1987)는 귀인 이론적 관점에서 카리스마적 리더십을 조명하는 이론을 제안하였다.

카리스마적 이론에 관한 주요 논쟁점 중의 하나는 카리스마적 리더의 출현 조건에 관한 것이다. Weber는 카리스마적 리더는 위기 상황이 있을 때 출현하게 된다고 하였다. 이러한 견해에 동의하는 학자(Blau, 1963; Chinoy, 1961)도 있지만, 카리스마라는 특별한 자질을 갖춘 사람이 있으면 그는 곧 카리스마적 리더가 된다고 보는 학자(Tucker,1968)도 있고, 리더의 카리스마적 자질에 부하가 어떻게 반응하는가에 따라서 카리스마적 리더의 출현 여부가 결정된다는 상호작용적 관점(Clark, 1972; Deveraux, 1955; Downton, 1973)도 있다. 이와 관련된 문제들이 카리스마적 리더십을 연구하는 학자들의 주요 관심사이다.

다. 변환적 리더십

Burns(1978)는 종전의 리더십을 거래적(transactional) 리더십이라고 명명하고 자신이 제안한 변환적 리더십과 대비시키면서 그의 이론을 전개하고 있다. Burns에 의하면 거래적 리더십은 개인의 이기적 관심을 자극하여 부하를 동기화시키는 방법이다. 선거 출마자들은 각종 공약 사업을 내걸어서 주민들의 표와 거래를 한다. 회사의 고용자는 임금과 직위를 갖고서 피고용자의 노동과 교환을 한다. 이에 비해서 변환적 리더십은 고차원적인 가치관과 도덕성을 자극하여 동기화시킨다. 부하의 반응에 따라서 행동을 변경해 가면서 고차원적 동기가 유발되도록 꾸준히 노력한다. 변환적 리더는 이러한 변환적 목표를 달성하기 위하여 개인적 수준에서의 영향력 과정에만 관심을 갖는 것이 아니라, 조직체의 구조적 수준에서도 체제의 변화와 기구의 개혁을 시도한다.

Burns(1978)는 변환적(transformational) 리더십을 "리더와 부하가 상호간 더 높은 도덕적 및 동기적 수준을 갖도록 만드는 과정"이라고 정의하고 있다. 변환적 리더는 공포, 탐욕, 질투, 미움 등과 같은 하등 수준의 감정을 이용하는 것이 아니라, 자유, 정의, 평등, 평화, 인본주의 등과 같은 고등 수준의 이상과 도덕적 가치에 호소함으로써 부하의 의식을 고양하여 집단의 목표 달성을 추진한다. Maslow(1954)의 욕구 단계설에 비추어 본다면 변환적 리더는 부하들에게서 고차원적 동기를 불러일으키는 사람이다. 이러한 리더 밑에 있는 부하들은 '일상적인 자신'에서 '더 훌륭한 자신'으로 변환하게 된다. 변환적 리더십은 조직체의 직책 위계상에서 어느 누구에 의해서도 발휘될 수 있다. 상급자의 변환적 리더십에 의해 부하가 변환될 수도 있고, 부하의 변환적 행동에 의해 상급자가 변환될 수도 있다. 이것은 보통 사람들에 의해 일상적으로 일어날 수 있는 것이긴 하지만, 결코 보통의, 일상적인 것은 아니다.

Bass(1985)는 Burns의 이론과 카리스마적 이론을 종합하여 새로운 이론을 제시하였다. 그는 변환적 이라는 것을 리더의 부하에 대한 영향이라는 관점에서 정의하고 있다. 변환적 리더십 아래에서 부하는 리더를 숭배하고, 충성으로 모시고, 존경하며, 자신들에게 기대되는 것 이상의 일을 하도록 동기화된다. 리더가 부하를 이렇게 변환시키는 방법은 부하들로 하여금 그들이 과업 완수에 중요하고 가치로운 존재라는 것을 인식하게 만들고, 그들로 하여금 이기적인 관심을 초월하여 집단 이익을 위해 관심을 갖게 만들며, 그들의 고차원적 욕구를 활성화시키는 것이다. Bass는 변환적 리더십을 카리스마와 구분하고 있다. 예를 들면, 인기 연예인이나 운동선수들도 카리스마적인 사람들이기는 하지만, 추종자들에게 체계적인 변환을 일으킬 수 있는 영향력을 갖고 있지 않다, 카리스마는 변환적 리더십의 한 필요조건은 될 수 있지만, 충분조건은 되지 않는다. 변환적 리더는 부하들에게서 강렬한 감정을 이끌어 내고, 리더를 동일시하게 만드는 것은 물론, 인도자로서 또는 스승으로서 부하들을 체계적으로 변환시키는 사람이다.

변환적 리더십 이론은 리더십에 관한 이해의 폭을 넓히는 데 중요한 공헌을 했다. 이 이론은 리더십 과정에서 이성적 과정(rational processes)뿐만 아니라 감정의 흐름(emotional processes)을 이해하는 것이 중요하고, 또한 도구적 행동(instructional behavior)뿐만 아니라 상징적 행동(symbolic behavior)을 활용하는 것 또한 중요하다는 점을 일깨워 주고 있다. 변환적 리더십 이론이 최근에 갑자기 출현하여 전혀 새로운 주제를 다루고 있는 것은 아니다. Argyris(1964)나 McGregor(1960), 그리고 Likert(1967) 등과 같은 학자에 의해 오래 전부터 논의되어 오던 권한 공유, 상호 신뢰, 참여적 리더십, 삶의 질, 지지적 관계 등과 같은 주제들을 변환적 리더십 이론이 발전적으로 통합 및 정교화시켜 나가고 있는 것이다.

라. 조직 문화에 대한 관심

인간의 사회 행동에 관한 비교 문화적 연구는 오래 전부터 사회 심리학의 한 분야로서 꾸준히 연구되어 오고 있었고, 특히 1980년대에 들어서서는 문화라는 변인이 더욱 중요한 연구 변인으로 다루어지기 시작했다. 그러나 리더십 연구 분야에서 조직 문화라는 문제가 부상된 계기는, 앞서도 언급되었듯이, 1980년대에 들어서 미국 기업이 일부 일본 기업과의 경쟁에서 밀리게 되면서 일본 기업에 대한 연구의 필요성이 대두되면서부터이다.

조직 문화에 관한 연구는 Schein(1985)이 포괄적으로 검토 및 정리하였다. Schein은 문화를 '집단 구성원들이 공유하고 있는 기본적인 가정들과 신념들'이라고 정의하고 있다. 이 가정들과 신념들은 세상을 보는 관점, 시간과 공간의 본질, 인간 및 인간관계의 본질 등에 관한 것이다. Schein은 심층에 깔려 있는 '기본적 가정(basic assumptions)'과 겉으로 공표되어 있는 '표면적 가치(espoused values)'를 구분하고 있다. 표면적 가치는 기본적 가정과 일치하지 않을 수도 있는 데, 이러한 표면적 가치는 그 집단의 문화를 제대로 반영하지 않는 것이 된다. 예를 들면, 어떤 부대에서 공식적으로 자유로운 의사개진을 허용한다고 하고 있지만, 실제에 있어서는 비판이나 반대 발언자는 여러 가지 인사상의 불이익을 당한다고 하는 경우, 이 부대의 문화적 기본 가정은 표면적 가치와 불일치하고 있는 것이다. 표면적 가치로부터 기본적 가정을 밝혀낸다는 것은 손쉬운 일이 아니다. 집단 구성원의 행동에 실질적인 영향을 미치는 것은 표면적 가치가 아니라 바로 기본적 가정이다.

조직 문화의 기본적 가정은 거의 무의식적 수준에 들어 있는 것으로서, 집단이 외부적 요구에 적응하고 내부적인 결속을 달성하려고 노력하는 가운데 학습된 것이다. 중요한 외부적 요구로는 집단의 핵심적 임무, 이 임무에 근거한 구체적 목표, 이 목표 달성을 위한 전략, 달성된 목표의 성공 여부를 측정하는 방식 등이 있다. 내부적 결속이라는 문제는 구성원의 자격 기준, 구성원들 간의 지위 위계 결정의 근거, 상과 벌의 기준과 절차, 대인 관계의 규칙과 관습, 언어와 상징의 의미에 대한 합의 등에 관한 문제이다. 이러한 외부적 요구에 대처하는 반응 양식과 내부적 결속을 달성하는 방식이 조직 구성원들의 기본적 가정을 형성하게 된다. 이 가정들은 시간이 지남에 따라 구성원들에게 너무나 익숙한 것이 되어서 거의 무의식적인 것으로 된다. 그래서 문화는 구성원들이 소속 집단의 환경을 이해하고, 그 환경에 어떻게 반응할 것인가를 판단하며, 그에 따라서 불안, 불확실성 및 혼동을 감소시키게 해주는 기능을 한다.

리더십은 조직 문화의 형성, 발전, 변화 및 소멸과 깊은 관련이 있다. 조직의 문화는 모든 구성원들에 의해 형성, 변화되는 것이기는 하지만, 그 중에서도 리더의 행동이 핵심적인 역할을 한다. 아무리 훌륭한 리더가 있다고 하더라도 조직 문화가 역기능적인 요소를 많이 내포하고 있으면 그 조직은 제대로 기능하기가 어렵다. 따라서 리더는 조직 내의 역기능적인 요소를 제거하고, 순기능적인 요소를 보강하는 등의 조직 문화 개선에 일차적 관심을 기울이는 것이 필요하다. 리더십에 대한 정의가 구구하지만, 리더십의 핵심적인 요소 중의 하나가 바로 가장 잘 기능하는 조직 문화를 수립하는 일이다.

조직 문화에 관한 관심은 조직체 수준에서의 리더십의 문제를 이해하는 데 중요한 공헌을 하였다. 조직 문화에 관한 이론은 리더가 어떻게 조직 문화에 영향을 주고 또한 어떻게 조직 문화에 의해 영향을 받는지에 관하여 설명을 해주고 있다. 또한 조직을 창설한 사람이나 조직 문화에 강한 영향을 미친 리더가 조직을 떠났음에도 불구하고 그들의 정신적인 유산이 오랫동안 남아 있는 현상에 대해서도 훌륭한 설명을 해주고 있다. 리더십 분야에서 조직 문화에 관한 문제 역시 앞으로 많은 연구가 기대되는 연구 영역이다(신응섭외, 리더십의 이론과 실제, pp.33~42).

제2절 리더십의 인접 개념

본 2절에서는 리더십과 밀접하게 관련을 맺고 있는 팔로워십, 임파워먼트의 개념을 이론적인 측면에서 고찰해 보았다. 또한 이러한 이론이 조직유효성과는 어떠한 관계가 있으며, 군 조직에는 어떠한 형태로 접목될 수 있는지 간략히 언급해 보기로 한다.

1. 팔로워십(Followership)

가. 팔로워십의 개념

지금까지의 리더십에 관한 연구에서는 팔로워가 리더십이 행사되는 대상으로 인식되었을 뿐, 그 자체가 리더십의 주체는 될 수 없었기 때문에 팔로워십의 중요성은 그 만큼 경시되어 왔다. 즉, 팔로워십이란 리더십 연구에 있어 하나의 하위 개념에 불과한 것이었다.

그 동안 팔로워십에 대한 연구가 미진했던 만큼 팔로워십에 대한 개념도 명확하게 정의되어 있다고 볼 수가 없다. Webster's New Collegiate Dictionary(1993)에 따르면 팔로워의 일반적 의미는 '다른 사람을 추종하고, 다른 사람의 가르침이나 의견을 따르며, 다른 사람을 모방하고자 하는 사람'이라고 볼 수 있다(Huges, R.L., Ginnett, R.C. & Cutphy, G.J., 1993, p.315). 팔로워에 대한 이러한 사전적 정의는 팔로워들은 리더로부터 명백한 지시를 받기 전까지는 아무 것도 할 수 없고, 무조건 지시에만 복종한다는 것을 의미한다. 그러나 때때로 팔로워들이 리더의 지시에 무조건 복종하여 즉각적으로 수행하는 것이 필요하지만, 현대의 급변하는 환경 속에서 대부분의 경우 팔로워들은 직무의 성공적인 완수를 위해서는 보다 적극적이고 능동적으로 역할을 수행해야 할 필요가 있다. 또한 조직 구성원들이 리더와 팔로워의 역할을 동시에 수행한다는 사실을 무시한 이러한 팔로워에 대한 사전적 정의는 팔로워의 역할에 대해 협소한 시각을 나타내고 있다고 볼 수 있다.

따라서 본서는 팔로워십을 "조직구성원이 사회적 역할과 조직목적 달성에 필요한 역량을 구비하고 조직의 권위와 규범에 따라 주어진 과업과 임무를 달성하기 위하여 바람직한 자세와 역할을 하도록 하는 제반 활동과정"으로 정의하고자 한다.

나. 팔로워십 이론의 발전

팔로워십 이론의 발전은 1933년도에 영국의 여성학자 Follet이 런던대학 정경학부 경영학과에서 최초로 팔로워십의 중요성에 대하여 강의를 한 것이 시초의 연구로 인식되고 있다. 한편, 1988년도에 Kelley가 팔로워의 역할에 대한 전문적인 연구를 시행하여 이에 대한 개념을 정립하기에 이르렀다(Kelley, 1988). 그는 1992년도에 팔로워십의 유형을 네 가지로 구분해 제시하여 팔로워십에 대한 연구가 점점 확산되어 가는 계기를 마련했다(Kelley, 1992).

Kelley는 팔로워십의 유형을 측정할 수 있는 측정도구를 개발하여 팔로워십 발전에 큰 기여를 하고 있다(Kelley,1994). 그는 대부분의 사람들이 자신이 어떤 리더십 유형에 속하는지를 알고 있으며, 그들은 자신이 어떤 지도자인지, 리더로서의 자신의 장점과 약점은 무엇인지, 그리고 자신이 팔로워들에게 어떤 영향을 미치는지를 이해하고 있지만 자신의 팔로워십 유형에 대해서는 거의 인식하지 못하고 있음을 지적함과 동시에 이러한 인식의 불균형은 대단히 위험한 일을 초래할 수 있다고 주장하였다.

이러한 문제인식을 바탕으로 Kelley는 팔로워 유형을 구분하기 위하여 팔로워와 리더를 대상으로 직접 필요한 정보를 얻기 위한 실증적 설문조사를 실시하였다(장동현 역, 1994, pp.109~111).

그 결과 '사고(思考)'와 '참여(參與)'가 팔로워십 유형을 구분할 수 있는 두 가지 핵심 요인이라는 사실을 찾아내었다.

첫째, 사고 측면에서 최고의 팔로워는 독립적・비판적 사고를 가지며, 최악의 팔로워는 의존적・무비판적 사고를 가지고 있음을 발견하였다. 둘째, 참여 측면에서 최고의 팔로워는 적극적 참여 자세를 가지고 있는 데 반하여, 최악의 팔로워는 수동적인 참여 자세를 가지고 있음을 발견하였다.

다음은 Kelley(1994)가 실제 기업조직을 대상으로 실시한 연구조사를 통해 발견한 다섯 가지의 팔로워 유형인데 이를 좀더 구체적으로 살펴보면 아래와 같다.

① 모범형 팔로워

일반적으로 조직구성원의 약 5~10% 정도를 차지하고 있는 모범형 팔로워는 리더나 집단으로부터 독립해 자주적이고 비판적 사고를 견지하고 있다. 또한 이들은 독립심이 강하고, 혁신적이고, 독창적이며, 건설적인 비판을 하는 특성을 나타내고 있다. 모범형 팔로워는 다른 한편으로는 관료적인 우둔함이나 비능률적인 동료들로 인하여 장애를 받더라도 조직의 이익을 위해서 자신의 재능을 유감없이 발휘하여 적극적으로 맞선다. 이들은 솔선수범하고 주인의식이 있으며, 집단과 리더를 도와주고, 자기가 맡은 일보다 훨씬 많은 일을 한다는 평을 듣고 있다. 따라서 이러한 모범형 팔로워는 적극적인 참여를 통해 리더의 힘을 약화시키는 것이 아니라 오히려 강화시킬 수 있다.

② 실무형 팔로워

실무형 팔로워는 일반적으로 조직구성원의 약 20~35%를 차지하고 있으며, 지시 받은 일을 수행하지만 그다지 비판적이지도 않고, 지시 받은 일 이상의 모험은 하지 않는다. 또한 이들은 조직의 운영방침 등의 변동에 민감하고 자신의 이익을 위해서 다른 사람과 조직을 교묘히 조종하는 모사꾼적 특성을 보이고 있다. 이들은 의견대립을 최소한으로 억제하고 어떤 실패에 대해서도 언제나 변명할 수 있는 자료를 주도면밀하게 마련해 놓고 있다. 더 나아가 이들은 훌륭한 일을 하고 싶어 하기는 하지만 위험을 무릅쓰려하지 않고, 실패하려고 하지 않기 때문에 목표를 낮게 잡고, 반드시 자기보다 남이 먼저 책임을 지게 만드는 경향이 있다. 이러한 실무형 팔로워가 모범형 팔로워로 변하기 위해서는 실무형 팔로워 스스로가 일단 목표를 설정하고 사람들이 그들에 관해 가지고 있는 부정적인 인식을 불식할 수 있는 신뢰와 신용을 지속적으로 쌓아나가야 한다. 즉, 자기를 먼저 생각하는 것이 아니라, 언제나 다른 사람들의 목표 달성을 돕는 자세를 유지하는 것이 필요하다.

③ 순응형 팔로워

일반적으로 조직구성원의 약 20~30%를 차지하고 있는 순응형 팔로워는 적극적인 참여라는 면에서 높이 살만하지만, 독립적인 사고는 부족하며, 리더의 판단에 지나치게 의존하고, 리더의 권위에 순종하며, 리더의 견해나 판단을 지나치게 열중하는 경향이 있다. 이들은 팔로워가 권한을 가진 위치에 있는 리더에게 복종하고 순응하는 것은 의무라고 생각하기 때문에 조직에 속해 있는 것에서, 또한 자기 위에 누군가가 있는 것에서 위안을 찾고 있다. 이들이 조직에 완전한 공헌자가 되기 위해서는 독립적이고 비판적인 사고를 기르고, 이를 행동으로 실천하는 용기를 갖도록 해야 한다. 다시 말해서 다른 사람들의 의견에 대한 평가, 다른 사람들이 성취하고자 하는 것에 대한 이해, 신랄한 비평가 역할의 학습, 자신의 아이디어의 제출 등은 순응형 팔로워가 모범형 팔로워로 변화하는 데 필요한 방법들이 될 수 있다.

④ 소외형 팔로워

일반적으로 조직구성원의 15~25%를 차지하고 있는 소외형 팔로워는 독립적이고 비판적인 사고를 견지하고 있지만, 역할수행에는 그다지 적극적이지 않은 특징을 보유하고 있다. 이들은 유능하지만 냉소적이며 리더의 노력을 비판하면서도 스스로는 노력을 하지 않고 불만만 표출하고 있다. 또한 소외형 팔로워는 피해의식을 보유하고 있을 뿐만 아니라 부당한 대우를 받고 있다고 생각하기 때문에 현 조직 내에서 그들의 불만스러운 부분을 개선시키기 위해 대결하게 된다. 그러나 실제로는 결코 사태를 호전시키지 못하고 오히려 리더나 조직으로부터 소외당하는 경우가 많다. 이러한 소외형 팔로워가 모범형 팔로워가 되기 위해서는 자신의 부정적인 측면을 극복하고 적극적으로 참여하는 자세가 필요하다. 즉, 상사를 믿을 수 있다고 생각하면 상사와 마주앉아 자신의 문제점과 생각을 교환하고 조언을 구하는 자세가 필요하며, 만약 상사를 믿지 못한다면 다른 부서로의 이동이나 이직을 통해 자신에게 적합한 새로운 환경을 찾는 것이 바람직하다.

⑤ 수동형 팔로워

조직구성원의 약 5~10% 정도를 차지하고 있는 수동형 팔로워는 모범형 팔로워와 정반대의 특성을 지니고 있다. 극단적인 경우 이들은 생각하는 일은 리더에게 맡기고, 임무를 열성적으로 수행하지 않는 경우도 있다. 또한 수동형 팔로워는 책임감이 결여되어 있고, 솔선하지 않으며, 지시 없이는 주어진 임무를 수행하지 못할 뿐만 아니라 맡겨진 일 이상은 절대 하지 않는다. 이러한 수동형 팔로워가 모범형 팔로워로 변화하기 위해서는 자신을 희생하며 모든 일에 적극적으로 참여하는 자세를 가져야 한다.

이상의 연구 이외에도 많은 연구자들의 연구결과, 리더십의 유효성은 팔로워의 특성과 리더의 성격적 특성 간에 높은 관계가 있는 것으로 밝혀지고 있다. 그러나 조직의 특성에 따라 팔로워의 성격적 특성, 가치관, 그리고 선호도가 리더십의 유효성에 어떠한 영향을 미치는가에 대해서는 앞으로도 지속적인 연구가 이루어져야 할 것으로 보인다.

다. 팔로워십과 리더십의 관계

최근의 연구자들은 리더십과 팔로워십의 관계에 관하여 강조하고 있다. Burns는 리더십이란 용어 자체는 집합적 의미를 지니기 때문에 '리더만의 리더십(one-man, leadership)'이란 본질적으로 모순된다고 지적하였으며(Burns, 1978), Gardner는 팀 리더가 혼자 모든 것을 리드할 수 없으며 리더십은 반드시 팀원전체와 공유되어야 한다는 것을 강조하였다(Gardner, 1987). Hollander와 Offermann은 리더와 리더십에 관한 개념은 독립적으로 존재하는 것이 아니며 두 가지 모두는 팔로워십에 의존한다고 하였다. 즉, 리더란 팔로워가 있기에 존재하는 것이며 리더십이란 팔로워십이 있으므로 인해 그 가치를 인정받을 수 있다는 것이다. 결국 리더십에 대한 이해를 위해서는 팔로워십에 대한 이해가 반드시 요구된다고 볼 수 있다(Hollander, 1990, pp.83~97).

이상에서 살펴본 바와 같이, 리더십과 팔로워십은 상호 배타적인 것이 아니며 완전히 독립적으로 생각할 수 있는 것도 아니다. 리더십과 팔로워십은 오히려 상호보완적인 관계에 있다고 볼 수 있다. 많은 연구자들이 팔로워십이 소홀이 취급되어 온 측면을 지적하고 있지만, 동시에 리더십과 팔로워십이 서로 긴밀한 관계임에 대해 강조하고 있는 것이다.

2. 임파워먼트(Empowerment)

가. 임파워먼트의 개념

임파워먼트(empowerment) 개념은 이론적 연구보다는 실용적 관심을 가지고 있는 이론가들에 의해 사용되어지기 시작하였다. 임파워먼트는 새로운 개념이라기보다는 이미 존재해 왔던 다양한 개념의 집합체로 볼 수 있으며, 최근 들어 이에 관한 연구가 활성화되면서 그 의미도 점차 구체화되어 가고 있다. 기존의 학자들이 정의해 놓은 임파워먼트의 의미에 대해서 좀 더 구체적으로 살펴보면, 먼저 Murrell은 “파워를 구축하고, 개발, 증대시키는 행동”이라고 정의하였고(Murrell, 1985, pp.34~38), Greenberg와 Baron은 “조직구성원에게 그들이 하는 근무를 수행하는 방법을 관리할 수 있는 기회를 주는 것”으로 임파워먼트를 정의하였다(Greenberg, 1993). 또한 Bowen과 Lawler는 서비스부문에 있어서의 임파워먼트를 적용하면서 임파워먼트시킬 수 있는 네 가지 조직 요소인 “조직 행동에 관한 정보, 조직 행동에 기초한 보상, 종업원이 조직행동을 이해하고 수행할 수 있도록 하는 지식, 조직의 방향과 행동에 영향을 미치는 의사결정권 등을 종업원에게 나누어주는 것”으로 정의하였다(Bowen, 1992, pp.31~39). 한편, McClelland는 임파워먼트를 “권한 배분의 과정이라기보다는 할 수 있다는 신념을 심어주는 과정”으로 파악하였고(McClelland, 1975), Conger와 Kanungo는 임파워먼트란 “각자의 능력에 대한 개인적인 신념을 강화시키는 행동으로서 단순히 외적 행동의 변화 모습 보다는 사람의 내적 신념(intrinsic belief)의 변화 과정”이라고 말하였다(Conger, 1988).

또한 Kinlaw는 임파워먼트의 의미를 사회정치학적 관점과 경영학적 관점으로 구분하였다. 사회정치학적 의미의 임파워먼트는 기존에 갖고 있던

파워보다 상대방에게 더 많은 양의 파워를 주는 것을 의미하며, 파워의 배분과 획득, 권리, 권한의 행사, 제한된 양으로의 파워, 공유되어지는 파워, 의사결정을 통한 파워 등의 개념을 포함하는 것으로 보았다. 경영학적 의미의 임파워먼트는 조직 내부에 존재하는 파워의 총량은 확장시킬 수 있고, 증대될 수 있다는 관점에서 파워를 다루고 있으며, 성과의 계속된 증가, 충분한 영향력, 충분한 영향력의 행사, 무한한 양으로서의 충분한 영향, 파워와 충분한 영향력은 발견되거나 창조되어지는 것, 의사결정 외에도 새로운 생각과 정보의 공유와 학습을 통한 구성원의 개인 또는 집단 임파워먼트의 증대 등의 개념을 포함하는 것으로 제시하였다(Kinlaw, 1995).

한편, Conger와 Kanungo는 이와 같이 다양한 기존의 임파워먼트에 관한 연구를 정리하여 관계구조적 측면과 동기부여적 측면으로 구분하여 임파워먼트의 의미를 제시하였다(Conger, 1988, pp.471~482).

관계구조적 측면에서 임파워먼트의 의미는 노동자와 관리자 사이의 권력관계 속에서 이해되고 있다. 즉, 임파워먼트란 조직구성원을 힘 있게 하기 위하여 권한을 조직구성원에게 부여하는 과정 또는 조직 내의 일정한 권한을 배분하거나 법적인 파워를 조직구성원에게 배분하는 과정으로 해석하고 있다. 이러한 관점의 임파워먼트는 조직 내에서 정해진 범위 안에 있는 권한을 적절히 배분하여 부여된 업무를 추진하고 구성원들이 권한이 부여된 사람에게 순종하게 함으로써 조직목표를 달성하려는 것이다.

한편, 동기부여적 측면에서 임파워먼트의 의미는 모든 능력의 원천을 신념에서 비롯된 것으로 보고, 개인들에게 내적인 동기나 노력과 성과에 대한 기대 신념의 상태로서 사용되고 있다. 따라서 이 경우 임파워먼트에 대한 해석은 능력의 초점을 신념에 두고, 조직구성원의 노력-수행 기대 또는 긍정적인 자기효능감(self-efficacy)을 증대시키는 과정으로 표현되어지고 있다.

이상과 같은 파워의 접근방법에 따라 살펴본 임파워먼트의 의미를 종합해 보면, 임파워먼트란 조직구성원들이 파워 있게 업무를 수행할 수 있도록 개인차원에서 각 구성원들에게 내적 동기와 행동능력을 부여하고, 집단차원에서는 각 구성원들이 상호협력과 공유를 통해 파워를 창출해 나가는 과정을 의미한다고 볼 수 있다.

본서에서 임파워먼트란 "조직 내에서 권한을 적절히 재배분하여 개인수준, 집단수준, 조직수준에서 파워의 공유와 파워의 균형을 도모하여 내적인 동기나 노력과 성과에 대한 기대 신념의 상태를 증대시켜 나가는 것과 관련된 제반 활동과정"으로 보고자 한다.

나. 임파워먼트 이론의 발전

임파워먼트 이론의 발전은 이를 대표하는 뚜렷한 학자에 의해서 주도적으로 발전되었다기보다는 1950~60년대 초반에 학계와 기업에서 인간심리의 활용방안을 제시했던 동기부여(motivation)개념이 각광을 받은 데서 비롯되었다고 볼 수 있다. 그 중에서도 Gore라는 기업가는 1958년 이후부터 임파워먼트 의미의 도입 및 설립을 주장함으로써 임파워먼트 이론의 중요성에 대해서 강조하였다. 그러다가 1960년대 후반부터 70년대 초반에는 인간의 잠재능력과 개인의 성장을 중요시하는 풍조가 학계와 기업계에 확산되었으며, 1980년대 이후에 이르러서는 동기부여 이론으로부터 임파워먼트 이론에 대한 연구가 확산 및 발전되었다고 볼 수 있다. 이와 같이 임파워먼트는 학계에서보다는 기업계에서 더 많은 관심을 가지고 개인과 조직의 역량을 강화하는 방향으로 많은 각광을 받고 있다. 그리고 임파워먼트의 이론에 대하여 경영학분야에서 본격적으로 논의되기 시작한 것은 Murrell이 "권력을 조직 내에서 어떻게 배분하는가 하는 데만 신경 쓰지 말고, 어떻게 권력을 창조하고 증대시킬 것인지에 신경을 쓸 것"을 강조하면서 부터라고 볼 수 있다(Murrell, 1984).

다. 임파워먼트와 리더십의 관계

Vogt와 Murrell에 따르면 조직 구성원을 임파워먼트시키기 전에 그 조직의 리더가 임파워먼트되어 있어야 한다고 역설하였다(Vogt, 1990, p.69). 임파워먼트된 조직에서 중요한 이슈들은 조화(coordination), 통합(integration), 촉진(facilitation)이지 통제(control)는 아니니다. 즉, 어떠한 변혁도 중앙집권적인 통제형 리더십 하에서 이루어질 수 없다고 본다. 따라서 촉진자(facilitator)로서의 리더는 타인을 통제함으로써 리더의 자아를 유효하게 하는 것이라기보다는 타인에게 격려를 하며, 도움을 주고, 업무를 허락함으로써 스스로의 가치를 찾는 사람인 것이다.

한편, 임파워먼트된 조직에서 리더의 역할에 대한 견해는 연구마다 다소 상이한 차이를 보이고 있다. 즉, Vogt와 Murrell은 정보 제공(informing), 의사 결정(deciding), 계획 수립(planning), 가치 평가(evaluating), 동기 부여(motivating), 조직 개발(developing) 등 의 여섯 가지를 임파워먼트된 리더의 역할로 제시하였다(Vogt, 1990, p.46).

이와 같이 임파워먼트와 리더십의 관계는 매우 밀접하다고 볼 수 있으며, 특히 임파워먼트되기 위해 리더가 갖추어야 할 조건의 상당 부분이 변혁적 리더십의 구비요건과 일치하고 있음을 알 수 있다. 실제로 많은 학자들(House, Burke, Block, Tichy)이 리더십 연구를 결부시켜 임파워먼트에 관한 연구를 하였고, 변혁적 리더십이 가장 임파워먼트를 잘 가져온다고 하였다(박원우, 1992).

3. 조직 유효성

가. 조직 유효성의 개념

1970년대 이후에 조직 유효성에 관한 연구는 조직 이론의 중심적 과제가 되어 왔으나, 오늘의 실정은 조직 유효성이라는 개념이 실제로 무엇을 의미하는 것인지 알 수 없게 되었을 정도로 혼란에 처해 있다(박혜남, 1995, p.23). 이러한 현상은 조직이라는 사회구성체의 특성상 조직 유효성의 개념이 광범위한 영역을 포괄하지 않을 수 없고 시간 차원까지 고려해야 하기 때문에 개념적 정의와 측정 기준의 체계화가 지극히 곤란하기 때문으로 볼 수 있다. 그러므로 조직 유효성은 조직과 관련된 모든 사람들이 제각기 다른 이해관계와 가치관의 관점에서 제각기 다르게 해석되고 있다. 〈표 2-3〉은 조직 유효성에 대한 다양한 정의를 나타내고 있다(신철우, 1987, p.86).

조직 유효성에 대한 정의는 능률과 유효성의 의미와 관련지어 생각을 할 수가 있다. Drucker에 의하면 능률은 일을 바르게 하는 것이며, 유효성은 성공의 기초이고 올바른 일을 하는 것이라고, 하였다(Drucker, 1973, p.450). 따라서 능률은 목표 지향적 활동이 얼마나 수행되었는가를 투입과 산출의 비율로 나타낼 수 있고, 유효성은 미리 정해진 목표가 어느 정도 달성되었는 가로 나타낼 수가 있다. 그러나 조직 유효성에 대해서는 아직까지 많은 학자들 간에 공통된 견해를 갖지 못하고 있는 실정이다.

본서에서는 조직 유효성이란 "조직체가 환경과 상호 작용을 통해 조직의 기능(적응, 목표성취, 통합, 조직문화 창출, 정보 제공)을 활성화하기 위해 조직력을 발휘하는 제반 활동 능력"으로 보고자 한다.

〈표 2-3〉 조직 유효성에 대한 다양한 정의

학자	주요내용
Argyris	동일하거나 점차 감소되는 투입으로 같은 산출을 얻는 것
Seashore	희소하고 귀중한 자원을 획득하기 위해 환경을 개척하는 전체의 능력
Perrow	조직체와 환경과의 적합성
Gulik	조직을 능가하는 힘에 만족스러워 하는 조직
Tannenbaum	사회 시스템으로서의 조직이 그의 수단과 자원을 오용함이 없고, 사회구성원에 대한 부당한 강압을 하지 않으면서 조직의 목표를 달성하는 것
Mott	조직이 행동, 생산, 적응하기 위해 조직력을 발휘하는 능력
Price	목표 달성도
Schein	시스템이 지니는 존속, 자기 유지 성장의 능력

나. 조직 유효성 이론의 발전

조직 유효성의 개념은 조직 이론의 주요 영역에서 다루어져왔다. 먼저 조직 목표 이론에서 보면, 전통적으로 조직 유효성은 목표 달성의 정도에 의해서 정의되어 왔다. Etzioni는 "한 조직의 목표는 그 조직이 달성하려는 바람직한 상태이다"라고 보았다(Etzioni, 1964, p.6). 이러한 관점에 의하면 조직의 성과가 조직의 목표를 충족시키거나 초과하면 그 조직은 효율적이라고 보고 그렇지 못하며 비효율적이라고 보는 것이다. 이와 같은 조직목표 모형은 여러 가지 단점을 가지고 있지만 많은 학자들은 조직 유효성을 측정할 때는 조직의 목표와 이의 달성 여부가 가장 중요하다고 보고 있다.

(1) 조직자원이론

조직자원이론은 조직목표 이론이 조직 유효성을 측정하는 데 한계점이 있다는 비판적인 시각을 가진 학자들을 중심으로 발전되었다. 조직자원 이론에 의하면, 조직의 유효성은 환경에 대한 유리한 협상 위치를 이용하여 제한되고 가치 있는 자원을 획득할 수 있는 조직의 능력으로 정의하고 있다. 즉, 조직자원 이론에서는 조직 유효성을 자산을 조달하는 조직의 능력으로 보고 있다. 따라서 조직자원이론의 관점에서 보면 효과적인 조직이란 더 많은 자원의 확보 전략에 관한 정보를 제공해 주는 방법을 적절히 구사할 수 있는 능력을 가진 조직으로 볼 수 있다.

(2) 통합이론

통합이론은 조직목표 이론과 조직자원 이론을 통합한 이론이다. 한편, Steers는 조직목표 이론과 조직자원 이론을 상보적 관계에 있다고 주장하면서, 이 두 가지의 이론을 통합하면 바람직한 조직 유효성 측정을 위한 이론을 발전시킬 수 있다고 보았다(Steers, 1977, p.48). Parsons는 모든 사회조직은 적응(adaptation), 목표 성취(goal attainment), 통합(integration), 조직문화의 창출과 유지(latency)의 네 가지 기능을 수행해야 하며 이러한 기능들을 얼마나 잘 수행하느냐가 조직의 유효성을 재는 척도가 된다고 보았다(Parsons, 1960). 즉, 그가 제시한 조직의 네 가지 기능은 조직 목표와 조직자원 확보에 모두 필수 불가결한 것이기 때문에 그의 이론은 통합이론의 관점에 포함된다고 볼 수 있다. 여기서 적응은 조직이 충분한 인적・물적 자원을 확보하고 여러 가지 환경에 대처해 나가는 것을 말한다. Steers의 연구에 의하면 조직 유효성 측정 기준 중 가장 많이 사용되고 있는 것은 적응 능력과 이에 관련된 개념인 탄력성 및 기술혁신으로 밝혀졌다(Steers, 1977). 목표 성취는 조직이 일반적인 목표와 세부적인 목표를 수립하고 이를 성취하는 것을 말한다. 통합은 조직 내의 응집성과 결속을 의미하는 것으로서, 조직 구성원이 사회적 유대관계를 조직화하고, 조정하고, 단결하는 것을 말한다. 조직 문화의 창출과 유지는 조직의 가치와 문화를 창조하고 그러한 문화와 가치를 유지하는 기능을 말한다.

다. 조직 유효성과 리더십의 관계

많은 리더십 연구에서 조직 유효성은 종종 리더십의 결과 지표로 논의되고 있다. 즉, 리더십의 특정 요소와 조직 유효성의 관계가 정적 혹은 부적으로 어떠한 상관관계를 보이는가에 대한 연구가 많이 있어 왔다. 그러나 리더십의 측정 자체도 어려운 데다가 앞에서 살펴본 바와 마찬가지로 조직 유효성의 측정 또한 쉽지 않은 부분이어서, 조직 유효성과 리더십의 관계에 대해서는 무성한 논의만큼 생산적인 결론들이 많지는 않다.

4. 리더십 관련 이론의 군 조직에서의 함의점

군은 엄격한 계급조직, 철저한 상명하복 체제의 조직으로서 팔로워의 역할이나 팔로워십의 중요성에 대해서는 거의 간과하고 있었다고 볼 수 있다. 이러한 이유로 인하여 상황을 파악하고 분석하며 결심하는 것은 오직 리더의 역할이요 책임이며, 그 결과의 성패에 대한 것 역시 리더의 몫이었다. 팔로워는 다만 리더의 명령과 지시에 따라 성공적으로 실천하면 되는 것이며, 리더는 어떻게 하면 팔로워들의 심리상태를 파악하여 감명을 주고 자발적으로 추종하도록 할 것인가 하는 데 리더십 연구의 중점을 두기도 했다(오점록, 1997).

군에서 팔로워십에 관심을 가지기 시작한 것은 최근의 일로서 미 육군사관학교에서는 리더는 조직구성원이 인식하고 있는 목적을 따르는 팔로워가 되어야 함을 강조하고 있다(Taylor, 1992, pp.83~88). 다시 말해서 팔로워는 리더가 조직목적 달성을 위해서 리더십을 제대로 발휘하는가를 판단함으로써 리더로 하여금 조직의 권위와 규범에 따르는 팔로워가 되도록 파워를 행사하고 있다는 것이다.

이와 같이 군에서의 팔로워십에 대한 연구는 없거나 일천하였고, 겨우

리더를 어떻게 하면 잘 보좌할 것인가, 상관과의 상호관계는 어떻게 유지할 것이며 상관의 의도에 충성 또는 서로를 보호하는 방안은 무엇인가, 부하로서 구비해야 할 덕목은 무엇인가 등에 초점이 맞추어졌을 뿐이다.

그러나 실제로 군 조직에서 나타나는 현상은 팔로워십에 대한 많은 연구가 필요함을 일깨워주고 있는 사례가 많다(오점록, 1997). 예를 든다면 과거 대대장 이상 지휘관 생활을 경험한 리더들의 설문결과를 살펴보면 많은 성공사례에서 부대 목표(예를 들어 대대시험평가, 연대전투단훈련, 각종 운동경기 등) 달성을 위해서는 전 부대원 특히 장교 및 부사관들의 적극적인 참여가 없으면 달성할 수 없다는 것이다. 또는 전투 시에 최후의 한 사람까지 진지를 사수하는 장병들의 투혼이나, 비오듯 쏟아지는 총탄을 뚫고 돌격해 들어가는 행동이나, 죽음의 길이 분명한 임무임에도 불고하고 특수임무를 자원하여 장렬히 산화해 가는 육탄 용사들의 행동을 볼 때 과연 이러한 사실들이 명령과 복종의 관계로만 설명이 가능할 것인가 하는 반문을 해 볼 수 있을 것이다.

임파워먼트 개념 활용의 중요성 및 시급성에도 불구하고 이것의 활용성을 떨어뜨리는 가장 큰 요인은 이 개념에 대한 오해에서 출발한다. 이들 오해 때문에 조직성과 증진에 기여하는 임파워먼트의 효용성이 매우 저하되고 있으며, 이의 도입을 주저하고 있는 것도 사실이다. 임파워먼트의 의미는 역량을 증대시키고 활용 확산시키는 것으로 사람의 능력을 최대한 활용하기 위해 능동성, 자율성, 창조성을 강화하여 지속적 성장을 추구하는 것이다.

따라서 임파워먼트의 방법은 권한위임을 넘어서서 가장 효과적인 파워가 쓰이는 곳에 실질적으로 파워를 부여한 것이며 위임(delegation)보다는 위양(devotion)의 관점으로 개인에게 구속된 파워를 풀어주고 키워주는 것이다. 다시 말하면, 임파워먼트는 위임을 통해서 일어나는 것이 아니라 조직원이 지니고 있는 파워를 신뢰하는 데서 출발하여, 그 신뢰를 바탕으로 구성원의 능력과 잠재력을 키워주는 방법이다. 임파워먼트의 목표는 파워를 주는 것이 아니라 자유를 주는 것이며 구성원을 조직의 제약으로부터 해방시키는 것이다. 즉, 종업원의 파워를 늘리는 것이 아니라 그들이 이미 지니고 있는 지식과 의욕을 풀어내는 것이다. 그러나 군에서의 임파워먼트 연구는 민간대학의 위탁교육을 받는 극소수의 군 장교가 개인적 관심에 의해 학위논문 주제로 연구하고 있을 뿐, 아직 이렇다 할 연구결과가 제시되지 못하고 있는 실정이다. 이는 다음과 같은 군 조직 특성상의 한계성에 기인한다고 할 수 있다(오점록, 1997).

첫째, 엄격한 계급구조와 상명하복의 지휘체계로 인하여 상급자의 지시에 비판 없이 순종해야 함을 미덕으로 삼아 왔고 충성으로 여겨 왔다는 점이다. 둘째, 부대의 모든 성패의 책임은 지휘관이 진다는 전통적인 개념 하에 리더십 연구에 치중하여 왔다는 점이다. 셋째, 상급지휘관의 파워에 대한 Zero-Sum 개념의 팽배로 권한 이전은 생각해보지도 않았다는 점이다. 넷째, 팔로워들의 적극적, 능동적, 참여적 자세가 결여되어 있다는 점이다. 다섯째, 상급자에 의한 개인평가 제도 위주의 진출 및 승진제도로 인해 상급자의 지시를 거스를 수 없었다는 점 등이다.

그러나 최근 군에서도 군 외부의 변화요구에 직면하여 군구조의 의사결정 단계 축소와 기술집약형으로의 전환을 심도 있게 연구하고 있다. 또한 장비의 첨단화, 의식구조의 다양화 등 군 내부적 여건 변화로 지휘 대상 단위부대와 인원수의 증가가 불가피하다. 이러한 상황에서는 전통적 리더십에 의한 지휘 통솔에 한계가 있음을 자각하고, 팔로워십에 대한 연구와 리더와 팔로워의 임파워먼트에 관심을 가질 수밖에 없다.

군 조직 유효성에 관한 연구 역시, 아직 일천한 상황이다. 다만 현재 군 조직의 유효성을 측정하는 준거로는 군 전투력 측정요소, 지휘통솔 지표, 리더십 유효성 지수 등이 있다. 리더십 유효성 지수로 행한 연구(최병순, 1991)에서는 사기, 집단 응집성, 리더십 만족, 하급자 평가, 상급자의 평가 등을 제시하고 있는데, 이 또한 각각의 개념이 또 하나의 측정 지표를 요구하는 포괄적 개념이어서 실제적 측정에는 활용하기 곤란한 측면이 있다(이종인외, 한국군 리더십, 1999, pp.320-339).

제3절 의사소통

조직과 사회에서 인간은 타인들과 끊임없이 상호 작용하는 과정 속에서 살아가며, 이러한 상호 작용의 가장 기본적인 수단은 의사소통(communication)이다. 사람들은 의사소통을 통해서 타인들과 영향을 주고받는다. 조직에서의 의사소통은 공동의 목표를 달성하고자 하는 구성원들을 연결시키는 가장 기본적인 수단이다. 리더의 행동을 살펴보면 의사소통과 관련되지 않는 일이 거의 없으며, 리더십의 기본적인 기능들은 의사소통을 통해서 일어난다. 즉 리더는 의사소통을 통해서 근무 의욕을 증진하고 사기를 고양하며 협동심을 고취하고 생산성을 향상시킬 수 있다.

리더의 의사소통 능력은 성원의 만족감 및 생산성과 정적인 상관관계가 있다(Klimoski & Haynes, 1984; Snyder & Morris, 1984). 효과적인 의사소통은 또한 리더와 성원으로 하여금 조직의 중요한 의사결정에 관련된 정보를 효과적으로 접근하게 해준다(Fiechtner & Krayer, 1986). 의사소통은 리더로 하여금 리더로서의 기능 수행을 가능하게 해주는 기본 수단인 것이다. 그래서 의사소통은 리더, 성원, 상황과 더불어 리더십의 4개요소로 고려되기도 한다(미 육군 FM 22-100).

"내가 말했던 것은 그게 아니고…", "저는 중대장님의 말씀을 그와는 다른 뜻으로 이해를 했었습니다." 이와 같은 말은 의사소통 과정에서 뭔가 오류가 있었음을 지적하는 표현이다. 이는 우리가 어렵지 않게 경험하는 일이다. 그러나 리더와 성원 사이에 그리고 조직 구성원 사이에 이런 일이 자주 발생한다면, 리더십은 효과적으로 발휘될 수 없을 것이다.

성공적인 리더는 감정과 아이디어를 교환하고, 타인들로부터 새로운 아이디어를 능동적으로 구하며, 논쟁을 효과적으로 이끌고, 다른 사람들을 설득하고자 한다(Bennis & Nanus, 1985). 리더는 조직의 의사소통 관리자로서 자기 스스로가 의사소통 능력을 구비해야 할뿐만 아니라 조직의 의사소통이 원활하게 이루어질 수 있도록 하여야 한다.

1. 의사소통의 정의와 기능

의사소통은 다양하게 정의될 수 있지만, 일반적으로 한 사람으로부터 다른 사람에게로 어떤 의미(정보)를 전달하는 과정이라 할 수 있다. 의사소통을 통해서 전달되는 의미는 지식, 의견, 신념, 감정 등이 포함된다.

조직에서의 의사소통은 일반적으로 다음의 세 가지 수준에서 이루어진다. 첫째는 개인 간 의사소통으로서 상급자와 하급자 사이에 일어나는 의사소통처럼 조직 내 한 개인과 개인 사이에 이루어진다. 둘째는 조직 내 의사소통인데, 한 회사의 생산부와 판매부 사이에 일어나는 의사소통처럼 조직 내 하부 단위들 사이에 이루어진다. 셋째는 조직간 의사소통으로서 어떤 회사와 정부 부서 사이에 일어나는 의사소통처럼 어떤 조직과 조직 사이에 이루어진다. 조직에서의 의사소통은 다음과 같은 기능을 한다. 첫째, 의사소통은 조직 구성원의 행동을 통제하는 기능을 한다. 의사소통은 조직 구성원이 해야 할 일을 명료하게 하고, 권한과 책임 범위를 설정하며, 업무처리의 절차와 지침을 전달하여 그들의 행동을 통제하는 것이다. 둘째는 의사결정의 기초가 되는 정보를 제공하기 위한 것이다. 의사소통은 선택의 가치가 있는 여러 가지 대안을 파악하고 평가하는 데 필요한 자료를 제공하여 의사결정이 원활히 이루어지게 한다. 셋째는 조직 구성원들의 동기 유발을 촉진시키는 기능을 한다. 의사소통은 구성원들의 임무와 목표를 설정해 주고, 수행이 적절한지를 알려 주며, 성과를 확대하기 위해서 무엇이 요구되는지를 알려 준다. 또한 의사소통은 조직 구성원의 협동을 이끌어 내고 조직의 목표에 참여하도록 유도한다. 의사소통의 네 번째 기능은 느낀 바를 표현하는 감정적인 것이다. 의사소통을 통해 자신의 기쁨이나 만족감, 또는 고충을 표출하고 감정을 교환할 수 있다.

2. 의사소통의 모델: 과정과 구성요소

[그림 2-2]는 의사소통이 일어나는 연쇄적인 과정들과 그 구성요소들을 나타내는 가상적 모형이다. 의사소통의 과정은 송신자(sender), 부호화(encoding), 메시지(message), 매체(channel), 해독(decoding), 수신자(receiver) 그리고 피드백(feedback)의 요소로 이루어진다. 물론 의사소통은 송신자와 수신자 사이에 이루어진다. 송신자는 의사소통에서 전달하려는 사람이다. 수신자는 메시지를 받는 사람이다.

의사소통은 송신자가 어떤 사람에게 전달이 필요하다고 느끼는 어떤 것, 즉 의도한 의미(생각, 아이디어, 정보 등)에서부터 시작된다. 송신자가 의도한 의미를 수신자에게 전달하기 위해서는, 먼저 이를 수신자가 이해할 수 있는 방식으로 부호화해야 한다. 즉 부호화는 송신자가 의도한 의미를 부호로 표현하는 것을 말한다. 부호는 의미를 나타내는 것으로서 구두 언어, 문장, 얼굴 표정, 목소리의 어조 등이 부호로 활용된다. 예를 들어, 대면 대화를 통해 의사소통이 이루어질 경우, "아직 멀었어!"라고 할 때의 말, 얼굴 표정, 어조 등은 하급자의 성과가 자신의 기대 수준에 미치지 못했다는 의미를 부호화한 것이다. 만약 그 말을 하는 도중에 목청을 높이며 손을 가로젓는 행동을 했다면, 그것은 해당 내용을 강조해서 표현하는 부호일 수 있다.

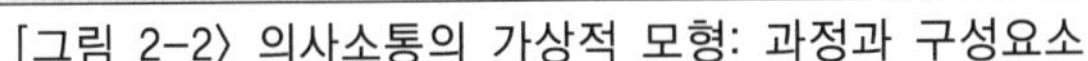
[그림 2-2〉 의사소통의 가상적 모형: 과정과 구성요소

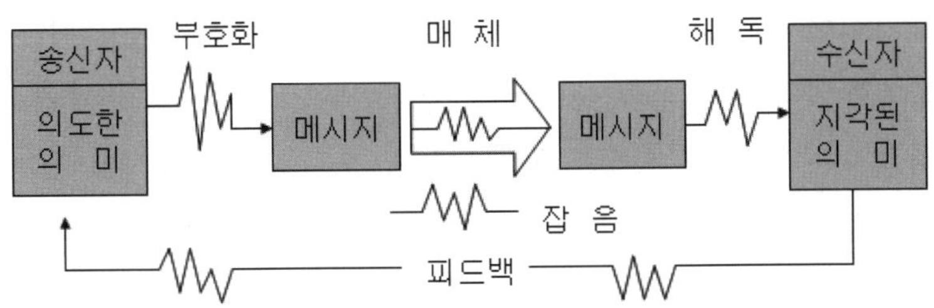

메시지는 송신자가 의도한 의미를 부호화해서 나온 결과적 산물이다. 즉, 송신자가 의도한 의미를 전달하기 위하여 사용한 부호들로 구성된 것이다.

매체는 메시지를 송신자로부터 수신자에게로 전달하는 물리적 수단이다. 매체는 대면 대화를 통해 의사소통을 할 경우는 음성 및 시각 자극이 매체이다. 그 외에도 전화, 문서, 편지, 인터넷, 텔레비전, 라디오, 신문, 서적 등이 매체로 활용된다. 매체의 선택은 의사소통의 목적, 송신자와 수신자 사이의 물리적 거리, 지위, 조직의 규정 및 절차 등에 의해 결정된다.

수신자는 수신한 메시지의 부호들을 해독하여 그 의미를 지각한다. 즉 해독은 부호화의 반대로서 메시지의 부호들을 해석하여 그 의미를 파악하는 것이다. 앞에서 예로 든 바와 같이 대면 대화를 통해 상급자가 "아직 멀었어!"라고 말한 경우를 생각해 보자. 만약 상급자가 이 말을 하면서 얼굴에 약간의 미소를 띠었다면, 하급자는 이 메시지에 포함된 부호들을 종합적으로 해독하여, 상급자가 실제로 의도한 의미는 질책이 아니라 은근한 칭찬과 만족감의 표시로 이해할 수도 있을 것이다. 이와 같이, 송신자가 보낸 메시지를 수신자가 해독하여 이해한 결과가 지각된 의미(perceived meaning)이다.

피드백은 송신자가 보낸 메시지에 대한 수신자의 반응이다. 메시지를 받아 해석한 수신자는 송신자가 보낸 원래의 메시지를 받아서 어떤 의미로 이해하였는가를 송신자에게 알리는 어떤 반응을 한다. 송신자는 피드백을 통하여 자신이 의도한 의미가 수신자에게 정확하게 해석되고 이해되었는지를 확인할 수 있다. 앞의 예에서 상급자로부터 "아직 멀었어!"라는 말을 들은 하급자는 그 피드백으로 왜 그러는지 모르겠다는 표정을 짓거나, 신경질적인 반응을 하거나, 아니면 앞으로 더욱더 노력하겠다고 말하기도 할 것이다.

실제로 송신자는 수신자로부터 받은 피드백에 대하여 반응을 함으로써 의사소통의 회로가 완성된다. 즉, 원래의 송신자는 수신자로부터 피드백을 받고서 자신이 의도한 의미가 수신자에게 제대로 전달되었는지를 확인할 수 있다. 앞의 예를 보면, 상급자는 하급자가 자신이 의도한 의미를 잘못 이해하여 질책을 심각하게 받아들이지 않았다고 판단될 경우, 자신이 전달하려는 의미를 한 번 더 강조하거나 수정된 메시지를 다시 보내기도 할 것이다.

잡음(noise)은 의사소통 과정에서 발생하는 의미의 왜곡, 혼란 또는 단절을 말하며, 의사소통 장애의 주요 원인이다. [그림 2-2]의 의사소통 과정을 살펴보면 여러 단계에서 잡음이 발생할 수 있음을 알 수 있다. 효과적인 의사소통은 이 잡음들을 얼마나 통제할 수 있느냐의 여부에 달려 있다.

3. 의사소통에서 의미의 왜곡

리더가 의사소통을 성공적으로 하기 위해서는 의사소통 과정에서의 대인 관계를 이해하여야 한다. 흔히 우리는 어떤 메시지를 어떻게 보낼까하는 데에는 관심을 기울이지만 그 메시지가 어떻게 수신되었느냐 하는 데에는 소홀히 한다. 송신자가 의도한 의미를 수신자가 정확하게 이해하지 않고는 의사소통이 이루어졌다고 할 수 없다. 의사소통 과정에서의 의미의 왜곡, 즉 송신자가 의도한 의미와 수신자가 지각한 의미 사이에 차이가 발생하는 가장 큰 이유는 송신자와 수신자의 차이, 그리고 비언어적 의사소통의 문제에 주로 기인한다.

가. 송신자와 수신자의 차이

두 사람이 세상을 정확히 동일한 방식으로 이해하는 경우는 거의 없다. 우리의 지각은 각자에게 독특한 것이며 실존적 경험의 총체를 반영한다. 다시 말하면, 사람들이 보고 듣는 것은 그들 자신의 경험 영역 내에 있는 것이다. 이러한 문제는 의사소통에서도 중요한 의미를 갖는다. 송신자는 자신의 생각이나 아이디어를 표현하는 메시지를 구성하기 위해 부호를 선택하기 때문이다. 이 때 송신자는 수신자가 부호에 담긴 자신의 의미를 받아서 자신이 의도한 것과 동일한 의미로 해석할 거라고 가정한다. 그러나 실제로는 송신자와 수신자의 경험과 배경의 차이로 인하여 의도한 메시지와 지각한 메시지가 일치하는 경우는 매우 드물다.

만약 실존적 경험이 개인 간에 다른 의미를 갖는다면, 어떻게 의사소통이 가능할 수 있는가? 의사소통 이론가들은 의사소통이 사람들 사이의 공통적 경험의 정도에 달려 있음을 지적하였다(Faban, 1968). 그렇다면 우리는 의사소통 능력을 향상시키기 위하여 우리 자신과 수신자 사이에 공통 요소를 증가시키는 방안을 찾아야 한다. 예를 들어, 인간의 생리적 기능에 대한 지식이 부족한 사람에게 심리적 스트레스의 효과를 모두 설명하려면 상당한 어려움을 경험할 것이다. 그러나 만약 우리가 충격적인 소식을 듣고 졸도를 경험하였다든가 우울 상태에 빠졌던 것과 같은 공통적인 참조 준거를 찾을 수 있다면 의미 전달이 훨씬 용이할 것이다.

송신자와 수신자 사이에 특별히 의사소통을 어렵게 하는 차이점은 무엇인가? 연구자들은 [그림 2-3]에 제시된 것처럼, 자아 정체감(자기를 인식하는 방식), 역할, 가치관, 기분 그리고 동기 등 다섯 가지 범주로 구분한다(Ivancevich, Szilagyi, Jr., & Wallace, Jr., 1977).

(1) 자아 정체감의 차이

사람들은 자신을 인식하는 방식에 있어서 차이가 있으며, 이는 의사소통에 중요한 영향을 미친다. 예를 들어, 도전의식이 강한 리더는 자신처럼 부하도 도전적 자극을 적극적으로 추구할 것이라고 가정하여, 부하에게 성취감을 자극하는 메시지를 보내면 그 메시지를 진지하게 받을 것으로 생각한다. 그러나 도전의식이 매우 부족한 부하라면 그와 같은 도전적 메시지를 부담스럽게 받아들여 오히려 부정적인 반응을 하게 되고 결과적으로 의사소통은 실패할 수 있다.

(2) 역할 인식의 차이

송신자와 수신자가 자신의 역할을 지각하는 방식의 차이도 의사소통에 복잡한 영향을 미친다. 예를 들어, 리더는 자기가 생각하기에 부하의 책임이라고 여기는 어떤 임무를 수행하라고 요구하는 메시지를 보냈다고 하자. 그러나 자신의 역할을 다르게 인식하고 있는 부하는 상관의 요구가 자신의 책임범위를 벗어나는 것이라고 생각할 수 있다. 이와 같이, 사람들 사이의 역할 인식의 차이는 전혀 예상치 못한 의사소통의 문제를 야기할 수 있다.

(3) 가치관의 차이

송신자와 수신자 사이의 가치관의 차이로 인하여 동일한 의미가 다르게 해석될 수 있다. 사람들은 조직과 일에 부여하는 의미도 다르고, 조직에 대한 충성도도 다르다. 만약 리더가 부하의 가치관이 자신과 같을 것으로 가정한다면 의사소통은 실패할 것이다. 근래에는 급격해진 세대차로 인해 리더십에서도 이른바 '신세대'의 변화된 가치관을 이해해야 할 필요성이 더욱 증대되고 있다.

(4) 기분의 차이

송신자와 수신자 사이의 기분의 차이가 의미를 왜곡시킬 수 있다. 스트레스가 심한 상태에 있는 송신자가 심각하게 보낸 메시지를 스트레스가 없이 이완된 상태에 있는 수신자는 가볍게 받아들일 수 있다. 즉, 우선적으로 처리되기를 바라는 메시지가 일상적인 것으로 처리될 수 있다.

(5) 동기의 차이

송신자와 수신자 사이의 동기의 차이로 인해 동일한 의미에 대한 반응을 다르게 함으로써 의사소통이 실패할 수도 있다. 예를 들어, 중간 계층에 있는 어떤 리더는 상급자로부터 인정을 받으려는 동기가 강하여 상급자의 무리한 지시도 적극 수용하려 할 것이다. 그러나 같은 메시지를 받은 하급자가 상급자로부터 인정을 받아 조직의 중요한 일원이 되려는 동기가 부족한 사람일 경우, 상급자의 무리한 요구에는 적극성을 보이지 않거나 무시할 수도 있는 것이다.

[그림 2-3] 송신자-수신자 차이와 메시지의 해석

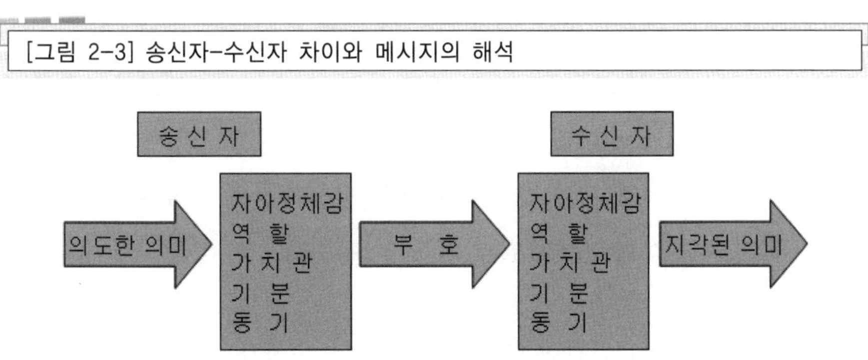

나. 비언어적 의사소통

송신자는 자신의 생각이나 아이디어를 표현하기 위해 여러 가지 부호를 선택하여 사용하고 이를 수신자가 정확하게 지각할 수 있는 방식으로 조정한다. 우리는 통상 메시지를 주로 언어적 관점에서 생각한다. 그러나 실질적으로 언어적인 부분은 전체 메시지의 일부분만을 구성할 뿐이다. 대면 구두 의사소통에서 메시지의 요소별 상대적 중요성을 평가한 연구결과에 의하면(Mehrabian, 1968), 의사소통 전체의 영향력에서 언어 요인이 7%, 목소리 요인이 38%, 그리고 얼굴 표정 요인이 55%를 차지한다고 한다.

이 교과서와 같은 문서 의사소통에서는 선택한 단어와 문장 구성 방식이 대단히 중요하다. 독자는 어떤 부분을 읽다가 필요할 경우 다시 읽을 수도 있고, 내용에 대해서 장시간 숙고할 수도 있으며, 중요한 부분에 노트를 하거나 밑줄을 그을 수도 있다. 그러나 대면 의사소통에서 실제 단어 자체는 전체 내용의 단지 일부분만을 구성한다. 우리가 단어를 제시하고 표현하는 방식(목소리의 어조, 속도, 억양, 쉼, 얼굴 표정 등)이 수신자에게 메시지 내용의 대부분을 제공한다. 어떤 경우는 실제 의미가 비언어적 요소에 거의 의존하는 경우도 있다. 똑같은 단어로 구성된 문장이라도 비언어적 요소에 의해 전혀 다른 의미를 표현할 수가 있는 것이다.

비언어적 의사소통에 관한 연구들은 우리가 타인들과 의사소통을 하는 방식에 대하여 흥미로운 시사점을 제공한다. 우선, 의도한 의미의 전달을 도와주는 몇 가지 비언어적 단서가 있다는 사실이다. 비언어적 단서가 사용되는 방식은 문화에 따라 차이가 있지만, 의사소통에서 중요한 비언어적 단서는 공간상의 거리, 자세, 얼굴 표정, 목소리의 어조, 그리고 외모와 의상 등이다.

의사소통자 사이의 공간적 거리는 송신자와 수신자 사이의 태도에 대한 중요한 지표이다. 우리는 상대를 잘 모르거나 좋아하지 않을 때는 대화중에 상대로부터 물러서고, 잘 알거나 좋아할 경우는 접근하는 경향이 있다. 또한 높은 지위에 있는 사람과는 어느 정도 거리를 두려고 하며, 높은 지위에 있는 사람도 자기 영역을 넓게 유지하려는 경향이 있다.

자세도 호감과 지위를 나타내는 지표이다. 우리가 친근한 사람과 대화할 때는 팔짱을 끼고 허리에 손을 얹는 등 편안한 자세로 임하지만, 지위가 높거나 위협적인 사람과 대화할 때는 긴장된 자세를 취할 것이다. 우리는 동료라 여길 만큼 적당한 관계일 때 가장 편한 자세를 취하며, 자신이 상위 지위에 있다고 생각하는 사람이 하위 지위에 있다고 판단하는 사람에 비해 편안한 자세를 취한다. 우리는 또한 의사소통 중의 내용에 대응하여 자세를 변화함으로써 의미를 전달하기도 한다.

얼굴 표정에서는 눈맞춤이 호감의 표시일 수 있다. 호감이 가는 상대와는 눈맞춤을 유지하지만 좋아하지 않는 사람과는 눈맞춤을 피한다. 또 상위 지위에 있는 사람은 하위 지위에 있는 사람에 비해 눈맞춤을 유지하지 않는 경향이 있다. 우리는 또한 의사소통 중의 내용에 대응하여 얼굴 표정을 변화시켜 의미를 전달하기도 한다.

목소리의 어조로 호감, 지위, 반응을 나타낸다. 하위 지위에 있는 사람은 상위 지위에 있는 사람에 비해 낮은 목소리를 유지한다. 의상도 강력한 비언어적 메시지인데, 상위 지위에 있는 자는 적절한 장식을 사용하며,'화이트칼라', '블루칼라'와 같은 말도 조직에서의 지위를 나타내는 비언어적 단서이다.

두 사람 사이의 의사소통에서 이러한 비언어적 지표는 대단히 중요하다. 간혹 의식하지 못하더라도 우리는 메시지를 청취할 때 실제로 이러한 지표를 주목한다. 만약 메시지의 비언어적 부분이 언어적 부분과 조화되면 수신자로 하여금 메시지를 적절히 해독하게 하여 의도한 의미를 파악하는 데 도움이 될 것이다.

리더는 비언어적 의사소통을 전체적인 의사소통을 증진시키기 위해 사용할 수 있다. 공간적인 거리, 자세, 몸짓, 눈맞춤을 의식적으로 조정하여 의도한 메시지의 내용을 수신자에게 강조할 수 있다. 또 송신자의 비언어적 의사소통 측면에 대한 주의와 정확한 자기 분석을 통하여 부하가 메시지의 모호성 때문에 어려움을 겪는 것을 감소시킬 수 있다.

4. 조직 내에서의 의사소통

조직 내에서의 의사소통은 여러 가지 관점에서 구분할 수 있다. 우선 정보가 흐르는 방향에 따라 하향 의사소통, 상향의사소통, 수평 의사소통, 그리고 대각 의사소통으로 분류할 수 있고, 조직의 공식적 절차와 계통을 따라 이루어지느냐의 여부에 따라 공식적 의사소통과 비공식적 의사소통으로 나눌 수 있으며, 피드백의 발생 여부에 따라 일방향 의사소통과 쌍방향 의사소통으로 구분할 수 있다.

가. 의사소통의 방향에 따른 구분

(1) 하향 의사소통

조직 내에서의 의사소통은 정보가 흐르는 방향에 따라 하향 의사소통, 상향 의사소통, 수평 의사소통, 그리고 대각 의사소통으로 분류할 수 있다.

조직 내에서의 하향 의사소통은 회의 및 보고, 전화, 공식 문서, 메모 및 편지, 회보 또는 전자 우편 등을 통해 이루어진다. 회의, 전화 등과 같은 언어 의사소통은 대인교환이 가능하고 다양한 상황에서 활용될 수 있으며, 특히 긴박한 상황에서 유용하다. 그러나 이에 비하여, 공문, 메모, 편지 등과 같은 문자 의사소통은 요구되는 조치 사항이 복잡하고 또 정확하게 처리되어야 할 때, 메시지의 기록과 보관이 필요할 때, 그리고 먼 거리에 있는 다수의 인원을 상대할 때 유용하다.

일반적으로, 하향 의사소통은 속도가 빠르다는 장점이 있는 반면에 권위적 속성으로 인해 의미 해석의 오류가 발생할 가능성이 크다는 단점이 있다. 특히 하향 의사소통은 계층이 많은 대규모 조직에서는 메시지가 왜곡되고 잘못 이해될 가능성이 크다. 의사소통의 효과는 어떤 의미를 한 사람에게서 다른 사람에게로 얼마나 정확하게 전달하느냐에 달려 있으므로, 하향 의사소통의 효과성은 그다지 좋은 것은 아니다.

군대의 전투 상황 또는 경찰이나 소방관의 긴급 상황에서는 신속한 의사소통이 목표 달성에 필수적이다. 그러므로 앞에서 언급한 하향 의사소통의 장점을 살리되 단점을 최소화하는 것이 필요하다. 하향 의사소통의 단점은 송신자와 수신자가 공통의 경험을 하는 기회를 가짐으로써 감소될 수 있다. 공통의 경험은 리더로 하여금 하급자가 신속한 의사소통이 가능한지 그렇지 못한지를 알 수 있게 해준다. 또한 공통의 경험을 통하여 리더는 부하가 오해의 단서를 보낼 것인지 그렇지 않을 것인지도 알 수 있게 해준다. 리더와 부하 사이에 충분한 공통 경험이 없는 상태에서 하향 의사소통에만 의존할 경우에는 의사소통이 실패할 가능성이 크다.

(2) 상향 의사소통

상향 의사소통은 하위 계층에 있는 사람이 상위 계층에 있는 사람에게 의사를 전달하는 것이다. 하급자가 업무 수행 과정에서 발생한 문제점이나 성과를 보고할 때, 또는 부서 간 갈등이 발생하여 조정이 요구될 때 주로 상향 의사소통이 일어난다. 상향 의사소통은 회의나 보고, 전화, 공식 문서, 메모 및 편지, 회보 또는 전자 우편 등을 통해 이루어지며, 제안 체계, 소원 수리, 태도 조사 등의 형태로도 이루어진다.

많은 연구들은 정보의 상향 흐름이 원활해야 조직의 효율성이 높아질 수 있음을 밝혔다. 리더가 부하의 성과와 반응에 대한 정확한 정보가 없는 상태에서는 적절한 리더십 발휘가 불가능하다. 그러면 왜 조직 내에서 상향 의사소통이 잘 일어나지 않는 것인가? 한 가지 이유는 조직 내에 여러 가지 지위의 차이가 존재하기 때문이다. 지위의 차이가 있으면 의사소통은 상급자로부터 하급자에게로 흐르는 경향이 있다(Simon, 1950). 또한 의사결정이 어느 수준에서 이루어지느냐에 따라 상향 의사소통이 영향을 받는다. 의사결정이 상위계층에 집중되어 있다면, 조직의 목표와 과제에 대한 상향 의사소통은 당연히 줄어들 것이다. 이에 비해, 의사결정 과정에 조직 구성원의 참여가 장려되면 상향 의사소통은 늘어날 것이다(Hage, Aiken, & Marrett, 1971).

여러 연구들은 상향 의사소통의 정확성과 관련된 문제점들을 지적하였다. 일반적으로 의사소통에서 하급자가 상급자에게 부정적인 피드백을 제시하는 경우는 흔치 않다. 우리는 상급자에게 우리가 원하는 바에 대해서 주로 말하고, 부정적인 측면은 말하지 않거나 경시하는 경향이 있다(Downs, 1967). 우리는 또한 상급자가 듣기를 원한다고 생각되는 바를 주로 말하는 경향이 있다. 이유는 조직 내에 지위와 권력의 차이가 존재하여 상급자가 하급자에 대한 상벌 권한을 갖고 있기 때문이다. 만약 긍정적인 피드백에 의해 보상이 결정된다면, 부정적인 피드백은 당연히 줄어들 것이다(Thompson, 1967).

(3) 수평 의사소통

앞서 소개한 하향 및 상향 의사소통은 수직 의사소통이라 할 수 있다. 수평 의사소통은 조직구조상 책임과 권한이 대등한 직위에 있는 사람들 사이에서 이루어지는 의사소통이다. 수평 의사소통은 조직 전체의 목적을 달성하기 위하여 여러 조직 구성원들과 부서들의 기능을 조정하는 데 그 의의가 있다.

리더와 그들의 조직 내의 동료 사이에 일어나는 상호 작용이나, 참모들이 각 부서에 할당된 업무를 서로 조정하고 협조하는 것은 수평 의사소통의 좋은 예이다.

수평 의사소통의 흐름은 수직 의사소통에 비해 빈번하다. 왜냐하면, 일반적으로 수평 의사소통이 수직 의사소통에 비해 덜 위협적이고, 더 개방적이고 자유로우며, 상벌과의 관련성이 적기 때문이다. 그리고 동료들끼리는 일반적으로 참조 준거를 공유하고 있기 때문에 동료 간의 수평 의사소통에서는 송신자와 수신자 사이에 의미를 잘못 해석하는 경우도 적다.

위계가 엄격한 조직은 수평 의사소통이 활성화되지 않는다. 이론적으로, 조직 체계상에서 볼 때 정보는 지휘 계통을 따라 상향으로 올라가서(상향 의사소통) 상급자를 거친 후에 다시 하향하여 수평 관계에 있는 사람에게로 내려온다(하향 의사소통). 그러나 정보의 흐름이 수직 의사소통에만 의존할 경우에 문제가 되는 것은 시간적 효율뿐만 아니라 정보의 왜곡 가능성이다. 그러므로 조직 내의 비공식적인 수평 의사소통이 수직 의사소통의 한계를 보완해 준다. 현대 사회는 과학 기술이 더욱 복잡해지고 조직 사이의 조정과 통제가 더욱 중요해지므로, 조직의 하부 단위 사이에 직접적인 수평 의사소통이 더 잘 일어나도록 의사소통 체계를 조정하는 것이 바람직하다.

(4) 대각 의사소통

대각 의사소통은 조직 체계상의 경로를 가로질러 대각 방향으로 이루어지는 의사소통이다. 즉, 조직 구성원이 조직 구조상의 경로 이외의 상·하급 구성원들과 정보를 주고받는 것이다. 대각 의사소통은 하향 의사소통, 상향 의사소통, 수평 의사소통 중 어느 것도 이루어지지 않거나, 이들을 사용할 경우 의사소통의 효율이 떨어지는 경우에 주로 일어난다. 즉, 대각 의사소통이 이루어짐으로써 시간과 비용이 절감되는 경우에 사용된다. 예컨대, 어떤 회사의 회계 감사부에서 유통 비용을 분석하는 경우 마케팅 부서를 통한 기존의 의사소통 체계보다 판매원들로부터 직접 보고를 받는 것이 더 신속하고 정확하다. 군대에서도 지휘관을 보좌하는 비서 업무 수행자들이 정해진 조직 구조상의 의사소통 체계를 통하기보다 직접 관계자와 접촉하는 대각 의사소통을 통하여 의사소통의 효과를 증대시킬 수 있다.

나. 의사소통 경로의 공식성에 따른 구분

조직 내에서의 의사소통은 조직의 공식적 절차와 계통을 따라 이루어지느냐의 여부에 따라서 공식적 의사소통과 비공식적 의사소통으로 나눌 수 있다.

공식적 의사소통은 조직에서 공식적으로 규정하는 바에 따라 이루어지는 의사소통이다. 조직은 그 목적을 효과적으로 달성하기 위하여 의사소통의 경로, 방법, 절차, 그리고 기본적인 내용 등을 설계하여 규범과 절차로 정해 놓는다. 공식적 의사소통은 하향, 상향, 대각 그리고 수평 방향 등 모든 방향으로 일어날 수 있다.

비공식적 의사소통은 조직에서 공식적으로 규정한 경로와 절차에 관계없이 개인적인 욕구에 따라 자생적으로 발생하는 의사소통이다. 비공식적 의사소통은 경로가 불확실하고 내용도 모호하게 나타난다. 조직 구성원들이 행하는 의사소통의 상당 부분은 비공식적 의사소통이다.

비공식적 의사소통은 그것을 행하는 사람들의 목적에 따라 조직의 목표달성에 역기능을 초래하기도 하지만, 경우에 따라서는 순기능이 되기도 한다. 비공식적 의사소통을 통하여 공식적 의사소통에서 빠뜨리기 쉬운 유용한 정보를 신속하게 전파함으로써 공식적 의사소통의 보완 역할을 할 수도 있다.

앞서 소개한 수평 의사소통은 공식적으로도 일어나지만 비공식적인 경우가 더 많다. 정보의 수평적 흐름은 비공식적 망이나 집단을 따라 공식적 조직 계통을 건너뛰어 이루어지기도 한다. 이러한 정보의 흐름을 포도 덩굴형 의사소통(grapevine)이라 부른다. 포도 덩굴이란 말은 원래 미국의 남북 전쟁 당시 전신망이 포도 덩굴처럼 널려 있었다는 데서 유래한 용어인데, 근거가 불확실한 정보가 흐를 수 있다는 부정적 의미를 내포하고 있다.

그러나 포도 덩굴과 같은 비공식적, 수평 의사소통 체계는 조직에서 부정적인 영향만을 미치는 것은 아니며 여러 가지 긍정적인 기능도 한다. 포도 덩굴형 의사소통은 특별한 규정이나 절차를 따르지 않기 때문에 통상 공식적인 정보의 흐름보다 신속하고 융통성이 크다.

포도 덩굴형 의사소통이 사용되는 정도는 공식 의사소통 체계의 효율성에 달려있다. 즉, 정보가 공식적 매체를 통해 적절히 소통되면 사람들은 비공식적 망에 의존하는 정도가 낮지만, 공식적 의사소통 체계에 문제가 있을 경우 사람들은 조직 내 정보의 주요 근거로 포도 덩굴을 활용한다(Householder, 1954). 포도 덩굴형 의사소통은 통상 조직의 수직적 계통보다는 수평적 관계에서 많이 이루어진다.

리더가 효과적인 리더십을 발휘하기 위해서는 조직 내에 존재하는 비공식적 집단과 그 장단점을 파악해야 하는 것처럼, 포도 덩굴의 존재와 그 순기능과 역기능도 잘 이해해야 한다. 우리가 이미 앞에서 알아본 바와 같이 권력(power)은 정보에 대한 접근 여부와 관련된다. 예를 들어, 비서관은 조직에 민감한 정부에 대한 접근이 가능하기 때뮤에 비공식적으로는 상당한 권력을 행사할 수 있는 것이다. 그러므로 리더는 포도 덩굴에 주의를 기울임으로써 공식적 의사소통의 효율성을 보다 높일 수 있는 것이다.

다. 피드백의 유무에 따른 구분

조직 내에서의 의사소통은 피드백의 발생 여부에 따라 일방향 의사소통과 쌍방향 의사소통으로 구분할 수 있다.

일방향 의사소통은 방송, 신문, 게시판 등의 매체를 이용한 경우처럼 피드백의 기회가 주어지지 않는 의사소통이다. 이에 비하여, 쌍방향 의사소통은 송신자와 수신자 상호 간에 피드백이 일어나는 의사소통이다. 의사소통의 효과성은 피드백의 기회가 충분히 있느냐에 달려있다. 피드백은 수신자가 메시지를 송신자의 의도대로 전달받았는지를 송신자에게 알려 주며,

의사소통의 방어적 분위기를 감소시키고, 의사소통에 요구되는 공통적인 이해 기반을 구축하는 데 기여한다.

일방향 의사소통은 메시지의 전달이 빠른 반면 수신자의 이해가 불완전할 수 있다. 쌍방향 의사소통은 메시지의 모호성으로 인한 수신자의 오해석 여부를 확인할 수 있고, 송신자의 실수에 대한 주의를 환기시키기 때문에 의사소통의 오류를 줄일 수 있다. 피드백은 리더로 하여금 부하들을 재평가하고 리더십 행동을 조정할 수 있는 기초를 제공해 준다. 그러므로 피드백이 상하 양방향으로 흐르는 쌍방향 의사소통 체계를 확립하는 것이 직무 성과와 조직 효율을 높이는 데 가장 좋을 뿐만 아니라(Leavit & Mueller, 1951), 부하들의 호응과 동기 유발을 최대화할 수 있다(Nadler, 1979).

5. 조직에서의 효과적인 의사소통을 위한 전략

여기서는 조직에서 일반적으로 일어날 수 있는 의사소통의 문제들을 구체적으로 살펴보고, 이러한 문제들을 해결하고 효과적인 의사소통을 하기 위한 방안에 대하여 다룬다.

가. 자료 홍수의 해소

자료 홍수란 중요한 정보를 적절하게 구분할 수 없을 만큼 과다한 자료를 받는 것을 말하며, 이 경우 의사소통에 혼란과 좌절을 초래하고, 심하면 의사소통 체계 자체가 무너질 수 있다. 자료의 홍수는 복잡한 기술 관련 상품이 폭증하고, 컴퓨터의 보급 확대로 인하여 정보의 양이 폭발적으로 증가하는 등 현대의 산업 및 정보화 사회의 한 특징이기도 하다. 자료가 과다한 상황에서는 리더가 각종 정보를 요약하고 분석하고 우선순위를 매기는 것과 같은 정보 생산 및 통제자로서의 기능을 수행하는 것을 어렵게 한다.

그러면 리더는 어떻게 정보의 홍수 상황에 적절히 대처하고, 보다 나은 의사결정을 위해 이러한 자료들을 어떻게 처리할 것인가? 모든 리더는 자료를 구분하고 선별하여 처리가 필요한 자료만을 보내는 역할을 해야 한다. 효과적인 리더는 부하에게 필수적이고 중요한 자료만을 하달하여 부하가 자료의 홍수에 빠지는 것을 막아 준다. 자료를 배부할 때 '필독'과 같은 분류를 하도록 조직 내규상에 규정하는 것도 자료의 홍수를 방지하는 방법이다. 또 리더는 필요시 전담 참모를 두어 자료들을 검색하고 여과하여 의사결정에 필수적인 정보를 선별하고 요약하여 처리 우선순위를 결정하도록 하는 것도 효과적인 방법이다.

나. 메시지 왜곡의 최소화

앞 절에서 우리는 의도한 의미와 지각된 의미 사이에 발생하는 왜곡에 대하여 살펴보았다. 그러면 조직에서 리더가 메시지의 왜곡을 최소화하기 위해 할 수 있는 방법은 무엇인가? 기본적으로 리더는 조직의 존재 목적과 목표를 보다 분명히 규정하고 필요시 세부 하위 목표별 우선순위를 정해 놓아야 한다. 부하가 조직의 정책을 잘 이해한다면 리더의 지시를 정확히 해석할 가능성은 그만큼 증가된다. 그러므로 조직의 정책을 다루는 데에 부하의 참여를 확대시키는 것도 바람직한 방법이다.

중요한 정보는 반복해서 보내거나 둘 이상의 매체를 중복 사용하여 보내는 것도 메시지의 왜곡을 방지하는 방법이다. 부하들은 메시지를 선별하여 중요하지 않은 것으로 판단되는 것은 주목하지 않고 흘려버리므로 구두로 하달되는 일상적인 메시지는 조직의 하위 구성원까지 도달하지 못하는 경우가 많다. 그러므로 리더는 중요한 메시지는 구두로 전달하더라도 문서로 다시 하달하거나 요약지를 작성하여 배포하는 것이 좋다.

다. 피드백의 활성화

조직이 활성화되기 위해서는 상하 간에 피드백이 활발히 일어나는 쌍방향의사소통 체계가 구축되어야 한다. 리더의 하향 피드백에서는 부하의 업무성과에 대한 솔직하고 의미 있는 정보가 포함되어야 한다. 부하로부터 올라오는 상향 피드백은 리더가 부하들에게 무슨 일이 일어나는지를 제대로 파악할 수 있게 하여 합리적인 의사결정을 하는 데 유용한 정보를 제공한다.

리더가 피드백을 촉진하기 위해 할 수 있는 방안 중 가장 중요한 것은 조직의 방어적인 분위기를 감소시키고, 지지적인 분위기를 확산시켜 나가는 것이다. 방어적 분위기는 의사소통 과정에서 부하들의 발언을 억제하고, 실수를 숨기게 하며, 승부에 집착하게 하고, 부하들을 회피적으로 만든다. 반면에 지지적인 분위기는 반대 의견의 제안을 촉진하고, 개방적이며, 위험을 기꺼이 감수하고, 문제를 객관적으로 볼 수 있게 한다. 리더는 부하와의 대화를 통해서 조직의 방어적 분위기를 지지적인 분위기로 바꿀 수 있다.

리더가 조직의 방어적 분위기를 바꾸는 차원과 의사소통에 대한 영향을 살펴보면 다음과 같다. 첫째, 평가의 정도이다. 의사소통이 부하의 업무를 평가하는 데 자주 관련되면 조직의 분위기는 방어적이게 된다. 예를 들어, 정해진 시간까지 보고서를 제출하지 않은 부하에게 리더가 "왜 정해진 시간에 보고서를 작성하지 않았는가?"라고 평가적 질문을 한다면, 부하는 그에 대한 이유를 설명해야 한다. 즉, 방어적이게 된다. 그러나 리더가 "보고서를 정해진 시간 내에 작성하지 않았군."이라고 사실만을 그대로 진술한다면, 보고서 지연을 지적하면서도 이후에 방어적 분위기가 확산되는 것을 방지할 수 있다.

둘째, 통제의 정도이다. 리더가 부적절한 부하의 보고서에 대한 단지 "핵심이 이게 아니야! 다시 작성해"라고 한다면, 부하는 질책을 당한 것이 되고 이후 어떻게 수정하라는 지침도 없기 때문에 방어적이게 된다. 그러나 리더가 문제 중심적으로 접근하여 "자! 이 문제에 대하여 고려해야 할 점들을 함께 찾아보자!"라고 한다면 부하가 무엇을 해야 하고 무엇이 요구 되는지를 이해하는 데 개방적인 태도를 갖게 될 것이다.

셋째, 자발성의 정도이다. 예를 들어, 리더가 "이제부터 본 과제를 완결할 때까지 매주 회의를 한다."라고 하는 것보다 "우리 중 누구라도 이 과제와 관련하여 문제점을 발견하면 언제든지 회의를 소집하자!"라고 하는 것이 자발성을 촉진하고 방어적 분위기를 감소시킬 것이다.

넷째, 공감의 정도이다. 의사소통에서 공감과 관심의 표명은 방어적 분위기를 감소시킨다. 예를 들어, "자네의 업무가 지연된 무슨 이유가 있었는가?"하는 것이 "왜 자네는 업무를 제시간에 마치지 못했지?"라고 하는 것보다 방어적 분위기를 감소시킬 것이다.

다섯째, 조직의 위계적 특성을 감소시키려는 평등 의식의 정도이다. 만약, 리더가 "내가 해결책을 가지고 있지!"라고 말한다면, 후속 토론은 중단되고 부하는 리더의 제안이 최선이 아니라고 생각하더라도 적극적으로 이를 지적하지는 않을 것이다. 이에 비하여 "내게도 생각이 있지만 자네의 아이디어를 듣고 싶네!"라고 한다면 부하와 동등한 태도를 표명한 것이며 보다 개방적인 분위기를 조성할 것이다.

여섯째는 확신 표명의 정도인데, 의사소통에서 리더의 확신 표명이 적을수록 부하가 덜 방어적이다. 예를 들어, 리더가 "문제의 원인은 분명해!"하기보다는 "내가 문제의 원인으로 생각하는 바가 있지만, 다른 점도 파악해 보겠다."라고 말하는 것이 의사소통의 방어적 분위기를 완화할 것이다(신응섭외, 리더십의 이론과 실제, 2007, pp.365-381).

제4절 동기유발

어떤 상황에서라도 인간의 행동을 이야기하는 데 있어서 빼놓을 수 없는 개념이 동기유발이다. 리더십의 경우도 그 본질이 부하들의 동기 유발에 있다고 해도 과언이 아닐 정도이다.

조직의 활동은 구성원들의 통합된 노력을 통해서만 그 목표를 달성할 수 있다. 조직과 구성원들 간의 관계는 구성원들을 동기 유발시키는 방법과 그것으로부터 구성원들이 얻게 되는 만족에 의해서 결정되어진다. 따라서 리더가 부하들이 일을 자발적이고 효과적으로 하도록 만들기 위해서는 어떻게 그들을 최대로 동기 유발 시킬 것인가 하는 것을 고민해야만 한다. 사람들의 행동은 그들을 동기 유발시키는 것들에 의해 결정되어진다. 다시 말하면, 업무수행이란 능력과 동기 유발의 함수, 즉 업무수행=f(능력×동기유발)로 표현할 수 있다(Vroom & Deci, 1970). 아무리 훌륭한 능력을 갖춘 개인이라도 열심히 일하고자 하는 의욕이 없다면, 그 성과는 부진할 것이며, 아무리 강한 의욕을 갖고 있다 하더라도 수행 능력이 없다면, 좋은 결과를 이루어 낼 수 없을 것이다. 따라서 리더가 조직의 작업을 향상시키고자 한다면, 그 구성원들의 동기 유발 수준에 많은 주의를 기울여야 할 것이다. 또한, 리더는 조직의 목표·목적의 성공적 달성을 위해 부하들이 최선을 다해 자신의 노력을 투입하도록 고무시켜야만 할 것이다.

조직 상황과 관련된 동기 유발에 대한 이론적 관점은 크게 두 가지 견해로 나누어 볼 수 있다. 하나는 내용 이론으로서 여기에는 Maslow, Alderfer 등의 욕구 위계 이론, Herzberg의 이요인 이론, McClleland의 성취 동기 이론과 같은 이론들이 포함된다. 내용 이론들은 어떤 요인들이 동기 유발시키는 데 크게 작용하는가를 다루며, 따라서 시대적인 순서나 논리상의 순

서로 보아 과정이론보다는 먼저 나타나서 과정 이론이 발전하는 토대를 마련했다고 볼 수 있을 것이다. 다른 하나는 과정 이론으로서 최근의 새로운 견해들을 포함한, 많은 다양한 접근법이 존재한다. Adams의 공정성 이론, Vroom 등의 기대 이론, Locke의 목표 이론 등이 여기에 속하는데, 이들은 여러 가지 욕구가 과제 수행 행동이나 동기 수준에 이르는 과정에 초점을 맞추고 있다.

1. 동기유발의 정의

동기 유발에 관한 연구는 기본적으로 '왜 사람들이 특정한 방식으로 행동하는 가'하는 것을 탐구하는 활동이다. 즉 왜 사람들이 많은 행동 대안들 중에서 특정한 한 행동을 하기로 선택하는지, 그리고 왜 그들이 선택한 행동을 일정시간 이상 지속하는지, 때로는 상당히 긴 시간 동안, 심지어 어려움과 문제들에 직면하면서도 선택한 그 행동을 지속하는지 연구하고자 하는 것이다(Krech, Crutchfield, & Ballachey, 1962).

동기 유발 이론들을 개관한 Mitchell(1982)은 동기 유발에 대한 여러 가지 정의들에 내재된 4가지 공통적인 특성들을 정리하여 제시하였다. 그것은 첫째, 동기 유발이란 개인적인 현상으로 특징지어진다는 것이다. 개개인은 독특하며, 동기 유발에 대한 주요 이론들은 이러한 독특성이 다양한 방식으로 표출되어 질 수 있다는 가능성을 열어 놓고 있다. 둘째, 일반적으로 동기 유발을 의도적인 것으로 설명하고 있다. 동기란 작업자가 통제할 수 있는 것으로 가정하고 있으며, 행동이란- 예를 들면, 노력을 오랜 시간 지속시킨다거나 행동을 선택하는 것과 같은- 동기 유발에 의해 영향을 받는다고 가정하고 있다. 셋째, 동기 유발에는 다양한 측면이 내포되어 있다고 보았다. 그중에서 ① 사람들을 활성화시키는 것(각성)과, ② 개개인이 요구된 행동(방향성 또는 행동의 선택)에 종사하도록 하는 힘 등의 두 가지를 가장 중요한 요인으로 꼽고 있다. 넷째, 동기 유발 이론들의 목적은 행동을 예언하고자 하는 것이라는 점이다. 동기 유발이란 행동 그 자체가 아니며, 그것은 업무성과를 말하는 것도 아니다. 동기 유발이란 활동, 그리고 한 개인의 활동 선택에 영향을 주는 내적·외적 힘들과 관련된 것이다.

Morgan은 동기 유발(motivation)을 인간이나 동물로 하여금 '어떤 목적을 향하여 특정한 행동을 취하도록 유도하는 상태' 라고 정의하였다. 동기는 어떤 특정한 목표를 향해 에너지를 동원하는 것이며, 이러한 힘의 작용에는 반드시 역동적 측면과 방향성이 포함된다. 즉 동기는 크게 세 가지 측면을 고려할 수 있다. 첫째, 신체적 요구, 환경 자극, 또는 사고와 기억 등의 정신 활동에 의해 유기체를 움직이게 하는 욕구 조건, 둘째, 이러한 조건에 의해 촉발되고 방향 지어진 행동, 셋째, 그 행동의 방향을 규정짓는 목표이다. 따라서 동기는 인간의 행동을 촉진시키고, 적절한 목표에 도달하도록 한다. 그러나 동기와 행동 간의 관계는 반드시 1:1 관계가 아닐 수도 있다. 하나의 동기가 다양한 행동으로 표현되기도 하고, 하나의 행동이 여러 가지 동기에 의해서 촉발될 수도 있다는 것이다. 또한 동기에는 개인차가 존재한다. 개인의 욕구 조건이나 조건에 따른 목표, 행동 방향 등 모든 요소에서 개인차가 존재한다. 따라서 리더가 구성원에게 행동상의 변화를 유도하기 위해서는 인간의 동기 체계에 대한 폭넓은 이해가 필요하다. 복잡하고 개인차가 많은 인간의 동기를 이해하고, 그것을 부하들의 동기 유발에 활용하는 방법은 쉬운 것이 아니다. 동기를 연구하는 학자들의 견해도 매우 다양하고, 이론적인 접근들도 복잡한데, 이는 인간의 동기가 가진 본질적인 특성 때문으로 이해될 수 있을 것이다.

2. 동기 유발 이론

동기 유발의 본질에 대해 설명하고자 시도하는 이론들은 많이 있다. 이 이론들은 모두가 최소한 부분적으로 타당한 내용들을 담고 있으며, 모든 이론들은 특정한 시간, 상황에서 특정한 사람들의 행동을 설명하는 데 도움을 제공한다. 그러나 작업 장면에서의 일반적으로 적용할 수 있는 동기 유발 이론을 찾는 것은 무척 힘든 일인 듯하다. 행동의 주요 결정요인은 개인 작업자가 속한 특정한 상황이며, 동기 유발은 시간에 걸쳐서 그리고 환경에 따라서 변화한다.

따라서 리더들이 다양한 동기 유발 이론들을 두루 이해해야 하는 것이 중요한 이유는 두 가지 측면에서 제시할 수 있다. 즉, 한편으로는 동기 유발 과정이 지닌 복잡성 때문이기도 하며, 다른 한편으로는 무엇이 사람들로 하여금 일을 하도록 동기 유발시키는지에 대한 단일 응답이 존재하지 않기 때문이기도 하다. 연구자들은 사람들이 행동하고, 업무수행을 하도록 영향을 주는 많은 동기 요인들이 존재한다는 것을 보여주고 있다. 기존의 연구자들이 제시한 상이한 이론들은 어떻게 하면 부하들을 자발적이고 효과적으로 일하도록 동기 유발시킬 수 있을 것인가 하는 것에 직접적인 관심을 보이며, 이와 관련된 이론적 틀들을 제공한다.

가. 내용 이론

동기에 관한 내용 이론들은 작업현장에서 무엇이 개인을 실제적으로 동기 유발 시키는 가를 설명하고자 시도한다. 이 이론들은 사람의 욕구와 그것들의 상대적인 강도, 그리고 이들 욕구를 충족시키기 위해 사람들이 추구하는 목표 등을 규명하는 데 관심을 두고 있다. 내용 이론들은 '무엇이 동기 유발시키는가?'에 강조점을 두고 있는데, 이 범주에 속하는 이론으로는 Maslow의 욕구 위계 이론, Alderfer의 수정 욕구 위계 이론(혹은 ERG이론), Herzberg의 2요인 이론, 그리고 McClleland의 성취 동기 이론 등이 있다.

여기에서 논의되는 2가지의 널리 알려진 욕구 이론(욕구 위계 이론과 ERG이론)들은 음식이나 인정 등과 같이 사람들을 동기 유발시키는 것들의 범주와 관련된 이론들이다. 욕구 위계 이론과 ERG이론은 둘 다 인간의 욕구들을 소수의 범주로 분류하고 있으며, 이 이론들은 사람의 행동이 이들 욕구를 충족하고자 지향되어진다고 가정한다는 점에서 공통점을 갖고 있다. 2요인 이론은 작업과 관련된 다양한 측면들을 2가지 욕구 범주에 포함시킬 수 있다고 말하고 있다. 한 범주는 작업 그 자체의 본질과 관련이 있으며, 다른 한 가지는 봉급 등과 같은 보상과 관련이 있다는 것이다.

(1) Maslow의 욕구 위계 이론

욕구 위계 이론은 Maslow에 의해 시작되었으며, 1943년에 출판된 개인 발달과 동기 유발에 관한 그의 이론에 기원을 두고 있다. Maslow의 이론은 사람이란 근본적으로 결핍된 존재이며, 그들은 항상 더 많은 것을 추구하며, 그들이 원하는 것은 그들이 이미 가진 것들에 의해 결정된다는 것 등을 기본적인 전제로 하고 있다. 그는 사람의 욕구가 중요성의 위계를 따라 연속적인 수준들로 배열되어 있다고 제안하였다. 이 위계는 가장 낮은 수준인 생리적 욕구에서부터 안전 욕구, 소속·애정의 욕구, 자존심 욕구, 그리고 가장 높은 수준인 자기실현 욕구 까지 다섯 가지 수준으로 구분된다. 이 욕구들은 계단 형태로 제시되기도 하지만, 일반적으로 피라미드 형태로 표현된다.

[그림 2-4] Maslow의 욕구 5단계

① 생리 욕구; 배고픔과 갈증의 충족, 산소의 필요성, 체온 유지 등과 같은 항상성(정상적인 기능 상태를 유지하려는 신체의 자동적 노력) 유지가 이 단계의 욕구에 포함된다. 아울러 수면, 감각적 즐거움, 활동, 모성 행동, 성적인 만족 등과 같은 것도 여기에 포함된다.

② 안전 욕구; 이것은 안전과 안정, 물리적 공격으로 인한 고통이나 위협에서 벗어나는 것, 위험이나 탈핍으로부터 보호하는 것, 예언 가능성과 질서정연함을 추구하는 것 등과 같은 욕구가 이 단계의 욕구에 포함된다.

③ 소속・애정 욕구(또는 사회적 욕구); 이 단계의 욕구에는 친화, 소속감, 사회적 활동, 우정, 그리고 사랑을 주고받는 것 등이 포함된다.

④ 자존심 욕구; 이 단계의 욕구에는 자기 존중과 타인으로부터의 자존심 등이 모두 포함된다. 자기 존중이란 확신, 강함, 독립성과 자유로움, 그리고 성취를 추구하는 것과 관련이 있으며, 타인으로부터의 존중이란 평판이나 위신, 지위, 인정, 주목 그리고 감사함 등과 같은 것들을 말한다.

⑤ 자기실현 욕구; 이 단계의 욕구는 최상위 단계의 것이며, 개인이 지닌 모든 잠재력을 계발하고, 실현하고자 하는 욕구이다.

인간은 우선 최하위 단계 욕구의 충족을 위해 행동이 유발된다. 하지만 일단 하위 단계의 욕구가 충족되면, 그것은 더 이상 강한 동기 요인으로 역할을 하지 않는다. 위계적으로 그 다음 상위 단계의 욕구가 충족될 필요가 있으며, 그 욕구가 바로 동기 유발 영향력을 갖게 된다. 다시 말하면, 오로지 불충족된 욕구가 사람을 동기화시킨다. 따라서 Maslow는 '충족된 욕구는 더 이상 동기 유발 요인이 아니다'라고 단언하였다.

비록 Maslow가 대부분의 사람들이 위에서 제시된 순서에 따른 기본적 욕구들을 가지고 있다고 제안했지만, 그는 또한 위계가 필수적으로 고정된 순서를 갖는 것은 아니라고 명확히 말하고 있다. 제시된 위계 순서의 예외적인 경우가 많이 있을 수 있다. 일부 사람들의 경우, 위계의 역전이 있을 수도 있다. 예를 들면

- 어떤 사람들에게는 애정의 욕구가 자존심 욕구보다 더 중요하게 보일 수 있다. 이것이 위계상에서 가장 보편적으로 있을 수 있는 역전의 유형이다.
- 일부 천성적으로 창의적인 사람들의 경우에는 보다 기본적인 욕구들이 충족되지 않았음에도 불구하고, 창의성이나 자기실현의 충동이 유발될 수 있다.
- 오로지 하위 단계의 욕구를 충족하고자 오랜 시간 동안 시도한 일부 사람들의 경우에는 보다 상위 단계의 욕구들이 상실될 수도 있다. 예를 들면, 만성적인 실직 상태를 경험한 사람과 같은 경우이다.
- 초기 아동기에 애정 경험이 탈핍한 일부 사람들의 경우에는 애정 욕구의 영구적 상실을 경험할 수도 있고, 그 욕구가 지속적인 행동의 유발요인이 될 수 있다.
- 오랜 시간에 걸쳐 지속적으로 만족되어 온 욕구는 그 가치가 과소평가될 수도 있다. 예를 들면, 만성적인 허기로 고통 받아본 경험이 없는 사람이라면, 음식의 가치를 과소평가할 수도 있으며, 음식을 중요

하지 않는 것으로 간주할 것이다.

- 높은 이상과 가치를 지닌 사람은 순교자적인 사람이 되고, 자신들의 믿음을 위해서 다른 모든 것들(즉, 보다 하위 단계의 욕구들)을 포기하게 될 것이다.

(2) Alderfer의 수정 욕구 위계 이론(혹은 ERG이론)

Maslow의 이론은 비단 심리학만이 아니라 다른 많은 분야에서도 영향을 미쳤고 그에 따라 수많은 연구들이 이루어졌다. Maslow의 이론을 검증하는 많은 연구들로부터 얻어진 경험적인 증거들을 기초로 만들어진 이론이 Alderfer(1969)의 E.R.G.(Existence-Relatedness-Growth) 이론이다. Alderfer는 Maslow의 5단계를 축약하여 생존, 관계, 성장의 3가지 욕구 단계를 제시했다.

생존 욕구는 음식, 물, 공기 등과 같이 인간이 생존을 유지하는 것과 관련된 욕구들을 의미하는 것으로 Maslow의 생리적, 안전 욕구를 포함하는 개념이다. 관계 욕구는 사회적 환경과의 관계, 사랑이나 소속감, 친화, 의미 있는 대인 관계 등에 대한 욕구로서 Maslow의 소속감, 사랑의 욕구와 대응되는 개념이다. 성장 욕구는 잠재적인 능력을 개발하기 위해 환경과 상호 작용하는 것으로 자존심 욕구와 자아실현 욕구를 의미한다고 볼 수 있다.

사람들이 일을 하는 이유는 크게 3가지로 정리해 볼 수 있다. 3가지 원인 중에서 가장 바람직하면서, 최고로 동기화된 경우는 일 자체로부터 얻는 즐거움 때문에 일 하는 것이다. 적성과 흥미에 맞는 일, 자기 성장과 성취감을 맛볼 수 있는 일을 하는 경우들이 바로 이 범주에 해당되며, 직업적으로 예술가나 전문 직업인이 이 범주에 속한다고 볼 수 있다. 둘째는 일 자체는 별로 마음에 들지 않으나, 일을 매개로 해서 부수적으로 일어나는 일련의 과정 자체가 좋아서 일하는 경우가 이에 해당한다. 시골의 여인들이 빨래하러 가기를 좋아하는 것은 빨래하는 작업 자체가 좋아서라기보다는 빨래하는 과정에서 다른 여인들을 만나 이야기하는 재미 때문이라고 볼 수 있다. 직장의 작업 분위기나 동료, 상사와 좋은 인간관계, 작업 결과에 따른 칭찬이나 인정, 직장에 속함으로써 누리는 여러 가지 심리적 혜택 때문에 일을 열심히 하는 것이다. 셋째는 일 자체나 그 과정은 싫지만, 일의 대가로 받는 '돈' 때문에 일하는 경우이다. 예를 들어, 사람들이 누구나 싫어하거나 매우 힘들거나 하찮게 보이는 일을 하는 사람들의 경우는 일 그 자체나 과정이 매력적이기보다는 작업 이후에 제공되는 금전적 보상 때문에 일할 가능성이 많다(예, 고층건물 유리청소 등). 즉, 일이나 직장을 떠나서 직장 밖에서의 욕구 충족, 즉 돈이 그들에게 제공하는 그 무엇(예, 본인이나 그 가족의 생계 등)을 위해서 일하는 경우이다. 이와 같은 3가지 이유들이 대체로 Alderfer가 제시하고 있는 성장, 관계, 생존의 욕구와 잘 부합되고 있다고 볼 수 있다.

Alderfer는 Maslow와 같이 개인의 욕구가 생존 욕구, 관계 욕구, 성장 욕구로 진행해 간다고 보았다([그림 2-5] 참조). 하지만, Alderfer는 이 욕구들이 구분적인 단계를 이룬다기보다는 연속적인 것으로 보았다. 동일한 시간에 하나 이상의 욕구가 활성화되어진다. 그리고 욕구는 언제든지 하위욕구로도 진행할 수 있는 것으로 보았다. 즉 좌절-퇴행의 과정이 존재한다는 것이다. 예를 들면, 만약 어떤 사람의 성장욕구를 충족하기 위한 시도가 지속적으로 좌절되면, 관계 욕구가 가장 중요한 욕구로 다시 제기될 수 있다는 것이다.

[그림 2-5] ERG 이론

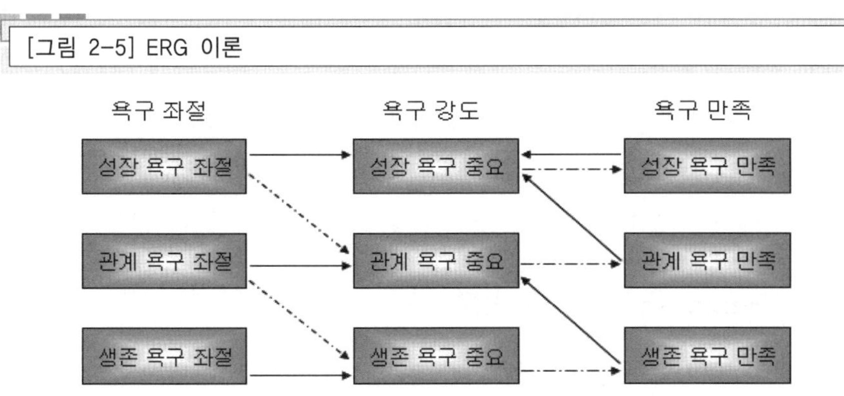

Alderfer의 가정은 크게 세 가지 측면에서 Maslow의 이론가 차이가 난다. 첫째, Maslow가 잠재적인 성향의 발달을 가정한 것과는 달리, Alderfer는 일정한 시점에서 세 욕구의 강도가 서로 다르기는 하지만, 하나 이상의 욕구들이 동시에 작용하거나 활성화될 수 있다고 보았다. 둘째, 더 높은 단계의 욕구를 만족하려는 노력이 주변 환경으로 인해 좌절된 사람의 경우, 이미 충족된 하위 단계의 욕구에 더 큰 중요성을 부여할 것이라고 주장했다. 결국 그는 좌절당하면 퇴행한다는 가설을 이론에 포함시킴으로써 욕구 강도와 욕구만족이 정적으로 연관될 수 있다는 주장을 한 것이다. 셋째, Alderfer는 보다 고차적인 욕구가 행동에 영향력을 발휘하려면 그 이전에 반드시 하위 욕구가 어느 정도 충족되어야 한다는 Maslow의 가정을 배제했다는 것이다. 어떤 사람들은 성장 배경이나 경험 때문에 생존 욕구가 충족되지 않았음에도 불구하고 더 상위의 욕구인 관계 욕구나 성장 욕구를 충족시키려 한다. Alderfer는 인간 행동에 대한 설명에 있어서 보다 탄력적이고 욕구 구조에 있어 개인차가 존재한다는 것을 인정하는 이론을 제시한 것이다.

ERG이론은 한 개인이 한 가지 또는 두 가지 이상의 기본적 욕구들을 충족시키기 위해 동기 유발된다고 말하고 있다. 그러므로 만약 특정한 수준의 욕구 충족이 차단된다면, 그 사람의 주의가 다른 수준의 욕구 충족에 초점을 맞추게 될 것이라고 시사한다. 예를 들어 만약 직무가 개인적 발달을 위한 충분한 기회를 제공하지 않아 부하의 성장 욕구 충족이 차단된다면, 리더는 그 부하에게 생존 욕구나 관계 욕구를 충족시킬 수 있는 더 많은 기회를 부여하고자 시도함으로써 동기유발을 시켜야 한다는 것이다.

(3) Herzberg의 2요인 이론

Herzberg(1959)의 원래 연구는 미국 피츠버그 지역의 다양한 산업체에서 근무하는 203명의 사무원들과 기술자들을 대상으로 면담 방법을 사용하여 진행되었다. 그는 결정적 사건 기법(critical incident technique)을 사용했으며, 연구 대상자에게는 현재의 직무나 그 이전의 어떤 직무에서 매우 기분이 좋았거나, 기분이 나빴다고 느꼈던 때가 언제였는지를 응답하도록 요구하였다. 아울러 그런 기분이 유발된 이유와 그 사건의 경과를 설명하도록 요구하였다. 면담에 대한 반응들은 일반적으로 연관되는 것이었으며, 작업과 동기 유발에 영향을 미치는 상이한 2종류의 요인 집합들이 존재한다는 것을 나타내 주었다(〈표 2-4〉 참조).

〈표 2-4〉 Herzberg의 2요인 이론적

위생 요인 (불만족 요인)	동기 요인 (만족 요인)
회사 정책과 행정	성취
감독 방법(기술적)	안정
봉급	작업 자체
대인 관계(감독자)	책임
작업환경	성장과 승진

첫 번째 요인 집합은 만약 그것이 없다면, 불만족을 유발하는 것들이었

다. 이 요인은 직무 장면과 관련된 것들로서, 직무 환경이나 외적인 직무 그 자체와 관련된 것들이다. 그는 이것을 '위생 요인(hygiene factor, 예방적이고 환경적인 것을 의미하는 의학적 용어와 유사) 또는 유지 요인' 이라고 명명하였으며, 이것들은 불만족을 방지하는 데 기여한다고 제시하였다.

두 번째 요인 집합은 만약 그것이 있다면, 개인이 더 나은 노력과 업무수행을 하도록 유발시키는 것들이다. 이 요인들을 작업 자체의 내용과 주로 관련된다. 이것들은 '동기 요인(motivator factor)또는 성장 요인' 이며, 이 요인들의 강도는 만족 하느냐. 만족하지 않느냐 하는 느낌에는 영향을 미치지만, 불만족에는 영향을 미치지 않는다.

위생 요인은 Maslow이론의 하위 욕구 수준, 동기 요인은 상위 욕구 수준과 대략적인 관련이 있다. 위생 요인에 대한 우선적인 관심은 불만족을 예방할 수는 있지만, 그 자체로 긍정적인 태도나 작업 동기를 창출해 내지는 않는다. 그는 만족과 불만족을 한 차원에서 본 것이 아니라 만족과 불만족은 별개의 차원으로 보았다. 즉, 불만족의 반대가 만족이 아니라 단지 불만족이 없는 상태이며, 만족의 반대가 불만족이 아니라 단지 만족이 없는 상태라는 것이다([그림 2-6] 참조). 따라서 부하들이 최선을 다해 일하도록 만들기 위해서 리더는 동기 요인 또는 성장 요인에 대한 적절한 주의를 기울여야 한다는 것이다.

Herzberg는 위생 요인이 동기요인에 비교해서 '2등 시민'이 아니라는 것을 강조하고 있다. 위생 요인도 동기 요인만큼이나 중요하지만, 단지 그 이유가 다를 뿐이다. 위생 요인들은 작업에서의 불쾌감을 회피하는 데 필수적이며, 불공정한 대우를 거부한다. 지휘를 위해서는 작업 장면에서 부하들에 대한 적절한 대우와 기본 환경을 제공해 주는 것을 망각해서는 안 된다. 이에 반해, 동기 요인들은 작업 장면에서 부하들에게 뭔가를 할 수 있도록 허용하는 것들과 관련이 있다. 이것들이 실제로 사람들을 동기 유발시키는 변수들이다.

[그림 2-6] Herzberg 이론에서 직무 만족과 불만족의 관계

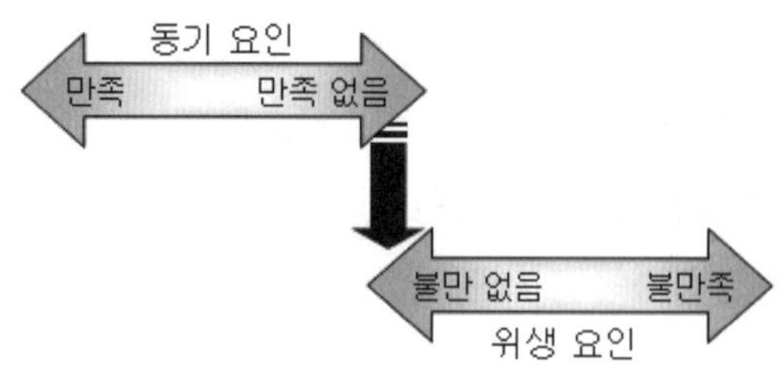

※ Herzberg, Slocum, & Woodman, 1989.

(4) McClleland의 성취동기 이론

McClleland의 연구는 배고픔 욕구와 사고 과정을 지배하는 음식 심상의 강도 간의 관계성에 대한 연구에서부터 비롯되었다. 일련의 연구들을 통해 McClleland(1961)는 각성에 기반을 두고 있으면서, 사회적으로 발달되어지는 친화 욕구(n-Aff), 권력 욕구(n-Pow), 그리고 성취 욕구(n-Ach) 등의 3가지 중요한 동기 요인들이 있다는 것을 제안하였다.

이 세 가지 동기는 Maslow 욕구단계 상의 애정, 자존심, 자기실현 욕구들과 대략적으로 상응되는 것들이다.

친화, 권력, 성취 욕구 등 3가지 욕구의 상대적인 강도는 사람마다 상이하다. 그것은 또한 상이한 직업들에 있어서도 다르다. 리더들은 친화 욕구보다는 성취 욕구가 더 높은 것처럼 보인다. McClleland는 성취 욕구가 국가의 경제적 성장과 성공에 영향을 미치는 가장 결정적인 요인으로 보았다.

McClleland의 연구에서는 여러 가지 투사적 검사들이 사용되었다. 예를 들면, 피험자들에게 사람들의 활동이 그려진 여러 장의 사진들을 보여 주면서 그림을 관찰하도록 요구하였다. 그리고 12~15초 정도 시간이 지난 다음에 '그 사진에는 무슨 일이 일어나고 있으며, 그림 속의 사람이 무슨 생각을 하고 있는지, 무슨 사건이 현재의 그림과 같은 상황을 유발하였는지'

등에 대한 자신들의 생각을 묘사하도록 요구하였다. 그리고 각 개인의 묘사한 상황의 내용을 그 개인의 동기 강도를 분석하는 자료로 사용하였다.

그 판단이 명백히 주관적인 본질을 지니고 있음에도 불구하고, McClleland(1962)는 수년간의 경험적 연구를 통해, 성취 욕구가 높은 사람들이 갖는 공통적인 세 가지 특성을 제시하였다. 개인적 책임의 선호, 중간 정도 난이도의 목표설정, 그리고 구체적인 피드백 갈망.

- 높은 성취 욕구자들은 문제해결에 대해서 개인적인 책임을 지는 것을 더 좋아한다. 그들은 팀웍이나 자신이 통제할 수 없는 우연적 요인들에 의한 성공보다는 자신의 노력을 통해서 성취를 해내는 것을 더 좋아한다. 과제를 달성하는 것으로부터 개인적 만족을 얻으며, 타인으로부터의 인정은 그다지 필요치 않다.
- 높은 성취 욕구자들은 중간 수준의 난이도를 갖는 성취 목표를 설정하는 경향이 있고, 그로 인해 비롯된(계산된) 위험들을 기꺼이 감수하려는 경향이 있다. 만약 과제가 너무 어렵거나, 너무 위험하다면, 성공확률과 그로 인한 욕구 만족을 얻는 기회는 감소한다. 그 반대로, 만약 그 행동 과정이 너무 쉽거나, 너무 안전하다면, 과제 성취에 대한 도전감이 거의 없으며, 결과 성취로 인해 얻는 만족도 거의 없다.
- 높은 성취 욕구자들은 그들이 과제 수행을 얼마나 잘했는지에 대한 명확한 피드백을 원한다. 과제 수행 후, 적절한 시간 내에 제공되는 수행결과에 대한 지식은 자기 평가를 위해 필요하다. 피드백은 자신들의 목표 성취가 성공인지, 실패인지를 결정할 수 있도록 해주며, 그들의 활동에 대한 만족을 이끌어내 줄 수 있다.

성취동기의 강도는 사람들마다 상이하다. 어떤 사람들은 다른 사람들보다 성취에 대해 더 많이 생각한다. 어떤 사람들은 성취동기 면에서 매우 높게 평가를 받으며 그들은 목표 달성을 위해 열심히 일한다. 다른 사람들은 성취동기 면에서 매우 낮게 평가를 받으며, 그들은 성취에 대해 관심이 없고, 성공을 위해 열심히 노력하지도 않는다.

높은 성취동기를 지닌 사람에게 금전적 보상은 성공에 대한 피드백을 제공하는 수단이 될 수도 있다. 그들은 자신들의 높은 성취결과에 대해 조직이 오랜 기간 동안 보상하지 않는다면, 그 조직에 남아 있으려고 하지 않을 것이다. 따라서 높은 성취욕구자들에게 금전적 보상은 중요한 것이 될 수 있다. 하지만 그들에게는 금전 그 자체가 갖는 유인(외적유인가)보다는 그 보상이 자신의 성공적인 과제 수행과 목표달성의 상징이라는 점에 더 가치를 부여한다(내적유인가). 성취동기가 낮은 사람들에게는 금전적 보상이 업무 수행에 대한 더 직접적인 유인으로 작용할 것이다.

McClleland는 높은 성취자들의 특성을 이해하려는 연구를 시도하였다. 그는 성취동기가 유전적인 것이라기보다는 환경적인 영향의 결과로 발달한 것이라고 제안했으며, 사람들을 성취동기 계발을 위해 훈련시킬 수 있는지 여부를 탐구하기도 하였다.

McClleland는 성취동기를 발달시키기 위한 4단계를 다음과 같이 제안하였다.

- 수행에 대한 피드백을 얻고자 노력해라. 성공으로 인한 강화는 더 높은 업무 수행을 얻고자 하는 욕구를 강화시키는 역할을 한다.
- 경쟁을 위해 성취의 모델을 찾아라.
- 자기 이미지를 수정하고, 스스로를 도전과 성공을 추구하는 사람인 것처럼 보도록 노력하라.
- 자신에 대한 백일몽과 생각들을 보다 긍정적인 것으로 만들기 위해 통제를 하라.

McClleland는 미개발 국가의 경제적 성장에 관심이 있었다. 그는 리더들의 성취동기와 사내 기업가적 활동들을 증가시킬 수 있는 훈련프로그램을 설계하였다. 아울러 그는 효과적인 리더는 높은 권력 욕구를 지녀야 한다고 주장하였다. 그러나 효과적인 리더는 억제력에서도 높은 점수를 받아야 한다. 권력은 조직과 집단 목표를 위해 지향되어야 하며, 또한 권력은 다른 사람들을 위하여 더욱더 사용되어져야 한다. 이것이 '사회화된' 권력이며, 다른 사람 위에서 군림하며, 자기 이익 증대를 통해 만족을 추구하는 것으로 특징지어지는 '개인화된' 권력과 구별되어진다고 제시하였다.

(5) 내용 이론들 간의 관계성

욕구이론, 2요인 이론, 그리고 성취동기 이론 등과 같은 기본적인 동기 유발적 개념들을 강조하는 4가지 내용 이론들 간의 관계성에 대한 도식이 [그림 2-7]에 제시되어 있다.

[그림 2-7] 내용 이론들 간의 관계

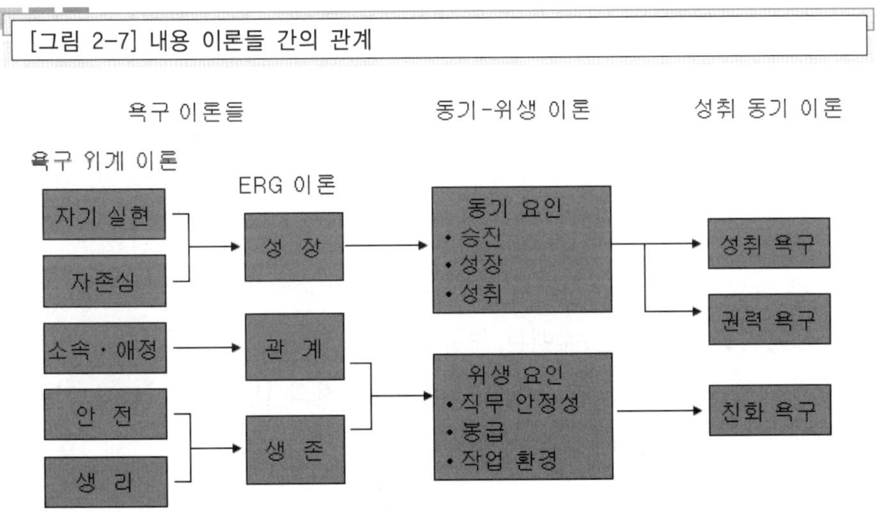

5단계 욕구 이론은 ERG 이론의 기초를 제공하고 있다. 그러므로 두 이론 간에는 몇 가지 중요한 유사성이 내포되어 있다. 자기 성취 및 자존심 욕구는 성장 욕구와 소속·애정 욕구는 관계 욕구와 그리고 안정과 생리적 욕구는 생존 욕구에 대응된다. 두 이론 간의 중요한 차이점은 욕구 위계 이론이 달성-진행에 기반을 둔 정적인 욕구 체계를 제시하였으나 ERG 이론은 좌절-퇴행에 기반을 둔 유동적인 3단계 욕구 체계를 제시하였다는 것이다.

2요인 이론은 위의 두 가지 욕구 이론에 잘 대응될 수 있다. 만약 위생요인이 제공된다면, 욕구 위계 이론의 안전과 생리적 욕구에 잘 맞아 들어갈 수 있다. ERG 이론의 경우에는 위생요인이 관계 욕구와 생존 욕구의 충족으로 상응될 수 있을 것이다. 동기 요인은 직무 자체에 초점을 두고 있으며, 사람들의 상위단계 욕구나 ERG 이론의 성장 욕구를 만족시킬 수 있을 것이다.

성취동기 이론은 욕구 단계상의 하위 욕구를 인정하지 않는다. 만약 부하가 직무를 통해 위생 요인을 만나게 된다면, 친화 욕구가 충족될 수 있을 것이다. 만약 직무 그 자체가 도전적이고 개인에게 의미 있는 의사결정들을 할 기회를 제공해 준다면, 이것은 성취 욕구를 만족시킬 수 있는 조건들이 될 것이므로 그 사람을 동기 유발시킬 수 있을 것이다.

전체적으로 볼 때, 내용 이론들은 리더들에게 동기 유발 과정을 시발하는 특정한 작업 관련 요인들을 이해하는 데 도움을 준다. 그러나 이 이론들은 왜 사람들이 과제 관련 목표를 수행하기 위해 특정한 행동들을 선택하게 되는지를 이해하는 데에는 도움을 주지 못한다. 이런 선택이란 측면은 동기 유발 과정 이론의 주요 초점이며, 이하의 내용들에서는 동기유발의 과정이론들을 개관해 보고자 한다.

나. 과정 이론

과정 이론들은 동기를 유발시키는 역동적 변수들 간의 관계성을 찾아내고자 시도하고 있다. 이 이론들은 행동이 어떻게 시작되고, 지향되고, 유지되는가에 보다 관심을 두고 있다. 과정 이론들은 실제적인 '동기 유발 과정'에 강조점을 두고 있는데 이 범주에 속하는 이론으로는 Vroom이나 Porter와 Lawler의 기대 이론, Adams의 공정성 이론, Locke의 목표 이론 등이 있다.

기대 이론은 내적인 동기 요인보다는 환경적 보상과 행동을 관련시키려고 시도하고 있으며, 왜 보상이 행동을 이끌어 내는지를 설명하는 인간의 인지적 과정들과 관련이 있다. 공정성 이론은 욕구나 환경적 보상 그 자체보다는 개인의 가치에 관심을 두고 있다는 면에서 매우 독특하다. 이 이론은 작업장의 사회적 관계에서 사람들은 공정성이라는 것에 일반적으로 가치를 부여하고 있으며, 불공정이나 형평성이 어긋나는 상황에서 사람들은 그것을 바로잡기 위해서 동기화되어진다고 가정하고 있다. 목표 이론은 사람들의 목표나 의도들이 어떻게 행동으로 귀착되는지를 설명한다. 욕구 이론처럼, 이 이론은 동기 유발이 개인의 내부에서 시작된다고 보지만, 환경적 영향들이 동기 유발과 행동에 어떻게 영향을 미치는지를 설명하고 있다.

(1) 기대 이론

Vroom(1964) 이후 30여 년 간 기대 이론이 발달해 왔다. 기대 이론의 기본 가정이 되는 4가지 전제는 다음과 같은 것들이 있다. 첫째, 개인 내적인 힘과 환경적인 힘의 조합을 통해 행동이 결정된다. 따라서 개인적인 것이나 환경적인 것만으로 행동을 결정하지는 못한다. 사람들은 자신들의 욕구, 동기, 과거 경험 등을 바탕으로 자신의 직무에 대한 기대를 가지고 조직에 들어온다. 이 요인들은 사람들이 조직에 대해 어떻게 반응할 것인가를 결정한다.

둘째, 사람들은 조직 내에서 자신의 행동에 대해 결정을 내린다. 비록 개인행동 결정에는 많은 제약 조건들(예를 들면, 규칙, 규제, 기술 그리고 작업집단 규범 등)이 존재하지만 대부분의 사람들은 두 가지 유형의 의식적인 의사결정을 하는데, ① 출근 여부, 조직 잔류 여부, 이직 여부 등을 결정하는 조직원 결정 ② 생산량 조절, 노력 투여량 조절, 작업의 질 등을 결정하는 직무 수행 결정이다.

셋째, 사람들은 각기 다른 욕구와 목표를 가지고 있다. 모든 부하들이 자신들의 직무를 통해 동일한 것을 원하는 것이 아니며, 그들은 서로 상이한 유형의 결과물들을 원한다(예를 들면, 직무 안정성, 승진, 후한 보수 그리고 도전감 등).

넷째, 사람들은 자신이 선택한 행동이 원하는 결과물을 얻는 데 도움을 줄 것인지 여부에 대한 자신의 지각을 바탕으로 여러 대안들 중에서 선택을 한다. 사람들은 여러 대안들 중에서 자신이 원하는 결과물을 유발할 것이라고 생각되는 행동은 하려고 하며, 원하지 않는 결과물을 유발할 것으로 생각되는 행동은 하지 않으려는 경향이 있다는 것이다.

일반적으로, 기대 이론은 사람들이 자신의 작업을 통해 무엇을 얻고자 하는지에 대한 욕구나 생각들을 지니고 있다고 가정한다. 그리고 사람들은 이런 욕구나 생각들을 기반으로 어느 조직에 들어갈 것인지, 또는 어떤 일을 열심히 할 것인지를 결정한다. 또한 기대 이론은 사람들이 본래부터 동기 유발되어 있거나, 동기 유발되어 있지 않거나 한 것은 아니라는 입장을 견지한다. 동기 유발이란 개인들이 마주치는 상황과 어떻게 그들의 욕구를 충족할 것인지에 의해 결정된다는 것이다.

(2) 공정성 이론

Herzberg와 그 동료들에 의해 연구된 직무 불만족 요인들 중에서 가장 빈번하게 보고된 것 중의 하나가 '불공정감'이다. 일부 연구자(Adams, 1963)들은 이러한 공정, 공평성, 형평에 대한 추구를 그들 이론의 중심적인 초점으로 제시하기도 하였다. 당신이 5%의 임금 인상을 받았다고 하자. 이만큼의 임금 인상이 당신의 업무 수행을 더 좋게 만들 것인가? 아니면 더 나쁘게 만들 것인가? 또는 아무런 변화를 일으키지 않을 것인가? 당신은 그 정도의 인상에 만족하는가? 이만큼의 인상에 대해 당신이 만족한다면 소비자 물가 상승분을 충족시켜 주기 때문인가? 당신이 구매하고 싶은 것을 얻을 수 있도록 해주기 때문인가? 아니면 다른 조직에서 당신과 유사한 직무를 수행하는 사람이 비슷한 성과 수준에서 받는 액수이기 때문에 만족하는가?

공정성 이론(equity theory)은 사람들이 타인과 비교해서 자신이 얼마나 공평하게 대우받고 있는가에 대한 개인적인 느낌에 초점을 둔다. 이 이론은 두 가지의 주요 가정을 지니고 있다. 첫째, 사람들은 집, 주식, 차를 사고파는 과정에서 이루어지는 평가처럼 자신들의 대인관계를 평가한다. 이 이론은 사람들 간의 관계를 교환적-어떤 기여를 하고, 그에 대한 보상을 기대하는- 과정인 것으로 개념화하고 있다.

둘째, 사람들은 공허한 상태에서 움직이는 것이 아니다. 대신, 자기가 처한 상황이 공정한지 여부를 결정하기 위해 다른 사람들의 상황과 비교한다. 어떤 교환을 우호적인 것으로 보는 정도는 타인들의 교환 결과와 비교하는 과정에 의해 영향을 받는다. 이러한 타인에는 동료, 친구, 친척, 이웃 등이 포함된다.

(3) 목표 이론

조직 심리학자들에게 가장 유용한 이론은 아마도 목표 설정 이론(Locke & Latham, 1990)일 것이다. 이 이론의 기본적인 아이디어는 사람들의 행동이 그들의 내적 의도, 목표, 또는 목적들(이 세 가지 용어들은 상호 호환적으로 사용되어진다.)에 의해 동기화되어진다는 것이다. 예를 들어, 세일즈맨은 매달 일정 양의 상품을 판매하겠다는 목표를 설정할 수 있다. 목표가 성과와 관련된 특정한 행동들과 밀접하게 결합되어질 수 있으므로, 목표 설정 이론은 행동과 매우 강한 연결성을 갖고 있다.

이 이론에 의하면 목표란 한 개인이 의식적으로 획득, 달성하고자 원하는 것을 말한다. 목표는 '다음 시험에서 A학점을 받는다.'와 같이 구체적인 것일 수도 있고, '학교생활을 잘한다.'와 같은 일반적인 것일 수도 있다. 후자의 일반적인 목표는 종종 전자와 같은 구체적인 목표 몇 개가 결합된 것일 수 있다. Locke와 Henne(1986)는 목표가 행동에 영향을 미치는 4가지 방식에 대해 언급했다. 첫째, 목표는 목표 달성에 도움이 될 것이라고 기대되어지는 행동에 개인의 주의와 활동을 지향시키도록 해준다. 시험에서 A를 받고자 하는 목표를 가진 학생은 교재를 읽는다거나, 수업 노트를 복습한다든지 하는 학습 행동을 열중할 것이라고 기대할 수 있다. 둘째, 목표는 그 사람이 더 열심히 노력을 집중하도록 해준다. A학점을 받는 목표를 설정한 학생은 교재를 학습하기 위해 더욱 집중할 것이다. 셋째, 목표는 목표 달성에 필요한 행동에 더 많은 시간을 소비하도록 함으로써 지속성을 증대시킨다. A학점을 받고자 하는 학생은 공부에 더 많은 시간을 보낼 것이다. 넷째, 목표는 그것을 획득하는 효과적인 전략을 탐색하도록 동기 유발시킨다. 즉 성실한 학생은 효과적인 학습방법과 좋은 수험 전략을 배우기 위해 시도할 것이다.

목표 설정 이론은 사람들이 자신들의 목표를 달성하기 위해 노력을 경주할 것이며, 직무 수행이란 목표들의 함수라고 예언하고 있다. 조직적인 관점에서 볼 때, 목표 설정은 직무 수행을 유지하거나, 증진시키는 효과적인 수단이 될 수 있으며, 많은 조직들이 이를 위해 목표 설정 방법을 활용하고 있다.

목표 설정이 직무 수행을 증진시키는데 효과적이기 위해서는 몇 가지 필요 요인들이 있다고 Locke와 Henne는 제시하고 있다. 첫째, 목표에 대한 부하들의 몰입이 있어야 한다. 조직의 목표가 반드시 부하 개인의 목표일 수는 없으며, 오로지 개인의 목표만이 행동을 유발시킬 수 있다. 둘째, 사람들이 피드백을 받지 않는다면, 행동을 목표로 지향시켜 가기가 어려울 것이다. 따라서 부하들의 행동이 목표에 다가가고 있는지 아니면 멀어지고 있는지를 알려줄 수 있는 피드백 과정이 필요하다. 셋째, 목표가 어려울수록 수행이 더 좋아질 가능성이 많다. 비록 사람들이 항상 자신의 목표를 달성하는 것은 아니지만, 목표가 어려울수록 최소한 그 개인의 능력 한계까지는 더 나은 수행성과를 보일 수 있을 것이다. 마지막으로 막연히 '최선을 다하라'는 목표보다는 구체적인 목표가 훨씬 효과적이다. 막연한 목표도 효과적일 수 있지만, 구체적인 목표가 사람들에게 언제 최선을 다해야 하는지를 알려 주기 때문에 더 효과적이다.

목표 설정 이론은 연구들에 의해 잘 지지되고 있으며, 조직 심리학 영역에서는 현재 가장 널리 이용되는 동기 유발 이론이다. 이 이론의 전제들이 상당한 연구의 주제가 되고 있을 뿐만 아니라, 목표 설정이 직무 수행을 증진시키는 인기 있는 방법이기도 하기 때문이다. 이 이론과 관련된 연구나 이론들은 성공적인 목표 설정 프로그램이 되기 위해서는 위에서 제시된 것과 같은 중요 요인들이 필수적이라는 점을 강조하고 있다.

3. 동기 유발 방법

동기 유발 방법은 매우 다양하며, 각각의 방법이 실행되는 조건 또한 다양하다. 즉, 어떤 방법들은 주로 리더 개인 수준에서 사용되는 반면에, 어떤 방법들은 조직 전체 수준에서 주로 사용되기도 한다. 여기에서는 앞에서 언급한 욕구 이론, 기대 이론, 목표 이론 등을 리더들이 현장 장면에서 적용할 수 있는 세부적 동기 유발 방법들에 대해 논의해 보고자 한다. 아울러 가장 흔히 사용되는 보상과 처벌, 특히 화폐적 보상에 대해서도 다룰 것이다. 여기에서 다루지 않았다고 해서 다른 동기 유발 방법들이 효과가 없다거나 이론적 근거가 부족한 것은 결코 아니라는 점을 밝혀두고 싶다. 다만 동기 유발에 있어서 가장 쉽게 떠올릴 수 있는 방법들을 다룬 것뿐이다.

가. 욕구이론을 기초로한 동기 유발 접근 방법

부하들로 하여금 요구되는 바람직한 직무 행동을 보다 적극적으로 하도록 만드는 방책에는 여러 가지가 있을 수 있다. 작업 조건을 변경시켜 준다든가, 리더가 부하들을 다루는 태도나 행동을 바꾼다든가, 조직의 규정이나 구조를 변화시키는 것 등이다. 이중 어떠한 방법이 조직 목표 달성이나 성원의 욕구 충족을 동시에 최대한 올릴 수 있는 효과적인 것인가는 리더의 성격 및 인간관, 업무의 특성 및 시급성, 성원의 능력 및 욕구 수준, 조직의 제원 및 분위기 등을 고려하여 결정해야 할 것이다.

Deep(1978)는 이런 고려를 바탕으로 리더들이 사용할 수 있는 지시적 방법, 가부장적 방법, 쌍무 협정적 방법, 경쟁적 방법, 참여적 방법 등의 5가지 동기 유발 접근방법을 제시하고 있다.

(1) 지시적 방법(Directiveness)

리더가 일방적 권위를 가지고 작업을 결정하고 지시한다. 이에 대해 부하들은 의견 제기 없이 단지 복종만 하도록 요구받는다. 지시에 불응한다면, 감봉, 전직, 해고, 기타의 물리적·심리적 불이익이 주어짐을 암시하거나 위협한다. 즉 리더가 원하는 대로 행동하지 않을 경우 피해가 있을 것이라는 예상, 공포를 수단으로 부하들의 행동을 조정하는 방법이다.

이 같은 방법을 자주 사용하는 리더는 성격적으로 고집이 세고 권위주의적이며, 부정적 인간관을 갖고 있다. 즉, 감독하지 않으면 일하려 하지 않는다고 믿고 적극적인 통제를 행사하는 것을 좋아한다. 업무는 비교적 단순하고 지루하여 업무 자체로부터의 만족보다는 업무 외의 목적, 즉 금전적 보상의 획득이나 위협 회피 수단으로만 마지못해 이루어지거나, 업무의 성격상 시급한 경우이다. 조직 환경면에서는 대규모 조직으로서 대부분의 정책이나 업무의 결정이 상급 제대에서 이루어지는 경우에 흔히 사용된다.

지시적 방법의 적합성은 부하 당사자의 수용 태도에 달려있다. 부하 스스로가 자신들의 능력 결함이나 의욕 부족을 느끼고 있어 외부적 압력의 불가피성을 인정하거나, 리더가 인격이나 능력 면에서 부하들보다 상대적 우월하다는 것을 부하들이 인정하거나, 자신의 현재 직책 및 처우에서 다른 대안이 불가능한 경우, 즉 현재가 최선이라고 믿어지면 이 방법은 효과적일 수 있다.

그러나 이 방법이 장기적으로 사용되면 성원들은 소극적, 무감동적인 부하들로 변하게 되며, 지시하지 않으면 아무것도 하지 않으려 하는 등 궁극적으로 처벌받지 않는 것을 조직 생활의 목표로 삼게 된다. 뿐만 아니라 작업 과정에서 쌓인 스트레스를 해소하기 위해서 혹은 조직에 대한 반감으로 집기를 부수거나 경쟁 조직에 유리한 기밀을 누설하거나, 불평, 유언비어 유포, 허위 보고 등의 부정적인 결과들이 초래될 수도 있다.

(2) 가부장적 방법(Parternalism)

어버이가 자식에게 잘해 주면 잘해 준만큼 효도할 것이라는 소박하고 막연한 바람으로 모든 자식에게 골고루 헌신적으로 자식의 모든 문제를 돌봐주듯이 부하에게 골고루 돌아갈 수 있는 여러 가지 복지 수단을 강구해 주는 방법이다. 이 접근법의 기본적 가정은 부하에게 좋은 처우를 해주면 생산성이 높은 훌륭한 조직 구성원이 될 것이라는 믿음이다.

지시적 방법이 인간의 기본적 욕구가 불충분한 상태에서 이 욕구의 충족을 위협하는 조건들을 사용하여 업무의 열성을 유도한 반면, 가부장적 방법은 안전·안정 욕구 및 소속 욕구가 불충족된 부하들에게 업무 수행 과정을 통해 이 욕구들을 충족시켜 줌으로써 업무 열성을 유도하려는 방법이다. 즉 사기 및 복지 향상을 위한 특별 휴가, 연금, 보너스, 시설 활용, 할인구입 등의 혜택을 제공한다든가, 부하들에 대한 각별한 관심과 애정을 베풀어 가정적 분위기를 조성하는 것 등이다. 업무 수행 방법이나 상하 관계는 지시적 방법과 큰 차이가 없고, 다만 각별한 애정과 보호를 더 해준다는 점에서 '자애로운 지시적 방법'이라고 할 수 있다.

조직 구성원 전원에 대해 업무 성과에 무관하게 공평한 혜택을 베풀어 줌으로써 이것의 결핍으로 인해 발생하는 불만족의 해소와 결근, 이직률, 상호 갈등 등의 업무 저해 요인은 제거될 수 있지만, 연구 결과들에 의하면 업무 성과 면에서는 큰 차이가 없는 것으로 나타났다.

성과와 무관한 동등한 혜택을 제공하므로 높은 성과를 낸 부하는 상대적으로 불만이 크며, 차후 성과 수준을 의도적으로 낮출 가능성이 있으며, 반면 낮은 성과를 낸 부하는 상대적으로 만족해하며, 성과 향상을 위한 노력을 하지 않을 것이다. 뿐만 아니라 더욱더 많은 혜택을 베풀어 줄 것을 기대하며, 이미 베풀어 준 혜택에 대한 고마움을 느끼기보다는 고차적 욕구의 부족을 조직에 호소하는 결과를 낳기도 한다.

(3) 협정적 방법(Compromise)

기본적 가정 및 조건들이 가부장적 방법과 유사하나, 보상이 성과와 무관한 무조건 제공이 아니라 사전 협정에 따르거나 성과에 근거하여 제공되어 진다는 점이다. 즉 가부장적 방법의 결점을 보완한 방법이다. 상하의 관계도 종속적이라기보다는 대등한 관계에서 상호간의 의무와 권리가 협약된다. 조직으로부터 만족스런 대우를 받기 위해서는 생산의 질이나 양을 올려야 하는 교환 조건이 쌍방 협의에 의해 결정된다.

이 방법도 비교적 부정적인 면이 많다. 우선 쌍방 협의 과정에서 상호 불신과 피해 의식이 발생할 수 있다. 왜냐하면, 각자가 자기 입장에만 집착하여 애초부터 차후 협상의 유리한 고지를 점령하기 위한 속셈으로 상대방을 고려하지 않은 무리한 요구 수준을 제시하며, 결국에는 쌍방의 양보로서 절충선이 찾아지기 때문이다. 또한 협약이 위반되면, 서로 상대방에게 책임 전가 및 추궁을 하거나 심지어 상호 보복 행동을 취할 수도 있다. 이는 인간의 지각현상이 주관적이며 상대적이기 때문에 같은 현상도 관점에 따라 크게 달리 해석될 수 있기 때문이다. 대다수의 노사 협조-특히, 초기 단계-에서 많은 문제가 노출되는 것은 상호 이해의 부족과 불만의 단기적 해결을 추구하려는 것에서 발생하는 상대적 피해 의식 때문이다. 그러므로 점진적 개선의 추구 태도만이 상호 피해 의식을 줄일 수 있으며, 쌍방이 만족을 증대시킬 수 있다. 일방의 횡포가 줄어들어 불만이 제거된 상태에서 자신의 행위가 정당하게 평가되고 보상받을 때 이러한 행동은 계속될 수 있기 때문이다.

(4) 경쟁적 방법(Competition)

일은 원래 하기 싫은 것일 수 있다. 더욱이 자신의 적성과 흥미에 무관한 일을 마지못해 해야만 할 때, 즉 일 그 자체를 목적으로 할 때 일이 더욱 싫어지게 된다. 그러나 일을 목적이 아닌 수단으로 전환하여 부가적인 목적이 달성된다면 일은 그렇게 싫은 것이 아닐 수 있다. 경쟁은 바로 이러한 심리를 이용한 것이다. 즉 일을 경쟁화함으로써 일 자체보다는 승리(명예, 인정)에 초점을 두게 하여 목적의 전환을 일으키고, 부수적으로 상금과 같은 여타의 욕구가 충족된다면 일석이조의 효과를 거둘 수 있다. 일과 놀이의 차이는 내용이나 난이도 차이에 있는 것이 아니라 수행 여부의 통제권이 누구에게 있느냐에 달려있다. 아무리 쉽고 재미있는 활동이라 할지라도 자신의 의사에 반해 수행해야 한다면, 이것이 바로 일이 되며 아무리 어려운 활동이라 할지라도 자신이 즐겨 자발적으로 행한다면 놀이와 같은 효과를 가지게 된다.

경쟁은 강요적이기 보다는 이기기 위한 자발적 행동이기에 경쟁 상황에서의 일은 아무리 어려운 일일지라도 놀이와 같은 기분으로 행할 수 있게 된다. 이 같은 논리 때문에 동기 유발 방법으로 이 방법이 많이 활용된다. 일단 개인 간, 또는 집단 간에 경쟁의 불씨만 지펴 놓으면 저절로 번져 나가는 불과 같은 효과가 전 집단에 일어나기 때문이다. 더 나아가 승자에 대한 적절한 보상을 제공할 수만 있다면 그야말로 간편하고 효과적인 지휘 관리 방법이라 할 수 있다. 그러나 경쟁이 효과적이기 위해서는 보상이 뒷받침되어야 하고 이 같은 보상의 지속은 은연중 성원들을 타산적으로 만들어 더욱더 큰 가치의 보상이 아니면 부하들이 움직이지 않는 일종의 '보상중독증'에 걸릴 우려가 있다는 데에 문제점이 있다.

목표 달성이 시급한 경우, 즉 성원들의 정상적인 노력 이상이 요구될 경우, 전통적인 동기 유발 방법인 위협에 의하기보다는 승부욕(재미, 명예)을 통해 노력을 배가시킬 수 있는 이 경쟁적 방법은 상대적으로 그 가치를 높이 인정받을 수 있다. 단, 이때 모든 성원이 경쟁에 몰입할 수 있는 여건을 마련해 주어야 한다. 경쟁해 보나마나 결과가 뻔한 능력 편중이 심한 개인이나 집단 간에서의 경쟁은 소수 개인 및 집단만이 참여하고 나머지는 오히려 부담 없이 방관할 수 있는 무임승차의 기회가 되어 오히려 비효과적일 수 있다. 그러므로 경쟁 종목의 선정은 경쟁 기간 중의 노력 여하에 판가름 날 수 있는 종목이거나, 집단의 재편성을 통하여 능력 수준을 평준화시킨 후에 경쟁시켜야 한다.

일반적으로 경쟁은 개인 경쟁이 허용되는 정신노동자 집단에 효과적이다. 육체노동인 경우, 보상의 큰 매력으로 많은 사람들의 관심과 노력을 높일 수 있다고 하더라도 이는 육체적 능력의 한계로 일시적 현상일 수밖에 없어 장기적으로는 오히려 손해가 될 수도 있다. 아울러 작업안전이 중요한 조직과 직무에서는 경쟁적 방법은 조직원들의 신체적 손상을 유발할 수 있다는 점에서 회피되어야 할 방법이라고 볼 수 있다. 또한 정신노동 집단일지라도 강한 노조가 형성된 집단, 팀웍이 중시되는 집단, 진급이 더 이상 허용되지 않는 집단에서는 효과가 거의 없다.

경쟁이 효과적이기 위한 또 하나의 요구 조건은 경쟁 대상 업무가 측정 가능한 것이어야 한다. 판정의 결과가 불명확하여 객관성을 인정하기 어렵다면 각자는 아전인수적인 해석으로 승자를 인정치 않으며, 리더에 대한 불만만 발생할 수 있다.

경쟁이 추구하는 심리 효과가 자존심이나 명예심이기에 이는 성원 상호 간의 상대성에 좌우된다. 즉 다수가 승자가 되는 상황에서는 경쟁의 효과는 거의 기대하기 어렵다. 그러므로 소수가 승자가 되고 다수가 어쩔 수 없이 패자가 되어야 한다. 이 경우 소수의 승자는 만족하며 성취감을 느낄지 모르지만, 적극적으로 참여했던 다수의 패자는 상대적으로 자신감을 잃고 의기소침해 하거나 상금에 무관심했던 중간층도 자신들을 현실에 초연했던 고고한 자들로서 합리화할지도 모른다. 결과적으로 협동하고 의지해야 할 성원 간에 불편한 관계만 형성하는 계기가 될 수도 있다.

또, 경쟁의 부정적 효과로 들 수 있는 것은 경쟁의 목표가 되는 행동에만 몰두함으로써 타 활동이 중지되거나 가치가 무시될 수 있으며, 목표 행동도 질적인 면보다 표면적이고 형식적인 면에 치우칠 우려가 있다는 점이다. 아울러 경쟁기간에 정상 이상의 노력 투자로 인해서 경쟁 기간이 만료된 후에는 반동적으로 노력이 더욱 줄어드는 현상이 나타날 수 있어 전체적으로 보면 경쟁 효과가 별로 없는 단지 상금만 낭비된 결과가 될 수 있다.

이상의 문제점을 감안할 때, 동기 유발을 위한 경쟁은 가능하면 개인 단위보다 집단 단위로 이루어질 수 있도록 하는 것이 바람직하다. 뿐만 아니라 집단 간의 갈등도 극소화하면서 집단 내의 결속도 강화시킬 수 있는 집단 단위 경쟁이어야 한다. 일례를 들면, 집단성과의 상대 평가에 의한 보상보다는 사전에 정해진 절대 기준에 따라서 보상되어지는, 즉 집단 자체의 성취감이나 능력감도 아울러 맛볼 수 있는 집단 단위 경쟁 방법을 생각해 볼 수 있다. 집단의 구성에 있어서도 전문인 소수를 포함한, 능력상의 수준 차를 갖는 7~8명으로 구성함으로써 집단 명예 획득을 위한 집단 총화 과정에서 각 성원은 강한 책임감과 전적인 몰입이 일어나 강력한 상호 작용 효과를 일으킬 수 있다. 군대에서 흔히 사용하는 각 제대별 경연 대회가 이에 해당한다. 교관에 의한 일방적인 교육에서의 총검술이나 태권도는 싫증나고 숙달되기 어려운 과목이었지만, 분대 대항 경연 대회를 위한 총검술이나 태권도는 개인자유 시간까지 자발적으로 활용하면서 익히려고 하는 흥미로운 과목이 될 수 있다. 뿐만 아니라 소속 집단에서 그 일에 대해 능숙한 구성원은 수준미달의 구성원에게 헌신적으로 자상하게 교육함으로써 집단 내 능력의 상향평준화뿐 아니라, 심리적으로 지배와 의존 또는 자존심과 안정감을 느끼게 만드는 부수적인 효과도 있게 된다. 여기에 경쟁심을 촉구하고 공정한 게임이 될 수 있도록 중간 평가를 공표한다면, 더욱 효과적일 것이다. 인간은 단지 기록을 갱신하는 것만으로도 큰 성취감을 맛볼 수 있기 때문이다.

만약 집단 간의 능력 차이가 심하여 집단 간 경쟁이 비효과적일 경우이거나, 개인 단위 경쟁일 경우는 상호간의 반목, 질시가 일어나지 않도록 경쟁목표를 감정이나 인격적 측면이 개입되지 않는 것으로 하며, 가능하다면 공동의 적을 제거하거나 공동의 이익이 되는 것으로 선정해야 한다. 예를 들면, 무사고, 환경미화, 품질 개선, 아이디어 개발, 비용 절감 등과 같은 것이다. 각 개인의 성과를 기준으로 한 성과급제도는 타인에게 어떤 피해도 주지 않는다는 점에서 비교적 바람직한 제도라 할 수 있다. 반면 투지를 기른다는 목적 아래 많은 동료들이 지켜보는 가운데 권투 시합을 시켰을 경우, 피투성이가 되어 쓰러진 패자의 자존심은 영영 회복하기 어려울 것이다.

집단의 규범이나 분위기가 정착되기 이전의 불안정한 시기에 경쟁을 시킨다면, 공정한 경쟁이 되기 어려울 뿐만 아니라 기존의 질서 및 인간관계를 더욱 파괴시키는 결과를 가져오기 쉽다. 예를 들면, 동료 간의 인간관계도 채 형성되기 전인 신병 훈련소에서의 경쟁이나 많은 인원이 교체된 부서에서의 직책 안배를 위한 기초 평가적 경쟁의 경우라면, 이미 긴장이 심한 상황에서 승패의 결과가 미치는 영향이 상대적으로 크기 때문에 오로지 경쟁 자체에만 몰입하게 되어 여타의 활동이나 가치가 무시된다.

(5) 참여적 방법(Participation)

참여적 방법이란 리더의 의사결정에 부하들이 참여하는 것으로 리더의 일방적 지시 및 강제에 의한 지시적 방법과 대조를 이룬다. 지시적 방법이 동기 유발 면에서 많은 부작용을 내포하고 있었던 반면 참여적 방법은 여건만 허락한다면 동기 유발을 위한 가장 이상적인 접근 방법이 될 수 있다.

참여는 부하들이 자신들의 업무 수행의 종류 및 방법에 대해 리더와 함께 결정하는 이른바 '자율과 책임'이 부여되는 관리 스타일로서 참여의 정도가 클수록 각 개인의 인격 존중 및 발전이 보장되는 민주적 지휘라 할 수 있다. 참여의 폭은 업무뿐만 아니라 조직 내 전반에 걸친 것으로 예를 들면, 작업 조건에서의 불평불만이나 만족스런 상태에 대해서 당사자인 그들의 의견을 들어 지휘 관리에 반영한다든가, 부하들의 관심 사항이나 불안을 야기 시키는 중요 사항에 대해서 그들과 함께 결정한다든가, 각개 부하의 전문적 능력을 인정해 주고 발휘할 수 있는 기회를 제공해 주는 것 등이다.

이로써 부하들은 업무를 수행하는 한낱 수단적 위치에서 업무를 계획하고 통제하는 주도적 존재가 되어 여러 가지 심리적 만족감을 얻을 수 있다. 인간은 원래 자기 통제 하에 수행하는 업무에서 보람과 의의를 느끼며, 일은 재미가 있고 계속하고 싶은 것이다. 또한 인간은 위협받지 않은 정상조건일 때 최대의 효율성이 발휘되어질 수 있기에 참여적 방법은 바로 이런 심리적 기초에서 출발한다.

자발적으로 설정한 업무 목표이기에 이에 대한 도전감, 성취감, 성장감을 맛볼 수 있으며, 자신이 결정한 업무이기에 자신들의 것으로 적극 수용하고, 이에 따른 책임감도 강하게 느끼게 된다. 결정 과정에서의 토의는 업무의 구체적 내용 및 업무의 전체 과정을 이해하게 만들고 구성원 간의 원활한 협조를 유발하고, 불필요한 불안을 제거하므로 업무 수행의 효율성을 기할 수 있다.

요컨대 참여적 방법은 인간의 고차적 욕구 즉, Maslow의 4,5단계에 해당하는 자존심, 자아실현 욕구를 자극하는 방법이기에 그 이하의 작업 조건이나 대상들에게서는 효력이 나타나지 않는다. 특히 리더가 부하들을 불신하는 부정적 인간관, 즉 X이론적 견해를 가진 리더이거나, 욕구 수준이 3단계 이하의 수준에 머물러 있는 부하들이거나, 부하들이 업무에 대한 전문지식이 결여되어 있는 경우이거나, 집단의 목표가 불명확하거나 구성원으로부터 수용되지 않는 경우에는 부적합한 접근법이 될 수 있다. 따라서 참여적 방법 사용을 위한 조건들을 열거하면 다음과 같은 것들이 있다.

① 리더가 중요한 의사결정을 할 수 있는 권한을 가지고 있어야 한다. 즉 참여는 리더의 권한 내에 있는 문제들에 대해서만 가능하다. 권한 밖의 사항에 대해 아무리 훌륭한 참여적 결정의 결과를 얻었다하더라도 무용지물이기 때문이다.

② 시간 압박이 없어야 한다. 즉각적으로 반응하는 것이 요구되는 비상사태 또는 위기 상황에서는 다양한 의견을 수렴할 만한 시간도 없을 뿐만 아니라, 참여적 결정이 추구하는 각자의 이익과 주장이 보호되는 업무 수행 절차도 따를 수 없다.

③ 부하들이 적절한 지식과 능력을 가지고 있어야 한다. 만약 지식이 없다면 부하들은 의사결정의 개선에 별로 공헌할 수 없다. 창의성이 요구되거나 리더가 해결하기 어려운 전문적 영역의 업무일 경우 부하들의 참여가 적극적으로 유도되어야 한다.

④ 부하들이 기꺼이 참여해야 한다. 참여적 방법 자체가 부하들의 적극적 참여에 기초하고 있기 때문에 적극적 참여가 없이 이 방법은 성공할 수 없다. 만약 부하들이 리더를 싫어한다거나 리더가 부하들의 제안을 무시할 것이라는 막연한 불신을 지니고 있거나, 리더가 부하들의 제안에 대한 책임을 떠맡지 않으려는 무사안일적 태도를 갖고

있다면, 부하들이 적극적으로 참여하려고 하지 않을 것이다.

⑤ 리더가 참여적 기법의 사용에 숙달해야 한다. 단순히 참여적 방법을 신뢰하고 부하들과 협의하는 것이 좋은 것만이 아니다. 부하들의 참여를 허용함으로써 일이 엉뚱하게 흘러가 버릴 수 있다. 사태를 진지하게 파악하고 이에 대한 효과적인 대안 제시 정도가 가능하도록 회의 분위기를 이끌기 위해서는 리더의 역량이 중요하게 작용한다. 목표가 불분명하거나 그들이 수용하기 싫어하는 업무일 경우는 차라리 지시적 방법이 효과적이다.

모든 문제 상황에서의 일률적인 참여적 방법의 사용은 시간의 낭비일 뿐만 아니라 차후 모든 의사결정에 영향을 미치려고 하는 부하들의 과잉 기대를 유발하게 되어 부하들과의 갈등의 원인이 된다. 또한 참여적 방법을 광범위하게 사용할 경우, 부하들에게 리더가 전문 지식, 주도권 및 자신감이 결여된 것으로 인식되어 허약한 리더로 여겨질 수도 있다.

나. 기대 이론에 바탕을 둔 동기 유발 방법

부하들은 자신이 열심히 일하면 그들이 정말 필요로 하는 가치 있는 그 무엇을 얻을 수 있다고 믿어질 때 열심히 일하게 될 것이다. 반대로 성과와 연관된 보상이 그들이 원하는 것이 아니거나 미흡하다고 느껴지면 그 같은 행동은 더 이상 열성적이지 않을 것이다. 이점에서 앞에서 제시한 여러 동기 유발 방법은 특정의 욕구 충족 수단만을 단순하게 활용하고 있기에 특정한 욕구계층의 대상자에게만 유효한 동기 유발 방법일 수밖에 없다.

인간은 이성적 존재이기 때문에 그들의 행동이 보다 많은 가치를 취득할 수 있는 행동일 때 더욱 열심히 하려고 한다. 그러므로 행동의 수행 여부 결정 과정에서 일반적으로 고려하는 조건은 첫째, 제시된 보상 가치의 크기이며, 둘째 그 보상이 자기가 원하는 것이라면 어느 정도의 수고에 의해서 얻어질 수 있는 것인지, 즉 보상의 수고에 대한 상대적 가치를 판단하려 할 것이며, 셋째 요구되는 수고의 수준은 자신의 능력으로 해낼 수 있는 것이냐에 대한 판단이다. 즉, 행동할 경향성은 보상가치(V: Valence), 도구성(I: Insturmentality), 기대감(E: Expectancy)이 높아야만 일어난다. 이러한 논리적 가정을 기초로 Vroom에 의해 기대 이론이 제안되었다.

종전의 동기 유발 방법이 어떤 특정의 고정적 상황에서만 효과적일 수 있는 비교적 단순한 이론인 데 반해, 기대 이론은 동기 수준을 결정하는 다수 요인을 포함하는 보다 구체적인 이론이라 할 수 있다. 즉, 부하의 욕구, 조직이 제공하는 보상, 업무 성과들 간의 상대적 관계를 고려한 보다 광범위한 상황에서 두루 사용 가능한 동기 유발 방법이다. 또한, 기대 이론은 무엇이 인간을 움직이게 하느냐와 같은 행동의 구체적 원인만을 밝혀 동기 유발을 모색하는 내용 이론적 접근법이 아니라, 무엇이, 어떻게, 어떤 과정을 거쳐서 동기 유발이 되는가를 밝혀주는 과정 이론으로서 리더로 하여금 동기 유발의 극대화를 위한 행동지침까지 시사하고 있다. 반면 실용상의 문제점은 업무의 성과나 보상을 양(量)화하기 곤란한 업무 상황에서는 적용이 곤란한 점이 있다. 상호 의존적 업무로서 각 개인의 기여도 구분이 어렵거나, 질 위주의 업무로서 객관적으로 평가하기 곤란하거나, 칭찬, 인정 등 내적 보상이 주어지는 경우이다.

[그림 2-8] 기대 이론 과정 모형

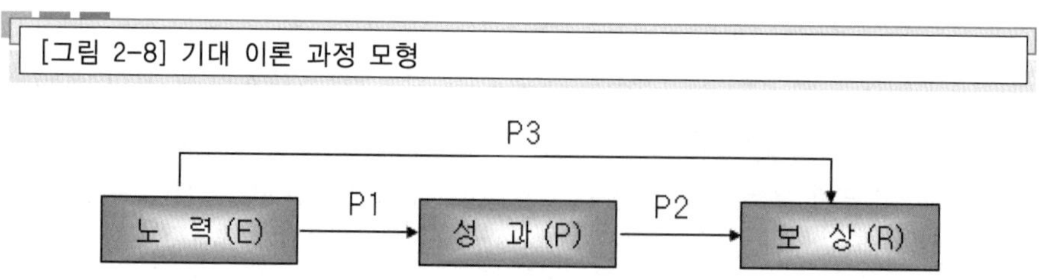

앞서 설명한 Vroom의 기대 이론은 실무상에 있는 지휘 리더들에게 부하

들의 동기를 극대화시키기 위한 여러 가지 처방을 시사해 주고 있다. 기대이론 모형을 단순화하면 [그림 2-8]처럼 도식할 수 있다. 여기서 P1, P2, P3의 확률을 극대화할 수 있는 지휘 관리적 처방이 바로 조직 내에서 직무동기를 높일 수 있는 방책이 될 수 있다.

(1) 부하의 욕구와 보상의 연결(P3 증가 방안)

부하 각 개인의 욕구에 맞춰 조직에서 가용한 보상을 효과적으로 연결시켜 줌으로써 추가적인 재원 없이 보상 가치를 상대적으로 높일 수 있으며, 부하들의 만족도도 높일 수 있다. 이를 위하여 지휘자는 다음과 같은 사항들을 조치해야 한다.

부하의 욕구를 파악하고 아울러 그들이 원하는 보상을 파악한다.

조직에서 가용한 보상을 파악하고, 각각의 보상에 대해 높은 가치를 부여하는 자를 파악한다. 한정된 물질적 혜택, 다수의 부하가 원하는 직책, 직위, 업무 내용, 근무지, 근무 시간대, 휴가의 시기 및 기간, 할부 구입의 상품 등은 조직이 활용할 수 있는 보상이 될 수 있으며, 이는 또한 사람의 성격에 따라 가치 부여의 정도가 다르기 때문에 선별적으로 잘 짝지어 사용한다면 더욱 보상력을 발휘 할 수 있다.

(2) 업무 성과와 보상의 연결(P2 증가 방안)

성과와 밀접하게 연결시켜 보상하는 것은 조직이나 개인의 목표를 달성하는 계기를 마련하는 것이 된다. 개인은 자신의 욕구 충족 수단으로써, 조직은 조직 목표 달성의 수단으로써 구체적인 업무 성과가 이용되기 때문이다.

- 성과와 관련한 보상 체계를 수립한다: 조직이 바라는 업무 성과와 개인이 바라는 보상 가치를 연결시킨 후 이를 부하가 이용할 수 있도록 알려 주어야 한다. 그리고 이 같은 성과 수준이 나타나면 즉각적으로 보상하여 이를 신뢰할 수 있도록 하여야 한다. 성과와 무관하게 막연

히 제공되는 보너스나 특전은 차후의 성과 수준에 영향을 미치지 못하는 단순한 자원 낭비에 불과하다.

- 보상의 공정성을 유지한다: 보상의 지각에는 개인차가 있기 때문에 인간을 동기화시키기 위해서는 원칙적으로 각 구성원에게 서로 다른 보상을 사용할 필요가 있다. 같은 보상 품목이라 하더라도 업적 평가가 객관적으로 이루어지지 못하는 경우, 각자는 자신의 업적에 대한 보상의 주관적 평가로 인해서 상대적 결핍감을 느껴 불만을 가질 수 있다. 여기서 공정성이란 누구나 같은 수준의 보상을 주는 균등 보상을 의미하는 것이 아닌, 성과나 노력 수준에 해당하는 비율의 보상을 주는 것을 말한다. 이를 위하여 사전에 평가 기준과 보상 품목을 밝히고 결과를 공개하는 것이 좋다. 이로써 불만을 해소할 수 있을 뿐만 아니라 보다 큰 보상 가치를 얻기 위하여 더욱 노력하는 풍토가 이루어진다. 만약 공정성이 결여된 것으로 느껴지면 노력의 투자보다는 요행을 바라게 된다.
- 성과 보상 체계를 알려 주어라: 사전에 성과와 보상 체계를 알려 주어 보다 많은 사람이 관심을 갖고 참여하도록 유도하며, 중간 중간에 각자의 목표 달성 정도를 공표하여 상호 경쟁의식을 자극하고, 또한 보상 결과를 공개함으로써 평가의 공정성과 명예심과 수치심도 느끼도록 함이 효과적이다.

(3) 직무와 부하의 연결(P1 증가 방안)

부하의 능력이나 성격 특성에 따라 선호하는 업무가 다르므로 부하의 적재적소 배치가 이루어져야 한다. 이로써 업무 효율성과 흥미가 유발된다.

부하의 욕구에 맞춰 작업을 설계한다. 사람에 따라서는 단순 반복되는 비교적 작업 수행이 용이한 작업을 원하기도 하지만, 일반적으로 인간은 직무가 다음과 같은 조건을 갖추고 있을 때 만족하므로 이 같은 요건을 충족시키도록 작업을 설계해야 한다.

① 개인에게 과제가 의미 있다고 생각되어야 한다.
② 직무 수행 과정에서 자율성이 허용되어야 한다.
③ 직무 수행 결과에 대한 피드백이 있어야 한다.
④ 수행에 한 가지 기술만이 아닌 다양한 기술이 요구되어야 한다.
⑤ 부분품 공정이 아니라 완제품이거나 독립적인 의미를 지녀야 한다.
⑥ 과제 수행의 난이도가 비교적 높아야 한다.

- 직무에 맞춰 부하를 배치한다: 사람에 맞춰 직무를 재편하는 것이 비경제적이거나 불가능할 경우에는 일에 맞춰 사람을 선발하거나 재배치하는 것이 효과적일 수 있다. 이를 위하여 무엇보다도 먼저 직무분석이 있어야 한다. 즉 어떤 직무가 수행되기 위해 필요한 기술적 속성과 심리적 특성이 먼저 파악되어야 한다. 무조건 우수한 자원이라 해서 좋은 것도 아니며, 값싼 임금 지불 조건이라 해서 저급 인력 채용이 효과적인 것도 아니다. 직책에 비해 너무 우수한 인력은 갈등과 불만으로 주어진 업무에 소홀할 수 있으며, 너무 낮은 능력은 실수로 인한 손실이 더 클 수 있다. 왜냐하면 이를 방지하기 위한 추가적인 교육 훈련비가 더 클 수도 있기 때문이다.
- 부하의 직무 기술을 향상시킨다: 직무에 부하를 적응시키는 또 하나의 방법은 교육 훈련에 의해서 직무 기술을 향상시키는 것이다. 특히 현대와 같은 급속한 기술의 발전과 변화에 적응케 하기 위해서는 직무 재교육이 필수적이다. 직장인에게 있어서 스트레스의 주범은 주어진 업무에 대한 무능력감에서 느끼는 것이므로 주어진 일을 잘 감당할 수 있도록 교육함으로써 능력감과 성취감을 갖게 되고, 일 자체에 흥미도 갖게 되어 지속적인 발전이 가능하게 된다. 적성과 흥미는 상호 작용의 관계로서 적성에 맞아서 흥미가 유발되기도 하고, 흥미가

있으므로 적성도 갖춰지게 된다.

- 도전적이고 달성 가능한 업무 목표를 설정해 준다: 주어진 업무 목표가 너무 높거나 너무 낮을 때, 부하는 아주 자신감을 잃거나 자만심 또는 무관심을 갖게 되어 업무 성과가 낮아지게 된다. 반면 높지도 낮지도 않은 적절한 수준의 업무 목표 수준일 때, 도전감을 갖고 최선을 다하게 되며 높은 확률의 성공감도 가지게 된다.

다. 목표 설정 이론을 이용한 동기 유발 방법

앞부분의 동기 유발 이론 중에서 목표 설정 이론에 관해서 언급했었다. 목표 설정 이론에 대한 연구 결과에 의하면, 목표가 구체적이고, 어렵고, 목표 달성에 대한 내·외적인 보상이 있는 경우에 동기 유발이 이루어진다는 것이었다. 바로 이러한 결론을 실제 조직에 적용시킨 기법 중의 하나가 목표에 의한 관리 방법(management by objectives: MBO)이다. 오늘날 MBO는 조직의 계획 및 통제 그리고 전반적인 조직성과의 평가 기법으로 폭넓게 이용되고 있다. 사실 MBO는 목표 설정 이론에 앞서 제시된 기법이었으나, 목표 설정 이론이 적용되면서 실제적인 기법과 이론적인 배경을 갖추게 되어 발전한 것이다.

MBO는 목표 설정과 결과 평가에 체계적 방법을 이용함으로써 조직의 성과와 부하들의 만족, 둘 다를 증진시키고자 하는 관리 기법이다. 따라서 이 제도는 크게 목표 설정과 평가의 두 부분으로 나누어진다. MBO의 목표 설정은 Locke의 이론에서 나온 것인데, 기존의 목표 설정과 다른 점은 다음과 같은 것이다.

① 종래의 목표는 대개 지시된 것이었으나, MBO에서의 목표 설정은 리더와 부하들 간의 공동 목표 설정이다. 이러한 공동 목표 설정은 Locke의 이론에서와 같이 부하로 하여금 조직의 목표가 자신의 목

표라는 주체의식을 보다 많이 가지게 하여, 목표 몰입을 가져와서 동기를 유발시킨다.

② 목표가 결과 지향적이다: 이는 객관적이고 측정 가능한 명확한 목표가 주어진다는 것을 말하는데, 따라서 통제가 용이하고 평가에 따른 불만을 감소시킬 수 있다.

MBO에서의 목표 설정 과정을 보면, 우선 전반적인 조직의 예비 목표가 최상위층에서 작성되어 밑으로 전달된다. 예비 목표는 조직의 전반적 성과에 가장 큰 영향력을 미치는 중심적 결과 분야, 즉 판매량, 시장 점유율, 제품 생산, 서비스의 질 등의 관점에서 수립된다. 또한 예비적 목표도 객관적으로 측정될 수 있는 형태로 표현되고, 목표 달성의 기한과 그에 필요한 행동 계획까지 세분화된다. 그러나 이러한 세분화 과정에서 리더와 구성원 간의 충분한 논의를 거쳐 구성원의 목표의 합이 상급자의 목표가 되는 상향적인 요소가 포함된다. 즉, 리더의 예비적 목표는 구성원들의 목표라는 피드백을 거쳐서 완전한 목표로 확정된다. 따라서 목표 설정은 개인 또는 조직 단위의 참여에 의한 자체 결정이 지켜지는 범위에서 상부에서 하부로 하부에서 상부로의 쌍방향 의사소통에 의해서 그 조정이 이루어지는 것이다.

MBO에서 목표가 그 효용성을 발휘하려면 특히 다음과 같은 점에 유의해야 한다.

① 목표는 측정 가능하고 계량적이어야 한다.
② 목표는 구체적이어야 한다.
③ 목표는 기대되는 결과를 확인할 수 있는 것이어야 한다.
④ 목표는 각 리더 또는 조직 단위의 능력 범위 내에 있어야 한다.
⑤ 목표는 현실적이고 달성 가능하여야 한다.
⑥ 목표는 그 달성에 필요한 시간의 제한을 명시하여야 한다.

4. 동기 유발을 위한 제 변수의 활용

가. 보상과 처벌의 사용

동기 유발 방법에 있어서 가장 보편적이고 쉽게 생각해 볼 수 있는 것이 보상과 처벌이다. 일반적으로 보상을 주는 것은 주지 않거나 무관심한 것 보다 효과가 크다고 한다. 또한 이러한 보상은 반드시 물질적인 것은 아니고 언어적 칭찬이나 벌도 동기 유발 효과를 갖는다. 언어적인 방법은 공개적 칭찬, 개인적 질책, 공개적 질책, 개인적 조롱, 공개적 조롱의 순으로 효과를 가진다. 이러한 결과에도 개인차가 따르는데 개인적인 처벌은 우수한 학생에게 공개적인 칭찬은 열등한 학생에게 보다 효과적이며, 또한 질책은 남자에게, 칭찬은 여자에게 보다 효과적이라고 한다.

처벌은 리더에게 가장 생각하기 쉽고 사용하기 편한 도구이기 때문에 자주 사용된다. 그러나 그러한 편리함보다도 훨씬 더 많은 부작용과 고려 사항들이 있다. 여기에서는 처벌의 효과적인 사용과 부작용을 최소화할 수 있는 원칙들에 대해서 살펴볼 것이다.

물질적인 보상의 사용은 학습 심리학에서의 보상에 대한 연구에서 시사점을 얻을 수 있다. 여기에서는 일반적인 보상의 사용 원칙과 물질적인 보상에 있어서 가장 흔히 언급되는 화폐 보상에 대해서 언급할 것이다. 물론 수많은 형태의 물질적 보상이 있을 수 있으나, 그 중에서도 실제 조직에서 사용되는 비중이나 사회 일반적인 의미를 생각할 때, 화폐적인 보상은 더 세밀하게 살펴볼 필요가 있다.

(1) 처벌의 사용

보상이 어떤 행동의 촉진효과를 가져오는 반면, 처벌은 특정 행동을 억제시키는 효과를 낸다는 점에서 상대적이다. 보상과 처벌은 리더가 사용하는 매우 직접적인 동기 유발 도구이지만, 처벌은 보상에 비해 부정적 효과를 일으킬 가능성이 크다. 처벌이 효과적이라면 다음과 같은 점을 고려하여야 한다.

① 처벌은 강할수록 효과가 있다. 약한 처벌은 일시적으로 바람직하지 않은 행동을 억제할 뿐이다.
② 일관성 있는 처벌은 약하더라도 효과가 있다.
③ 처벌은 부정적인 행동이 발생한 즉시 주어질수록 효과가 있다.
④ 피처벌자가 처벌자에 적응이 되면 효과가 없다. 이 경우 약한 처벌에 적응이 되면 큰 처벌도 효과를 상실한다.
⑤ 교육 수준이 높은 사람에게는 약한 벌도 효과가 크다.
⑥ 부정적인 행동이 발생하지 않았을 때 보상을 주면 처벌의 효과가 크다.

처벌은 효과적인 경우가 있는 반면에 많은 부정적인 결과를 가져올 수 있다. 대부분의 경우 처벌의 행동 억제 효과는 일시적이며 처벌의 사용 가능성이 사라지면 효과도 사라진다. 또한 처벌은 바람직하지 않은 행동은 억제하지만, 바람직한 행동을 유발, 촉신시키기는 어렵다는 난섬을 가시고 있으며, 특히 가해자에 대해서 감정적인 적대감이 유발되면 정당한 요구의 수용도 거부될 수 있다는 위험이 뒤따른다. 따라서 처벌의 효과를 증대시키고, 부작용을 줄이기 위해서는 다음과 같은 주의가 필요하다.

① 처벌이 엄해야만 효과적인 것은 아니다. 어쩔 수 없이 빚어진 잘못에 대해서는 처벌을 하면 안 된다. 귀인 이론에 의하면, 부정적인 결과는 대개 행위자의 감정을 유발시키는데, 이러한 감정을 다음 시행에서 더 높은 동기 유발로 유도하는 데 있어서는 처벌은 매우 좋지 않은 방법이다.
② 처벌자는 절대로 흥분해서는 안 된다. 흥분은 불의의 사고를 유발할 수 있다.

③ 상급자를 하급자 앞에서 질책하거나 벌주어서는 안 된다. 이러한 행동은 때로 상하급자 모두의 반발을 불러일으킬 염려가 있다.

④ 처벌은 보상과 마찬가지로 '형평의 원칙'에 어긋나면 안 된다. Adams의 공정성 이론에서 시사 하는바와 같이, 불공평의 경험은 지각의 변화를 수반할 수 있는데, 이 경우에는 자칫 부정적인 행동이 정당한 것으로 지각되는 반면에 처벌자의 행동은 부정적인 것으로 지각될 가능성이 있다. 또한 처벌이 주어진 후, 만일 잘못된 행동이 아니라는 것이 발견된 경우에는 적절한 방법으로 이를 보상해 주는 것이 형평성을 유지하는 방법이다.

⑤ 대인관계가 좋은 사람이 처벌을 하는 것이 효과적이며, 처벌보다는 보상이나 사랑의 철회가 더 효과적인 방법이다.

처벌은 적은 노력과 비용이 들면서도 효과가 즉각적이기 때문에 선호되는 경향이 있으나, 장기적 효과가 적고 부하의 수동성을 조장하여 조직을 침체시킬 가능성이 크므로 사용을 자제하는 것이 바람직하다.

(2) 보상의 사용

일반적으로 벌보다는 보상의 방법이 더 선호되고 있다. 이는 보상이 부하들에게 더 잘 수용되고, 성과를 증진시키며, 벌에 수반되는 부정적 효과들을 회피할 수 있기 때문이다. Bigoness 등(1983)은 효과적인 보상 방법의 4단계 계획을 제시했다.

① 1단계: 리더가 부하들이 수행하고 있는 일을 자세하고 체계적으로 파악하는 것이다. 즉 현재의 업무 수행 실태를 확실히 분석하고 숙지하는 것이다.

② 2단계: 부하가 수행하는 업무 실태와 조직 목표에 기초하여 리더는 부하가 각자 수행하여야 할 행동을 구체화한다. 구체화란 행동을 명

백히 정의하고, 측정 가능하도록 한다는 말이다. 즉 부하들 각자의 현재 업무 수행 실태와 행동 목표를 객관적 평가가 가능한 용어로 표현해야 한다. 이 과정에는 보상을 받게 될 조건, 평가 방법 및 시간 계획이 포함되어야 한다.

③ 3단계: 부하들 각자가 자신의 업무 수행 결과를 직접 기록하도록 하는 것이다. 이것은 부하 스스로 자신의 행동을 계획·평가하도록 유도함으로써 내적인 보상과 벌을 부여하는 효과를 기대할 수 있다. 기록의 시간 단위는 객관적 평가가 가능한 단위를 고려하여 설정한다. 업무 일지와 같은 것을 잘 활용하면 이 단계의 한 방법이 될 것이다.

④ 4단계: 리더가 부하의 기록과 관찰, 평가 등에 기초하여 업무 수행 결과에 부합되도록 2단계의 보상을 제공한다. 이러한 단계는 벌의 적용에서도 다소 변형시켜 적용 가능할 것이다.

강화물을 선택, 제공하는 과정에서 리더가 검토할 강화물은 크게 두 가지로 분류하여 볼 수 있다. 첫째는 외적 강화물로써 업무 수행 결과에 부가해서 부하가 획득하게 되는 강화물이다. 일상적인 강화물로는 휴식, 음식물, 금전, 진급, 타인들의 칭찬 등과 같은 것들이 있다. 이들은 하위 욕구 충족과 관계되므로, 특히 업무의 성격이나 부하들의 특징이 하위 욕구와 관련이 클 때 효과적이다. 둘째는 내적 강화물로서 업무 수행 자체에서 획득되는 강화물이며, 능력감, 성취, 자아실현과 같은 성장 욕구를 충족시켜 주는 것이다. 직무가 개인을 내적으로 동기화시킬 때, 사람은 가치 있는 것을 하고 있다는 느낌과 자신의 잠재력을 실현하고 있음을 느끼게 된다. 예를 들면 직무 내용에 대한 흥미, 성취 지향적인 분위기, 직무 수행의 자율성, 직업적 성장 가능성 등이다. 이들은 상위 욕구 충족과 관련이 크며, 일시적 충족보다는 지속적으로 보다 큰 충족을 추구하기 때문에, 리더는 내적 강화물을 부하들에게 제시함으로써 장기적이고 적극적인 업무 추진을 유도할 수 있다.

보상 효과를 증진시키기 위해 보다 구체적으로 리더가 고려해야 할 원칙들을 요약하면 다음과 같다.

① 조직의 목표와 개인의 욕구를 동시에 고려한다.
② 보상과 성과 간의 관계를 명확히 제시한다.
③ 보상 체계의 공평성과 통합성이 유지되도록 한다.
④ 내적 강화물을 적극적으로 활용한다.
⑤ 보상은 부하의 욕구 충족이 가능하도록 충분해야 한다.
⑥ 보상의 선정 시 개인의 선호를 충분히 고려한다.
⑦ 보상은 행동 직후에 제공한다.
⑧ 필요한 업무 수행 행동을 고려하여 강화 계획을 선정한다.
⑨ 업무의 특성에 따라 평가 단위를 결정하고 보상도 이에 따라 한다(개인별, 집단별, 조직전체).

처벌의 경우보다는 덜 하겠지만, 보상도 역시 부작용을 가져올 소지를 가지고 있다. 공정성 이론에서 자신의 투입에 비해 지나친 보상에 대해서도 불편감을 느끼며, 역시 공정성을 회복하려는 동기가 생긴다는 것을 시사하고 있다. 또한 개인 단위의 보상이 주어질 경우에는 과도한 경쟁이 발생하여 조직 전체의 협동이 저해될 가능성도 있다.

나. 화폐 보상의 사용

일반 조직체에서 가장 널리 쓰이는 동기 요인 중의 하나가 바로 화폐이다. 화폐는 다른 어떠한 동기 유발 수단보다도 자주 쉽게 사용되고 있으므로, 화폐의 보상적 가치에 대한 더 세밀한 고려가 필요하다.

(1) 동기부여 요인으로서 화폐의 의미

화폐는 단순히 하위 욕구로서의 돈, 즉 물질적 면만이 아닌 여러 측면의 성격을 가지고 있다. 화폐는 경제적인 의미에서의 교환 수단이나 가치 저장 수단만이 아니라 지위를 상징하는 것으로서 또는 개인이 원하는 것을 얻기 위한 수단으로서 역할을 하기도 한다. 이것을 획득하면, 결혼, 적극적 사회생활, 모임에의 가입 등과 같은 사회적 욕구를 충족시킬 수 있게 된다. 또한 권력, 명예를 얻을 수도 있으며, 자기 개선을 위한 여러 가지 방법(자아실현 욕구)으로 화폐를 쓸 수도 있다.

Herzberg의 2요인 이론에 따르면 화폐는 불만족 요인으로서 위생 요인의 역할을 하는 것으로 간주되고 있지만, 우리는 이것이 동시에 만족 요인, 즉 동기 요인의 역할도 하고 있음을 알 수 있다. 이러한 사실은 모순되는 것 같으나 그렇지는 않다. 화폐는 그것이 만족 요인을 대표하는 것으로 인식될 때에 동기부여 요인으로 작용한다. 즉 급료의 인상이 성공적으로 직무를 수행한 결과에 따른 것으로 인식된다면 그것은 동기 요인으로 작용한다. 보수의 증가가 승진과 결부되어 있을 때에도 마찬가지이다. 또한 보수의 증가가 개인의 책임 증대를 의미하는 것일 때, 이것은 그의 성과와 관련되어 강력한 동기부여 요인이 될 수 있다.

그러나 동기부여 요인으로서 화폐의 실제적인 영향력을 파악하는 것은 매우 어려운 일이다. 왜냐하면 인간은 태어나면서부터 돈을 추구하는 것이 아니라 다른 목적을 이루기 위한 2차 이상의 학습 과정이 포함되어 있기 때문이다. 즉 화폐는 음식, 옷, 갖가지 욕구 충족 등의 수많은 유인가들을 얻을 수 있는 복잡한 상징물인 것이다. 따라서 인간의 화폐에 대한 태도와 욕구는 지역과 개인에 따라 크게 다르게 나타날 소지가 많다. 예컨대 미국과 같은 자본주의가 발달한 나라에서는 돈에 대한 비교적 일관된 태도가 형성되어 있는 반면, 한국인의 경우에는 돈에 대한 태도가 다분히 이중적이다. 즉 한편으로는 돈에 대한 열망, 돈에 의한 가치 평가가 크게 이루어지는 반면, 또 한편으로는 돈은 지저분한 것이기 때문에 정상적인 인간관계에서 돈은 뒷전으로 돌려져야 한다는 태도가 잠재해 있다.

이렇듯 돈에 대한 우리의 태도는 여러 요인에 의해 학습된 것이므로, 어떤 사람에게는 화폐가 절대적인 동기부여 요인이 되는 반면 어떤 사람에게는 전혀 그렇지 않을 수도 있는 것이다. Herzberg(1969)은 이러한 점에 착안하여 그가 내세운 인간 욕구의 다차원적 개념에서 개인에 따라 차별적인 동기부여가 필요하다는 주장을 하고 있다. 경제적·물질적 부와 같은 목적 달성 수단에만 관심을 쏟는 사람을 '도구주의자' 혹은 '위생 요인 추구자'라고 명명하고, 이런 사람에게는 시간적 성과급이 가장 확실한 동기부여 수단이라고 말하고 있다.

동기부여 요인으로서의 화폐는 또 그 자체만 가지고 고려될 수 없고, 지위 등과 같은 다른 상황 요인들과의 관련 하에서만 파악되어야 하는 측면이 있다. Adams가 주장한 공정성 이론에서 보듯이 문제가 되는 것은 화폐의 절대액수가 아니고 주변 사람들의 수입과의 비교이다. 이런 점에서 높은 임금이라고 하여 반드시 높은 직무만족을 가져다주는 것이라고 말할 수 없다. 예컨대, A라는 사람의 급여가 10%인상 되었을 때, 그는 자기의 능력을 인정받아 인상된 것이라고 생각하여 만족감을 느끼고 더욱 열심히 일하리라고 생각할 것이다. 그러나 잠시 후 동료의 급여가 12%나 15% 인상된 것을 알았을 때 10%인상은 동기요인으로서가 아니라 불만족요인으로 작용하게 될 것이다. 또한 월급을 20만원 받는 사람에게 있어서 5만원의 보너스는 자극이 되겠지만, 200만원을 받는 사람에게 있어서 5만원은 크게 자극이 되지 못하고 오히려 모욕감마저 줄지도 모른다.

(2) 화폐적 보상의 동기 유발 원리

위에서 설명한 것처럼 중요하고, 여러 조직체의 보상 체계에서 중심적인 위치를 차지하고 있는 화폐 보상을 어떻게 하면 보다 효과적으로 사용할 수 있을 것인가? 앞에서 동기부여 이론에서 나온 연구 결과들을 볼 때 다음과 같은 원리를 발견할 수 있다.

① 공정성 이론에 의하면 보상 체계에 있어서 공정성이 유지되어야 한다. 이는 단순히 어려운 과제, 우수한 업무 능력 등의 경우에 많은 보상을 해주어야 한다는 것뿐만 아니라, 성과를 판단할 객관적인 기준을 갖추어서 부하들에게 불공정하다는 지각이 일어날 여지를 최소화해야 한다는 것을 의미 한다.

② 기대 이론에 의하면, 성과와 보상 간의 관계가 분명히 널리 알려져야 한다. 보상체계가 성과와 연결되지 않는다면, 수단 관계에 대한 기대가 낮아져서 동기 수준이 낮아지게 된다. 또한 실제로 그러한 관계가 있어야 한다는 것보다는 성과-보상 간의 관계에 대한 지각이 종업원들에게 생겨야 한다는 사실이 더 중요하다.

③ 목표 설정 이론이 시사 하는바와 같이, 화폐는 목표의 구체적인 설정에서 매우 가시적인 기준이다. 그러나 주의할 것은 목표를 화폐로 설정하는 것은 장기적이고 궁극적인 동기 부여에는 역으로 작용할 수도 있다는 것이다. 즉, 목표로써 화폐를 지나치게 강조하다 보면, 종업원들이나 부하들의 내적인 동기나 다른 동기유발 요소들의 효과가 감소될 수 있다는 것이다. 특히 영리를 목적으로 하는 기업체가 아닌 다른 조직에서는 자칫 화폐 보상은 내재적 동기의 감소나 반발심을 살 우려가 있다는 점을 잊지 말아야 한다(신응섭외, 리더십의 이론과 실제, 2007, pp.427~477).

제 3 장

군과 리더십

제1절 환경변화와 리더십

제2절 리더의 영향력과 핵심역량

제3절 인간중심 리더십

제4절 임무형 지휘

LEADERSHIP

제3장 군과 리더십

제1절 환경변화와 리더십

> 전쟁의 승패는 군사의 수가 아니라 전장 환경을 극복하려는 군인의 마음가짐에 달려있다.
>
> — 충무공 이순신 —
>
> 끊임없이 밀려오는 새로운 변화를 수용하지 못하는 리더는 오히려 조직의 발전을 저해한다.
>
> — 아이젠하워 —

1. 리더십 환경변화 및 리더십 역량과 사례

가. 리더십 환경변화

리더십은 인간이 조직을 이루고 공동목표달성을 위해 활동한 이래 인간과 함께 계속해서 존재해 왔다. 리더십의 구성 요소는 리더와 구성원, 그리고 상황이다. 세 요소는 상호 밀접한 관계에 있으며 환경변화에 따라 많은 영향을 받는다. 동서고금을 막론하고 리더십이 추구하는 궁극적 목표는 조직의 목표달성이다. 그러나 시대에 따라 다양한 리더십 이론과 시행 방법이 발생하는 것은 조직을 둘러싸고 있는 환경의 변화 때문이다.

리더십에 영향을 주는 환경변화는 당대 문명의 원동력으로부터 전장 환경의 변화까지 매우 다양한 영역에 걸쳐 일어난다. 인류문명사적 변화의 원동력과 전장 환경은 시대별로 많은 연관성이 있다. 원시수렵사회에서 농경사회로 변화에 성공했던 이집트나, 산업시대를 주도했던 영국, 지식정보화시대를 선도하고 있는 미국 등은 이러한 변화를 적극적으로 수용하여 정치, 경제, 군사 등 모든 면에서 세계 최강국의 반열에 올랐다. 그들의 군대 또한 환경변화에 적합한 당대 최강의 군대를 건설함으로써 국가번영의 첨병역할을 다하였다.

오늘날의 전장 환경은 군사과학기술의 발달로 급속도로 변화하고 있다. 〈표 3-1〉은 21세기가 산업사회에서 지식정보화사회로의 인류문명사적 대전환기라는 사실을 잘 보여주고 있다. 이와 같은 전환기적 상황은 우리 군의 근본적인 변화와 자기혁신을 요구하고 있다. 〈표 3-1〉에서 보듯이 첨단화된 무기체계 및 정보·통신기술의 발달은 광범위한 지역에서의 분권화 작전 실시를 가능하게 하고 있다. 또한 전장상황도 시시각각으로 급변하여, 실시간 상황조치의 중요성이 점점 증가하고 있다. 그러나 임무를 부여한 상관과 이를 실행하는 부하는 전장의 광역화로 인해 과거보다 공간적으로 더 이격된 곳에 위치하게 되어 부하에 대한 상관의 적시 적절한 지시 및 조치가 어렵게 되었다. 현장 지휘관이 스스로 상황변화를 인식하고, 판단하여 주도적으로 대처하는 자율적이고 창의적인 임무 수행이 요구되고 있다. 따라서 우리는 시대적 환경변화에 따른 영향과 장차전양상을 고려하여 변화와 혁신의 방향을 설정하는 것이 중요하다. [그림 3-1]에서 알 수 있듯이 지식정보화시대 전쟁의 핵심요소는 지식과 정보이며 우리 군의 변화와 혁신은 이러한 지식과 정보를 가장 잘 획득하고 활용하는 것에 초점을 맞추어야 한다.

〈표 3-1〉 인류문명 발전과 전쟁양상 변화

구 분	농경사회	산업사회	지식정보화사회
변화 시기	B.C 7000년경	1970년대	1990년대
변화 동인	농업혁명: 도구발명	산업혁명: 증기기관발명	인터넷 혁명: 디지털기술발명
핵심 요소	노동력, 토지	기술력, 경제력	지식, 정보
전쟁 양상	병력에 의한 집단 백병전	기계, 조직에 의한 대규모 기동/화력전	지식,정보,네트워크에 의한 통합지식정보전
전력 구조	병력집약형	기계, 자본집약형	정보집약형
지휘 구조	장수중심구조	수직적 다계층구조	수평적 네트워크구조
파괴, 피해	노획, 포로	대량파괴, 대량살상	정밀파괴,소량피해
전장 공간	1차원(지상)	3차원(지.해.공)	5차원(지.해.공.우주.사이버)
전투 형태	선 형	선형,비선형 (대부대,집중)	비 선 형 (소부대, 분산)

[그림 3-1] 문명 원동력과 전쟁양상 변화

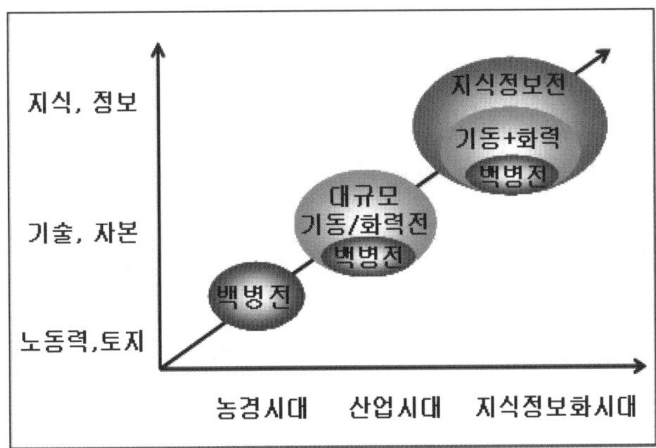

나. 초급간부에게 필요한 리더십 역량

(1) 솔선수범

리더가 구성원에게 '어떻게 동기를 부여하여 영향을 미칠 것인가?'가 리더십에서의 핵심이라는 것을 앞에서 알아본 바와 같이 리더가 구성원에게 자발적인 참여를 유도하기 위해서는 먼저 솔선수범하여 구성원에게 모범을 보이는 것이다. 그리고 존중과 배려, 인정과 칭찬 등으로 구성원의 마음을 움직여 자발적인 참여를 유도하는 것이 가장 바람직한 방법이라고 할 수 있다.

솔선수범은 리더가 먼저 행동으로 실천함으로써 구성원에게 모범을 보이는 것이다. 즉, 어렵고 힘든, 그리고 부하들이 먼저 하기 싫어하는 일 등을 리더가 먼저 행동으로 실천하는 것이다. 리더의 솔선수범은 조직이 요구하는 바를 먼저 몸소 보여줌으로써 사고와 행동의 방향을 제공할 뿐만 아니라 구성원에게 동기를 부여하여 자발적으로 행동하도록 하는 등 직접적이고 긍정적 영향을 미치는 중요한 요소이다. 따라서 현장을 중시하여 위험하고 어려운 상황일수록 솔선수범을 통해 모범을 보여야 한다. 특히, 전장에서 리더의 솔선수범은 진두지휘로 나타나며, 이러한 진두지휘는 구성원의 전의를 고양시켜 승리를 쟁취할 수 있게 한다.

이처럼 솔선수범은 리더가 항상 모범이 되어 행동으로 보이는 것이다. 그럼 어떻게 해야 하는지의 방법적인 측면에서 알아본다면 다음과 같다.

- 역할모델이 되라
- 자신에게 엄격하라
- 희생정신을 발휘하라
- 말과 행동을 일치시켜라
- 현장에서 지휘하라
- 자기 본연의 역할을 수행하라

첫째, 역할모델이 되어야 한다. 역할모델이 되라는 것은 부하가 보고 따라 할 수 있는 좋은 본보기가 되라는 의미이다. 지식과 경험이 부족한 부하는 리더에게 의존하거나, 동일한 상황에서 보여준 리더의 행동을 모방하게 된다. 피·아 교전이 치열한 전투현장에서 부하는 '공격 앞으로!'라는 명령과 함께 용감하게 선두에서 적진으로 뛰어나가는 리더의 모습을 보면서 용기를 내어 돌격할 수 있다.

둘째, 말과 행동을 일치시켜야 한다. 말과 행동을 일치시키라는 것은 자신이 말한 바를 행동으로 실천하라는 의미이다. 부하들은 리더의 말보다 행동을 보고 따른다. 리더가 법규를 준수하라고 강조하면서 스스로는 지키지 않거나, 지시사항을 수시로 번복하는 일, 부하들과의 약속을 지키지 않는 일들이 반복되면 신뢰와 권위를 잃게 된다.

셋째, 자신에게 엄격해야 한다. 자신에게 엄격하라는 것은 자기관리를 철저히 하라는 의미이다. 리더는 부대의 대표자이자 자기 삶의 주체자이기도 하다. 그러나 이를 완전히 분리하여 생각할 수 없으므로 군인으로서의 삶과 목적의 가치(신조), 목표를 명확히 설정하여 실천해 나가야 한다.

넷째, 현장에서 지휘하는 것이다. 현장에서 지휘하는 것은 부대·부하와 함께 하라는 의미이다. 리더가 현장에 직접 위치하거나 관심을 갖게 되면 부하들을 심리적으로 안정시키고 사기를 높일 수 있다. 또한 실상을 정확히 파악하여 시행착오를 줄이고, 임무수행의 완전성을 보장할 수 있다. 가능한 한 현장에서 부하들과 함께 임무를 수행하되, 제한될 경우에는 관심을 갖고 수시로 상황을 파악하여 임무의 진행 상태를 확인하고 조치해야 한다.

다섯째, 희생정신을 발휘하는 것이다. 희생정신은 부대와 타인을 위해 자신의 생명·재산·이익 등을 동보지 않는 것이다. 리더가 자신의 이익과 안위를 위해 몸을 사리게 되면 부하들도 자신을 희생하려고 하지 않게 된다. 희생정신으로 무장되면 생명이 위험하거나 불가능해 보이는 상황에서도 앞장설 수 있고, 임무를 완수했을 때 느끼는 성취감도 더욱 커지게 된다.

여섯째, 자기 본연의 역할을 수행하는 것이다. 자기 본연의 역할을 수행하라는 것은 직책에 충실하면서 임무를 남에게 미루지 말라는 의미이다. 리더로서 해야 할 역할을 분명히 인식하고 임무를 수행해야 부대를 효율적으로 이끌 수 있다. 자신의 역할을 부하가 대신하게 하거나 부하들이 하는 일에 지나치게 간섭하여 시간과 노력을 낭비해서는 안 된다.

(2) 존중과 배려

존중이란 타인을 소중하게 생각하고 정성스럽게 대하는 것이며, 배려란 관심을 가지고 도와주거나 보살펴 주는 것이다. 리더는 부하를 한 사람의 인격체로 인식하여 존중하고 배려해야 한다. 이러한 생각과 행동은 부하의 마음을 움직이는 원동력이 된다. '존중과 배려'는 상대의 인격과 가치를 중시하는 태도에 기반을 둔 실천행동이다. 모든 부하는 자신을 존중해주는 상관의 기대만큼 행동하려는 성향을 지닌다. 또한 관심과 애정을 지닌 배려는 부하로 하여금 감사와 보응의 마음을 불러일으킨다. 따라서 부하들을 직책과 계급에 상관없이 소중한 인격체로 존중하고 배려하는 리더의 행동은 부하들의 긍정적인 태도를 유발하게 된다.

독일의 대문호 괴테는 "사람을 현재 상태로 대하면 계속 현재 상태에 머물러 있을 것이다. 하지만 될 수 있고 되어야 하는 사람으로 대하면 실제로 그런 사람이 된다."고 말했다.

관심을 기울이고 존중해 줌으로써 삶의 활력을 얻게 된다. 어떤 사람은 존중받을 수 없는 환경에서 태어나는 바람에 그들의 행동과 성격에 문제가 생기곤 한다. 하지만 한 사람이라도 그를 존중해 준다면 모든 것이 변할 수 있다. 즉 이간은 기본적으로 존중받고 싶은 욕구를 가지고 있으며 이러한 욕구를 이해하고 동기를 부려하며 아울러 잘 할 수 있도록 여건을 조성한다면 부하들이 가지고 있는 능력을 최대한 발휘토록 할 수 있다. 또한 존중은 일치단결하는 효율적인 전투조직을 만드는데도 필수적인 요소다.

부하들을 어떻게 존중하고 배려해야 할까? 많은 방법들이 있지만 핵심적으로는 네 가지 방법을 알아보자.

첫째, 부하의 다양성을 이해하고 수용해야 한다. 부하의 다양성을 이해하고 수용하라는 것은 성격, 연령, 성장환경, 학력수준 등 개개인의 서로 다른 차이를 인정하라는 의미이다. 개인차를 인정하여 존중해 주고, 각자의 장점을 살려 적재적소에 활용하면 자긍심을 갖고 잠재능력을 발휘하게 된다.

둘째, 관심과 사랑을 베풀어 주어야 한다. 관심과 사랑을 베풀어 부하를 보살펴 주어야 한다. 부하가 낯선 화경과 임무, 문화적 차이에서 오는 정신적 충격 등을 최소화 하면서 부대에 적응하기 위해서는 반드시 리더의 관심과 사람이 필요하다. 이러한 행동은 리더를 존경하게 하고 진정으로 믿고 따르게 하는 바탕이 된다. 관심과 사랑은 작은 것에서부터 시작된다. 이름을 불러주거나 손을 잡아주고, 노고를 격려하며 개인 신상에 대한 관심 표명, 어려움을 해결해 주려는 자세 등이 부하를 감동시킨다.

셋째, 인정과 칭찬으로 자존심을 세워주어라. 인정과 칭찬으로 자존심을 세워준다는 것은 부하의 기를 살려 자신감 있게 임무를 수행하도록 한다는 의미이다. 인정과 칭찬은 다른 어떤 보상보다도 사기와 의욕을 북돋워 주어 자긍심을 가지고 임무에 참여하게 만든다. 따라서 개인의 가치와 장점을 찾아내어 인정해 주고, 잘한 일에 대해 적시적절하게 칭찬해 주어야 한다. 가능한 공개적으로 칭찬하되, 진심을 담아 구체적으로 해야 효과적이다.

하지만 이러한 칭찬에도 양면성이 있다. 아래와 같이 칭찬의 양면성도 명확히 인식하고 부하들을 이해하고 칭찬을 해야 한다.

칭찬 방법	부정적 효과
• 기쁨을 주기위한 칭찬 • 평가하여 칭찬 • 공개적 칭찬 • 결과 칭찬 • 선의의 칭찬	• 심적 부담감 • 평가 받은 자체가 싫음 • 경쟁자의 패배감, 질투심 유발 • 결과위주 중시, 과정은 무시 • 부려먹기 위한 수단으로 인식

그리고 너무 칭찬만 하다보면 역효과가 발생할 수도 있다. 예를 들어 칭찬은 고래도 춤추게 한다고 했다. 여기서 고래는 바다의 최대 포식자인 범고래이다. 이 무서운 범고래가 조련사의 칭찬을 받기 위해 수족관에서 쇼를 보이고 있는 것이다. 이것이 바로 칭찬의 놀라운 힘이다. 하지만 반대로 생각해 보면 바다의 포식자인 범고래가 수족관에서 쇼를 보이고 있다는 것이 올바른 것일까? 범고래는 칭찬으로 인해 범고래 자체의 모든 것을 잃어버린 것이라고도 할 수도 잇는 것이다.

이처럼 칭찬을 너무 많이 하다보면 사람도 바보가 될 수 있다는 것이다. 자신의 잘못을 인식하지 못하고 무조건 잘한다고만 생각하는 현상이 발생할 수 있기 때문이다. 그래서 필요한 것이 바로 신상필벌이다. 이것은 잘한 것은 칭찬해 주고 못한 것은 질책을 주라는 것이다. 질책의 방법에 대해서는 부하지도에 포함된 사항을 참조하기 바란다.

넷째, 부하의 삶의 질 향상을 위해 노력해야 한다. 부하의 삶의 질 향상을 위해 노력하는 것은 부대이무에 전념할 수 있는 여건을 만들어 주라는 의미이다. 병영은 복무기간 동안 삶의 터전이므로 생활에 불편함이 없도록 여건이 마련되어야 한다. 생활공간으로서의 시설관리는 물론, 필요한 물자의 보급, 정신건강을 위한 임무와 휴식의 조화, 상 · 하 위계질서의 유지 들을 통해 안정과 만족감을 줄 수 있어야 한다. 각자 수행하는 임무에 대해서도 적절히 보상해 줌으로써 보람과 가치를 느낄 수 있도록 해야 한다.

(3) 주도적인 임무수행

주도적인 임무수행이란 리더가 해야 할 일을 스스로 찾아 능동적으로 수행함으로써 부하를 이끌어 가는 것을 말한다. 리더는 자신이 수행해야할 임무를 명확히 식별하고 우선순위를 고려하여 자신감 있게 추진해야한다. 임무수행과정에서 발생하는 제반 장애요소들을 극복하고, 기필코 완수하겠다는 의지를 갖고 추진해야 한다.

따라서 주도적으로 임무를 수행하기 위한 방법을 구체적으로 알아보면 다음과 같다.

- 명확한 목표를 제시하라
- 임무수행의 우선순위를 판단하라
- 자신감을 보여라
- 열정적으로 임무를 완수하라
- 제대로 되고 있는지 확인하라

첫째, 명확한 목표를 제시하라. 명확한 목표를 제시하라는 것은 부대의 모든 노력을 한 방향으로 집중시키라는 의미이다. 목표가 불확실하면 지향점이 없어 부대의 노력이 분산되고, 성과를 달성하기 어렵다. 목표는 임무를 완수해 아가는 과정에서의 좌표역할을 하므로 구체적이고 실현 가능하도록 선정해야 한다, 목표가 설정되면 부하에게 제시하고 각자의 역할을 부여하여 적극적으로 참여하게 함으로써 시너지효과를 나타낼 수 있도록 해야 한다.

우리 삶의 목표는 단순하고 구체적인 목표, 의미 있는 목표, 현실적으로 성취 가능한 목표, 합리적이며 책임질 수 있는 목표, 시한을 정해 설정되는 목표여야 한다. 이와 같이 효과적인 목표설정의 기준을 '목표설정의 SMART 법칙'라고 한다.

SAMRT 법칙

- Simple & Specific : 단순하고 구체적인 목표
- Measurable & Meaningful : 측정 가능하고 의미 있는 목표
- Achievable : 현실적으로 성취 가능한 목표
- Reasonable & Responsible : 합리적이며 책임질 수 있는 목표
- Timed : 시한을 정해 설정되는 목표

목표 선정시 고려해야 할 사항은 리더의 개별적인 목표를 선정하는 것이 아니라 상위조직의 목표와 연계되게 선정해야 한다. 군조직은 상급부대의 목표를 달성하기 위하여 모든 조직이 동일한 방향으로 노력을 하도록 해야 한다. 그래야만 군이 추구하는 목표를 달성할 수 있기 때문이다. 분대와 소대급에서 목표를 선정하기 위해서는 분대장의 소대와 중대의 목표를, 소대장은 중대와 대대의 목표를 인식하고 그 목표를 달성하기 위한 목표를 선정해야 하는 것이다. 따라서 분·소대장으로서 목표를 선정하는 것은 분대장은 소대장과 중대장, 소대장은 중대장과 대대장의 지휘의도와 목표를 명확하게 인식하고 분대와 소대에서 달성 가능한 목표를 선정하고 부하들과 함께 노력하여 달성함으로써 궁극적으로 나의 상급자가 지향하는 조직의 목표를 달성하는데 이바지해야 한다.

둘째, 임무수행의 우선순위를 판단하라. 임무수행의 우선순위를 판단하라는 것은 경중완급을 고려하여 임무를 수행하라는 의미이다. 동시다발적으로 부여되는 각종 임무를 효율적으로 수행하기 위해서는 가장 중요하고 긴급한 임무가 무엇인가를 식별하고, 우선순위를 정해야 한다. 우선순위가 정해지면 부하들의 능력을 고려하여 임무를 부여하되, 개인과 부대에 중복 또는 편중되지 않도록 해야 한다. 일일, 주간, 분기 단위의 세부 추진계획을 수립하여 시간을 효율적으로 사용하는 것도 매우 중요하다.

따라서 우선순위를 고려한 시간 관리를 잘하기 위해서는 다음과 같은 사항을 착안할 필요가 있다.

우선순위 고려시 착안사항

- 조직 및 개인의 목표와 가치를 식별하라
- 중요한 일과 중요하지 않은 일을 구분하라
- 급한 일을 구분하고 중요치 않은 일을 배제하라
- 중요한 일의 중간 중간에 사소한 일을 끼워 넣어라
- 시간을 세분하여 계획을 세우고 집중하여 달성하라

셋째, 자신감을 보여라. 자신감을 보이라는 것은 부하가 리더를 확실히 믿고 따르도록 하라는 의미이다. 리더의 자신감 있는 모습은 부하에게 심리적인 안정감을 주고 어려운 상황에서 리더를 확실히 믿고 따르게 한다. 자신감은 임무와 관련된 지식과 경험, 건강과 강인한 체력 등에서 비롯된다. 따라서 리더는 부단히 군사전문지식을 습득하고, 도전의식을 갖고 다양한 경험을 쌓기 위해 노력해야 하며, 규칙적·지속적인 건강 및 체력 관리가 요구된다. 자신감을 바탕으로 주도적으로 임무를 수행하되, 지나치게 낙관하여 예기치 못한 상황 등에 대한 대비가 소홀해서는 안 된다.

넷째, 열정적으로 임무를 완수하라. 열정적으로 임무를 완수하라는 것은 부여된 책임과 임무를 완수하기 위해 자신의 혼을 다하라는 의미이다. 리더의 내면에 열정이 가득하면 어떠한 임무라도 적극적으로 수행할 수 있게 되고, 부하들에게도 열정이 자연스럽게 전이되어 부대를 활기차게 만든다. 더불어 악조건 속에서도 임무를 달성하겠다는 강렬한 의지를 불러일으킬 수 있다. 임무수행 목표를 높게 설정하여 자신의 도전의지를 자극하고, 어떠한 어려움 속에서도 포기하지 않는 끈기를 발휘하여야 한다.

다섯째, 제대로 되고 있는지 확인하라. 제대로 되고 있는지 확인하라는 것은 자신이 의도한 대로 일이 추진되고 있는지 확인하라는 의미이다. 임무를 추진하다고면 실행단계에서 예상치 못한 상황 등으로 계획대로 진행되지 않은 경우가 발생한다. 단순히 임무를 부여한 것으로 자신의 역할을 다했다고 생각해서는 안 된다. 일이 잘못된 후 바로잡으려 하면 시간과 노력이 낭비되고, 상호 불신을 야기할 수 있다. 수시로 진행 상태를 확인하여 필요한 조치를 함으로써 자신이 의도한 대로 일이 진행되도록 해야 한다.

(4) 의사소통

의사소통은 리더와 부하들이 일체가 되게 하는 가장 중요한 매개 역할을 한다. 원활한 의사소통은 리더와 부하들이 공감대를 형성하여 정신적 유대 및 신뢰를 강화시켜 시더십의 효과를 증대시킨다. 의사소통을 원활히 하기 위해서는 부하들의 이야기에 귀 기울이고 자신의 의도를 명확히 전달하며 자유스런 분위기를 조성하는 노력이 요구된다.

우선순위 고려시 착안사항

- 작은 소리에도 귀를 기울여라
- 핵심위주로 의사를 전달하라
- 이해하고 있는지 반드시 확인하라
- 다양한 채널을 활용하라
- 소신껏 말할 수 있는 분위기를 만들어라

첫째, 작은 소리에도 귀를 기울여라. 작은 소리에도 귀를 기울이라는 것은 부하의 '마음의 문'을 열도록 하라는 의미이다. 부하의 사소한 의견에도 귀를 기울이게 되면 부하들은 마음을 열고 자신의 생각을 솔직히 이야기하게 된다. 개인적 어려움은 물론 부대발전을 위한 제언 등을 자연스럽게 들을 수 있고, 이를 통해 유용한 정보 등을 획득하여 부대활동에 참고할 수 있다. 부하의 의견을 제대로 듣기 위해서는 관심을 집중하고 공감하면서 적절한 반응을 보여주어야 한다.

이를 자세히 알아보면 먼저 경청은 말 그대로 들어주는 것이다. 하지만 경청은 귀로만 하는 것이 아닌 귀, 눈, 입, 몸으로 하는 것이다. 상대방의 말에 귀를 기울이고 있음을 계속 표현해주고, 몸짓과 손짓, 눈빛으로 반응을 보이면서 들어주라는 것이다. 그래야만 말을 하는 사람이 들어주는 사람에게 마음을 열고 자신의 내면에 있는 것들을 말로 표현할 수 있기 때문이다. 그림과 같이 경청을 하는 방법은 임금님처럼 만백성의 소리를 들을 수 있도록 항상 귀를 열어두고, 소리를 내는 사람들의 다양성을 이해할 수 있는 열 개의 눈, 즉 다양한 시각을 가지고 있어야 하며, 들을 때는 대상자의 마음을 이해하고 존중해 주며 하나의 마음으로 들어주어야 한다.

둘째, 핵심위주로 의사를 전달하라. 리더는 자신이 전달하고자 하는 의사를 핵심위주로 간단명료하게 표현해야 한다. 불필요하게 전문적인 용어를 사용하거나 장황하게 설명하면 주의를 산만하게 하여 핵심을 이해하기 어렵다. 의사를 전달하기 전에 핵심내용을 정리하여 상대방이 이해하기 쉽도록 수준에 맞는 용어를 선택하고 간결하게 전달해야 한다.

- 주의 끌기 : 자신의 말에 집중토록 유도
- 요점 : 핵심을 짧고 간결하게 표현
- 사례 : 요점과 관련된 경험과 근거 제시
- 마무리 : 요점 재강조

이 방법은 의사표현을 하기 위해서 대상자의 주의를 먼저 끌어야 한다는 것이다. 일방적으로 의사를 전달하면 듣는 대상자가 인식하지 못하는 경우가 많아 발생하므로 먼저 대상자가 집중할 수 있도록 주의를 끌어야 한다는 것이다. 예를 들어 병사들이 군 생활에서 가장 관심을 가지고 있는 것이 무엇일까?, 당연히 포상휴가일 것이다. 이러한 관심사를 먼저 제공하여 주의를 집중하게 함으로써 관심을 가지도록 하는 것이다.

다음은 전달하고자하는 사항의 요점을 전달하는 것이다. 요점을 전달하는 것은 간단명료하게 전달하여 대상자가 명확하게 이해할 수 있도록 하라는 것이다. 전달하고자하는 사항이 너무 길면 받아들이는 입장에서 혼란을 가져올 수 있고 올바르게 이해하기가 쉽지 않기 때문이다. 그리고 요점에 대해 알기 쉽게 사례를 들어가면서 전달하는 것이다. 마지막으로 요점을 재강조하면서 마무리를 하라는 것이다.

셋째, 이해하고 있는지 반드시 확인하라. 의사를 전달한 후에는 부하가 정확하게 인지했는지 반드시 확인해야 한다. 그렇지 않으면 내용을 잘못 이해하여 본래의 의도와 다르게 시행할 수 있다. 상호 이해여부를 확인함으로써 공감대를 형성하고 시행착오를 줄여 임무수행의 효율성을 높일 수 있다. 개별적인 질문, 복명복창, 임무수행계획보고 등은 정확한 이해여부를 확인할 수 있는 효과적인 방법이다. 이와 같이 이해하고 있는지 부하들로부터 확인하는 습성화뿐만 아니라 초급지휘자로서 상급자의 지시를 명확히 이해하고 임무수행을 하기 위한 노력이 필요하다. 따라서 임무수행계획보고(최초, 중간, 최종), 의문사항에 대한수시보고 등을 통해 시행착오를 방지하는 노력이 매우 중요하다.

넷째, 다양한 채널을 활용해라. 다양한 채널을 활용하라는 것은 의사소통의 수단과 방법을 다각적으로 강구하라는 의미이다. 부대환경과 상황, 대상 등을 고려하여 적절한 수단과 방법을 활용해야 효율적인 의사소통을 보장할 수 있다. 상향식 일일계산, 계급별 간담회, 마음의 편지, 전화나 메일 등을 활용하여 보고 및 건의가 원활하게 이루어지도록 해야 한다. 필요시 군종장교, 군의관, 병영생활 전문상담관등의 의견을 수렴하는 것도 중요하다.

다섯째, 소신껏 말할 수 있는 분위기를 만들어라. 부하가 자신의 의견을 자유롭게 표현할 수 있는 분위기를 조성해 주어야 한다. 부하의 다양한 의견수렴을 통해 임무수행에 필요한 창의적인 대안들을 찾을 수 있고, 상호 공감대를 형성하여 참여의식을 높이는 효과를 얻을 수 있다. 자신과 생각을 달리하는 의견에 대해서도 충분히 경청하고, 타당성이 있는 의견은 적극적으로 수용하려는 자세를 견지해야 한다.

따라서 의사소통을 하기 위해서는 서로 소통할 수 있는 여건과 환경을 조성해주는 것이 무엇보다 중요하다. 군 조직에서 의사소통을 위해 여러 가지 방안들을 활용하고 있지만 현실적으로 원활하게 되지는 않고 있다. 이는 부대별, 개인별 특성에 맞는 다양한 의사소통의 여건과 환경을 조성해야 하는데 획일적인 방법을 적용하는 경우가 발성하기 때문이다. 그러므로 의사소통의 여건과 환경을 조성하기 위해서는 구성원의 특성을 고려하여 아래와 같이 적절한 방법을 선정, 적용해야 한다.

- 회의시 참석자 모두에게 발언할 기회 부여
  - 의견은 적극 수렴하고 건전한 비판에는 긍정적으로 반응
- 상대방을 고려한 다양한 방법을 적극 활용
  - e-mail, 휴대폰 메시지, 롤링페이퍼, 마음의 편지 등
- 구성원들과 주기적인 대화의 기회 마련
  - 간담회, 운동, 노래방, 동아리 활동 등

(5) 부하지도

임무를 성공적으로 완수하기 위해서는 부하들이 능력을 잘 발휘할 수 있도록 지도해야 한다. 평소부터 부대의 일원으로 기여할 수 있도록 훈련된 부하들은 군기 · 사기 · 단결심이 고취되어 임무수행에 있어서도 자신감을 가지고 적극적으로 참여하게 된다. 따라서 현행 임무수행뿐만 아니라 개인이 지니고 있는 잠재능력을 최대한 발휘할수 있도록 하는 것이 중요하다. 따라서 임무완수를 위한 부하지도 방법을 알아보면 다음과 같다.

- 잘못은 따끔하게 질책하라
- 부하 스스로 할 수 있도록 지원하라
- 부하와 눈높이를 맞추어라
- 실패를 통해 배우도록 관용을 베풀어라

첫째, 잘못은 따끔하게 질책해라. 잘못을 따끔하게 질책하라는 것은 바

람직한 방향으로 생각과 행동의 변화를 촉진시키라는 의미이다. 부하들의 태도와 행동에 잘못이 있을 경우 적절한 방법으로 질책할 수 있어야 한다. 질책을 통해 잘못을 인식시켜 변화를 유도할 수 있기 때문이다. 질책을 할 때에는 잘못한 행위에 대해 알려주고 바람직한 변화방향을 제시해 주어야 한다. 거부감이 생길 수 있으므로 감정이 섞인 표현이나 여러 사람 앞에서 본보기로 질책하는 것은 지양하여야 한다. 직책 후에는 반드시 위로해 주는 배려가 필요하다.

- 질책을 할 시에는 반드시 잘못된 사항을 명확히 확인한 후에 해야 한다.
- 질책을 할 때는 다른 사람이 보지 않는 곳에서 하는 것이 좋다.
- 다른 사람과 비교하면서 질책하지 말라는 것이다.
- 질책을 할 시에는 반시 마지막에 위안을 주라는 것이다.

둘째, 부하와 눈높이를 맞추어라. 부하와 눈높이를 맞추라는 것은 부하의 수준에 맞추어 지도하라는 의미이다. 리더는 부하의 특성과 능력을 고려하여 지도해야 한다. 리더와 부하는 군 생활 경험이나 사고의 수준 등이 다르고, 능력에도 개인차가 있으므로 획일적인 지도방법보다는 부하의 수준을 고려하여 다양한 방법을 적용하는 세심함이 필요하다. 대상별 정확한 수준을 파악하여 요망하는 목표를 설정하고, 이해하기 쉬운 용어 등을 사용하여 지도하여야 한다.

셋째, 부하 스스로 할 수 있도록 지원하라. 부하 스스로 능력을 개발해 나갈 수 있도록 제반 여건을 만들어주어야 한다. 부하가 자신의 능력을 개발하여 책임감 있게 임무를 수행할 수 있어야 성과를 향상시킬 수 있다. 지나친 간섭이나 통제는 책임감을 약화시키고 의존적으로 만들어 성장을 지연시키니다. 임무수행에 필요한 시간이나 자원 등은 지원하되, 수행방법은 위임함으로써 부하 스스로 문제나 과업을 해결할 수 능력을 키워나갈 수 있도록 하여야 한다.

넷째, 실패를 통해 배우도록 관용을 베풀어라. 실패를 통해 배우도록 관용을 베풀라는 것은 계속적으로 기회를 주라는 의미이다. 부하는 임무수행 과정에서 겪는 실패를 통해 많은 교훈을 얻을 수 있고 성장해 나갈 수 있다. 또한 실패를 두려워하지 않으면서 위험이 따르는 임무에도 창의적으로 도전할 수 있다. 따라서 최선을 다해 임무를 수행한 결과가 잘못되었을 경우 관용을 베풀 수 있어야 한다. 그러나 실패가 반복되지 않도록 원인을 정확히 규명하고 조치하는 자세 역시 필요하다.

다. 리더십 사례

(1) 부하의 등창을 입으로 빨아 준 오기

오기(吳起)는 고대 중국 위(衛)나라에서 태어나, 노(魯)나라 및 위(衛)나라의 장군으로 이름을 크게 떨쳤으며, 마지막에는 초(楚)나라로 망명하여 정승까지 지냈던, 입지전적인 인물이다.
그가 장군이 되기 위해 기울였던 노력은 실로 눈물겨우며, 장군이 되어서 부하의 등창을 입으로 빨아주었다는 일화는 너무도 유명하다.
또한 전장에서 상벌을 엄격히 한 일화, 서하의 태수로 있으면서 백성들로 하여금 상벌을 믿게 한 독특한 사례 등이 전해지고 있으며, 무경칠서의 하나인 〈오자병법〉을 남겼다.

(가) 아내를 죽여 장군이 되다.

먼저 오기가 장군이 되기까지의 눈물겨운 과정을 간추리면 다음과 같다.
오기는 위(衛)나라에서 태어났으며, 어렸을 때 그의 집은 천금을 가진 대단한 부자였다. 그는 큰 뜻을 품고, 사방을 돌아다니며 벼슬자리를 구하려다 이루지 못하고 가산만 탕진하게 되었다. 그러자 동네 사람들이 그를 비웃었다. 이에 오기는 비웃은 사람 30여명을 모두 죽이고, 자기 팔을 깨물며 맹세하기를 "기(起)는 공경재상이 되지 않으며 위나라에 다시 오지 않을 것입니다."하고 그의 어머니에게 하직 인사를 하였다. 그는 야망을 버리지 않고 위나라를 떠나 노(魯)나라로 가서 당시 이름 높던 증자에게 학문을 배웠다. 얼마 지나지 않아 그의 어머니가 죽었다는 슬픈 소식을 받게 되었다. 얼마 지나지 않아 그의 어머니가 죽었다는 슬픈 소식을 받게 되었다. 그러나 오기는 전날의 맹세 때문인지 어머니의 장례에 돌아갈 생각도 하지 않았다. 이에 증자는 그를 무척 괘씸히 여겨 더 이상 문하에 두지 않았다. 증자에게 쫓겨 난 오기는 그후 병법을 열심히 공부하여 노(魯)나라 목공에게 인정받게 됨으로써 대부가 되었다.

기원전 408년 제(齊)나라가 노나라는 침공하자 노 목공이 오기를 장군으로 임명하고자 하였다. 그러나 노 목공은 오기의 아내가 적국 제나라의 정승 전화의 친척이므로, 내통하지 않을까 의심하였다. 상황이 이러 하자 오기는 자기 아내를 죽여 의심을 풀고 장군으로 임명되었다.

장군이 된 오기는 제나라 군을 크게 깨뜨렸다. 그러자 제나라 재상 전화는 첩자를 밀파하여 유언비어를 퍼뜨리고, 오기와 군주 사이를 이간하였다.

"원래 노나라는 작은 나라인데 강한 제나라를 이겼으니 제후들의 표적이 될 것이 틀림없다. 더욱이 노나라와 위나라는 현제의 나라인데 노왕이 오기를 등용한 것은 곧 위나라를 저버리는 일이다."하였다. 이에 노목공이 근심하여 오기를 해임하였다. 오기는 해를 입지 않을까 두려워 다시 위(魏)나라로 망명하였다.

위나라로 간 오기는 위문후가 현명하다나는 말을 듣고 그를 섬기려 찾아갔다. 〈오자병법〉 첫머리 위문후와의 회견은 오기와 문후가 처음 만나는 내용을 기록한 것인데, 다음과 같이 적고 있다.

"오기가 선비의 옷차림을 하고 용병상의 요결에 과하여 논하고자 위나라 문후에게 면담을 청하였다. 그러나 문후는 오기를 냉대하였다. '과인은 용병술이나 군 작전에 관한 일을 좋아하지 않소.' 이에 오기는 즉각 응수하여

'신은 외부에 나타난 현상으로 내면적인 본질과 욕망을 추측할 수 있으며, 과거의 행적으로 미루어 미래의 의도를 살필 수가 있습니다. 주군께서는 어찌하여 마음에 없는 말씀을 하십니까? 주군께서는 이러한 장비와 병기들을 도대체 어디에 쓰려고 만드셨습니까? 만약, 국가유사시 진퇴, 공수에 대비하여 이것을 만들어 놓으시고도 능숙하게 운용할 수 있는 인재를 구하지 않으신다면, 비록 결사적인 장비와 무기를 가지고 있다 하더라도 힘이 모자라 죽게 될 뿐입니다. 옛날, 승상씨의 군주는 오로지 문덕 만을 바르게 닦고, 무기를 버렸기 때문에 마침내 남의 손에 멸망을 당하고 말았습니다. 현명한 군주는 반드시 이러한 사실(史實)들을 거울삼아, 대내적으로는 밝고도 올바른 정치를 도모하고, 대외적으로는 전쟁준비를 강화하여 적의 침략에 대비하였습니다. 그러므로, 강대한 적의 침공에 당면하였을 때, 이를 맞아 싸워야 함에도 싸우지 않는 군주라면 도의를 거론할 자격도 없으며, 자신의 과오로 인하여 전쟁에 패하고, 장병들이 전멸한 뒤에 그 시체들을 부여안고 슬퍼하는 군주라면 그 역시 인의를 내세울 자격도 없는 인물인 것입니다.'하였다.

그 말을 듣고 나서, 위문후는 크게 감복하여 손수 술자리를 베풀고, 오기에게 경의를 표하였다. 그 후, 위문후는 조상의 사당에 이를 알리는 제사를 드리고, 오기를 대장으로 삼아 서하 지역을 수비하게 되었다.

(나) 부하의 등창을 입으로 빨다

오기는 장군이 되자 솔선수범하고 부하들을 사랑하였다. 사졸의 최하급인 사람과 의식을 같이 하였으며, 누울 때에는 자리를 까는 일이 없고, 다닐 때에도 말을 타지 않았다. 친히 식량을 싸서 짊어지고 다니면서 사졸과 기쁨과 괴로움을 나뉘어가졌다.

〈사기〉에 따르면, 한번은 사졸 가운데 등창이 난 사람이 있었는데, 오기가 그것을 입으로 빨아주었다. 그 졸병의 어머니가 그 소문을 듣고 통곡하니 어떤 사람이 말하기를, "아들이 졸병인데 장군이 스스로 그 등창을 빨아주는 것을 감사하지 않고 어째서 통곡하는 가?"하였다. 그 어머니가 말하기를, "그렇지 않습니다. 전년에 오장군께서 우리 애 아비의 등창을 빨아주었습니다. 그리하여 그 애의 아비는 싸움터에 나가서 돌아서지 않고 적과 싸우다 드디어 죽었습니다. 오공께서 이제 또 그 아들의 등창을 빨아주었으니 그 애가 어느 때 어디에서 전사할지 알지 못 합니다. 그래서 우는 것입니다."라고 하였다. 이에 문후는 오기가 용병을 잘하고 청렴 공평하며, 능력을 다하여 사졸들의 마음을 얻고 있다고 하여, 곧 서하의 태수로 삼고 진 · 한(秦 · 韓)을 방어케 했다.

그는 백성을 다스리거나 전쟁중일 때, 자신의 상벌을 반드시 믿도록 하는데 노력하였다. 그래서 그는 독특한 방법, 어떻게 보면 다소 무모한 듯한 방법으로 상을 주어 자신을 믿게 했다. 형벌 또한 마찬가지 맥락에서 집행했다.

(다) 오기가 상벌을 믿게 한 방법

먼저 오기가 서하를 다스리면서 고을사람들에게 자신의 포상을 믿게 하기 위하여 사용했던 독특한 방법을 소개하겠다.

그는 밤늦게 남문 밖에다 말뚝 하나를 박아 놓고, 고을 안에 영을 내린다.

"내일 남문밖에 세워 둔 말뚝을 넘어뜨리는 사람은 장대부의 벼슬을 주겠노라."

그러나 다음 날 저녁때가 되도록 말뚝을 넘어뜨리는 사람이 없었다. 고을 사람들은 도무지 믿을 수 없다는 반응이었다. 그러던 중 어떤 사람이 "내가 시험삼아 가서 그 말뚝을 넘어뜨려 보겠다. 상을 타지 못하면 그뿐이지 손해 볼 것이 없지 않겠는가?"하면서 남문으로 달려가 그 말뚝을 넘어뜨렸다. 그리고 오기에게 그 사실을 말하였다. 그러자 오기는 직접 가서 확인하고는 칭찬하면서 약속한대로 그 사람에게 상으로 장대부의 벼슬을 주었다. 그렇게 한 후 또 밤늦게 다시 말뚝을 하나를 세워 놓고는 고을 안에다 영을 내리기를 먼저와 같이 하였다. 그러나 이번에는 말뚝을 넘길 수 없도록 깊이 땅에다 단단히 박았으므로 넘어뜨리는 사람이 없었고, 그래서 상을 받는 사람도 없었다.

그 뒤로부터 백성들은 오기의 상벌을 믿게 되었다한다. 백성들에게 상벌을 믿게 하면 무슨 일인들 이루지 못하겠는가! 하물며 군사를 부리는 일에 있어서는 말해 무엇하랴.

〈울료병법〉에 보면 , 오기가 전쟁에서 상벌을 엄격히 한 사례를 다음과 같이 적고 있다.

"오기가 진나라와 싸울 때의 일이다. 피아 간에 접전이 벌어지기 전에 용사 한 명이 투지를 억제하지 못하고 단신으로 적진에 돌입하여, 적병 두 명의 목을 베어 가지고 돌아왔다. 이를 본 오기가 그 병사를 참형하려고 하자, 부하 장교가 오기에게 간하였다. '이 사람은 용사입니다. 목을 베어서는 안됩니다!' 오기는 이렇게 대답하였다. '나도 이 병사가 훌륭한 용사임을 알고 있다. 그러나 내 명령을 어기고 행동한 것은 옳지 못하다.'하고 오기는 마침내 용사의 목을 배었다."

이와 같이 상벌을 효과적으로 활용했던 오기의 전적은 대단히 화려하다. 〈오자병법〉에 따르면 오기는 이웃 제후국들과 76차례의 결전을 벌인 결과, 그 중 64회의 전승을 거두었고, 나머지 12회는 무승부를 기록하였다 한다.

(라) 오기의 통솔사상

오기가 병법 6편중, 4편에서는 장수의 자질에 대해, 6편에서는 사기 진작에 대해 논한 것으로 보아 지휘관의 자질과 장병들의 사기를 중요시했음을 알 수 있다.

4편 논장(論藏)에서 그는 장수가 갖춰야할 소중한 5가지를 다음과 같이 들고 있다.

첫째는 이(理), 즉 다스림으로서 소수의 병력을 통솔하는 것과 같이 다수의 병력을 통솔하는 능력을 갖추는 것이다. 둘째는 비(備), 즉 갖춤으로서 영문 밖으로 한 걸음만 나가는 적이 있다는 마음가짐으로 전투 준비태세를 갖춰야 하며, 셋째는 과(果), 즉 적과 맞섰을 때 목숨에 미련을 두지 않는 것이며, 넷째는 계(械), 즉 전쟁에서 승리했다 하더라도 그 마음가짐과 태세는 지금부터 전쟁을 시작한다는 기분으로 경계심을 일지 말아야 하며, 다섯째 약(約), 즉 법령이나 규칙을 간명하게 하여 누구든지 쉽게 알 수 있게 해야 한다.

6편, 여사에서는, 상벌을 엄격히 시행하는 것만으로 전쟁에서의 승리가 보장되는 것이 아님을 지적하면서, 공을 세운 자들에게는 잔치를 베풀어 위로하되, 공을 세우지 못한 자들도 함께 불러 격려하면 이들도 부끄러움을 느끼고, 스스로 공을 세우고자 분발할 것임을 무후에게 조언하였다. 무후가 이러한 그의 조언을 수용한지 3년째 되던 해, 진나라 구사가 서하를 침공했을 때 사졸들이 자진 출동하여 큰 전과를 올리자, 무후는 "그대가 지난날 가르쳐준 방법이 오늘 실현되어, 그 효과를 보았다."하였다. 이에 오기는 "신이 듣기로는, 사람의 키에 크고 작음이 있듯이 군의 사기도 왕성할 때와 쇠약할 때가 있다고 합니다. 주군께서는 시험삼아 전공을 세우지 못한자 5만 명을 출동시켜 보시겠다면, 신이 그 병력을 이끌고 적과 싸우도록 하겠습니다."하였다.

그리하여 마침내 오기는 5만 군사를 받아, 진나라 군사 50만 명을 격파하였으니, 이는 바로 오기가 장병들을 격려하고 군의 사기를 진작시킨 결과였던 것이다.

그후 오기는 위나라 정승 전문과 불화를 빚어오다가, 전문의 후임 정승 공숙의 모함을 당하였으므로 초나라로 망명하였다. 초나라의 도왕은 오기가 평소부터 현능 하다는 말을 듣고 있었으므로 오기가 도착즉지 정승으로 삼았다. 국정을 맡은 오기는, 전 분야에 걸친 일대 개혁을 단행, 막강한 군사력을 갖춰, 남으로는 백월을 평정하고, 북으로는 진(陳)과 채(蔡) 양국을 병합하였으며, 숙적인 진•위•한•조나라까지 공략하여 주변 제후국들의 위협적인 존재가 되었다. 그러나 기원전 381년 도왕이 죽자, 오기의 개혁정책에 불만을 품어 폭동을 일으킨 왕의 유척과 대신들에 의해 죽음을 당해 오기의 파란 많은 일생은 막을 내렸다.

(2) 사면초가와 항우

항우(項羽) 는 전국시대 진(秦)나라의 정치가 도를 잃자, 군사를 일으켜 3년만에 진을 멸망시킨 다음, 천하를 분할하여 봉국으로 삼고, 자신은 초패왕(霸王)이 되어 중국 천하를 호령했던 걸출한 인물이다.

그는 후세 사람들에 의해 초패왕이 되기까지와 초•한 전쟁에 있어, 유방과 자주 비교되는데, 비록 유방에게 패함으로써 지위를 오랫동안 유지하지 못했지만, 천하를 얻었던 인물인 만큼 통솔력이 뛰어난 사람이었음엔 틀림이 없다. 특히 유방에 쫓겨, 해하에서 사면초가의 곤궁에 빠졌다가 탈출하여 동성이라는 곳에서 자결 할 때까지, 그를 따르던 부하들을 일사분란 하게 움직이는 모습은 감명을 자아낸다.

여기서는 먼저 이해를 돕기 위해 시대적 배경을 개관한 다음, 항우에 대한 기록을 지휘통솔의 관점에서 살펴보겠다.

(가) 흔들리는 진 왕조

기원전 221년, 중국대륙 역사상 처음으로 천하를 통일한 진의 시황제는 봉건제를 폐지하고 군현제를 실시하여 강력한 왕권을 확립하고자 하였다. 그는 문자와 도량형을 통일하는 들의 제도개혁을 단행하면서, 흉노를 막기 위해 장수 몽염으로 하여금 30만을 거느리고 만리장성을 쌓게 하는 한편, 도로망의 확충과 대운하 건설 등 전례 없던 대 역사를 추진하였다. 그러나 시황제는 어떻게 하면 통일국가의 통치력을 강화 할 수 있는가 하는 문제를 가장 큰 과제로 여겼다. 그렇게 때문에 그는 자기의 정책을 비판하는 세력을 단속하기 위해, 의약 · 복(점) · 농사에 관한 서적 이외에 모든 서적을 불살라 버리고 유생들을 생매장한 이른바 "분서갱유"를 단행하였는가 하면, 위엄을 세우기 위해 70여 만명을 동원하여 아방궁을 짓고, 75만여 명을 동원하여 죽어서 묻힐 여산릉을 만들었다.

이와 같은 대 역사에 대한 재정을 충당하기 위해 자연 무거운 세금을 부과할 수 밖에 없었다. 게다가 통치력을 강화하기 위해 가혹한 법을 만들고, 법을 어기는 사람들에 대해서는 무자비하게 처벌하였으니, 온 천하 백성들은 마치 감옥에 사는 것 같았다. 이러한 불만은 시황제가 죽은 다음해인 B.C.209년 진승과 오광의 반란을 시작으로 하여, 도처에서 진나라 타도의 기치를 높이는 결과를 초래하였다. 이때 그 선도적 역할을 한 사람이 바로 항우다.

(나)성장과 거병(擧兵)

그는 하상(강소성 서주부 숙천현 서쪽)의 항씨 가문에서 태어났다. 이름은 적(籍)이고 우는 그의 자다. 대대로 항씨는 초나라의 장군을 지내 봉을 받았으므로 항씨를 성으로 삼았는데, 조부가 바로 진의 장군 왕전과 싸우다 전사한 항연이고 숙부는 항량이다.

항우는 어릴 적에 서도와 검술을 배웠으나 신통치 못하였다. 항량이 나무라자 항우가 "글이야 이름자만 쓸 줄 알면 충분하고, 검술은 한 사람만 대적하는 것이므로 배울 만한 것이 못됩니다. 그래서 만인을 대적하는 것(병법)을 배우고 싶습니다."라고 말한다. 항우의 어릴 적 포부가 대단했음을 알 수 있다.

한번은 진시황이 회계산을 수행하고 절강성을 건넜을 때 "저놈을 대신해서 내가 들어서야겠다."고 소리친 적이 있어 항량은 화를 입을까 두려워 그의 입을 막기도 했다. 한마디로 그는 야망에 가득 찬 사나이였다. 당시 키는 8척 장신으로 힘은 큰솥을 들고도 남음이 있었고, 재기(才氣) 또한 보통이 아니었으니 집안 배경까지 따지면 야망을 가졌을 만 하다.

진승과 오광이 진에 반기를 들고 2개월이 지난 기원전 209년 9월, 그는 때를 놓치지 않고 강동의 병력 8천을 거느리고 숙부 항량과 함께 거병하여 진(秦)을 치며 서진하는 한편, 양(羊)을 치고 있던 옛 초 왕실의 후예를 찾아 초 회왕으로 옹립하여 명분을 세우면서 점차 세력을 키워나갔다. 그러던 중 숙부 항량이 정도라는 곳에서 진과 싸우다 전사하고 말았다.

이렇 게 하여 초를 구하기 위해 상장군 송의는 40여일간 진군하지 않았다. 송의는 진나라 군사의 힘이 약해지면 치려고 관망하면서 제나라와 우호관계를 맺기 위해 사신으로 보내는 자기 아들을 위해 호화잔치를 벌였다. 날씨가 추운데다 비까지 내려 군졸들은 추위에 떨고, 그해는 흉년이 들어 식량까지 바닥날 지경이었다. 항우는 이런 인물을 상장군으로 모시는 군졸들을 가엽게 생각했다.

이른 아침 항우는 송의를 장막에서 제거한 후 전군에 알렸다.

"상장군 송의는 제와 내통하여 초를 배반했다. 나는 초희왕의 밀지를 받고 송의를 죽인 것이다."

회왕은 곧 항우를 대장군으로 삼았다. 이때부터 항우의 이름이 제후사이에 알려지게 되었다.

이 무렵 조나라의 진여가 구원병을 요청해 왔다.

이에 항우가 전군을 인솔하고 조를 구원하러 황하를 건넜다.

항우는 이때에 선박을 모두 침몰시키고 솥이나 시루를 파기하고 살던 집을 불살라 버리고 겨우 3일간의 식량만 남길 뿐으로, 필사적이며 조금도 살아서 돌아올 마음이 없다는 것을 사졸들에게 보여 주었다.

"군대는 위험한 상황 속에 몰아 넣으면 살아 남을 수 있고, 사지에 빠지게 되면 살아날 기회를 얻는다. 어찌할 방법이 없고 위험에 처해야만 비로소 필사적으로 결전에 임한다."는 손자의 가르침을 잘 적용한 사례로 볼 수 있다.

그렇기 때문에 이 무렵 초의 전사는 한사람이 적병 열명을 당하지 않는 자가 없었으며, 다른 제후군의 장병들이 초군(楚軍)의 용맹함을 두려워하지 않는 자가 없었다 한다.

(다) 돌이킬 수 없는 실수

항우는 관중을 목표로 계속 진격하여 함곡관에 도달하였다. 처음에 초 희왕이 맨 먼저 관중으로 들어가 그 곳을 함락시키는 장수를 관중의 왕으로 삼겠다고 약속했기 때문이다. 그러나 이때 이미 함양을 평정한 유방의 군사가 함곡관을 지키고 있었다. 항우는 크게 분개하였다.

"그놈이 먼저 관중에 들어갔다고, 어디 두고 보자."

곧 항우의 40만 군사는 함곡관을 쳐부수고 희수 서쪽 신풍의 홍문에 포진하였다. 이때 유방의 10만 군사는 약 40리 떨어진 패수가에 주둔하고 있었다. 항우의 힘이 우세함을 알고 항우편에 붙고자 하는 자가 있었다. 패공(유방)의 좌사마 조무상이 사람을 시켜서 패공이 왕위에 오르고자 획책하고 있다고 알려왔다. 항우가 크게 분노하여 말했다.

"모든 사졸들에게 음식을 베풀어 위로하라. 내일 패공(유방)의 군을 도륙하리라."

모사 범증도 항우에게 진언했다.

"패공(유방)이 일찍이 산동에 있을 때는 남의 재물을 참하고 여자를 좋아하는 무뢰한이었습니다. 그런데 관중에 들어와서는 그렇지 않으니 그뜻이 크다는 증거이며, 사람을 시켜 기상을 살피니 천자의 기가 보입니다. 하루라도 때를 놓치지 말고 급습해서 제거해야만 합니다. 그렇지 않으면 후일 크게 후회하게 될 겁니다."

전운이 감도는 순간이었다. 이때 항우가 유방을 제거할 수 잇는 절호의 기회를 놓치게되는 상황이 발생하고 말았다. 항우 진영의 계획을 듣게된 항우의 숙부 항백(초의 좌윤)이 유방진영으로 달려가 남몰래 장량에게 그 사실을 알렸다. 그러나 장량은 유방을 배반할 수 없다하며, 항백의 제의를 거절하고 방금 전에 있어던 일을 유방에게 보고하였다. 그러자 다급해진 유방은 항백을 형으로 부르며 혼인까지 약속하였다. 그리고 자신은 절대 항우의 은혜를 배반하지 않을 것이라는 것을 항우에게 알리도록 간청하였다. 항백은 내일 홍문에 와서 사죄하라고 권유하고 돌아왔다. 항백이 돌아와 유방의 청을 전하며 백성들의 신망을 잃지 않기 위해서는 패공을 살려두는 것이 이로울 것이라고 설득하였다.

이 말을 들은 항우는 훗날 자신을 죽이게 될 유방을 제거할 생각을 누그러뜨렸다.

다음날 항백의 주문을 받은 유방이 1백여 기를 거느리고 와서 홍문에서 사죄하였다.

"저와 장군은 서로 힘을 합해 진을 쳤습니다. 장군은 하북에서 저는 하남에서 싸웠습니다. 그런데 제 뜻과는 달리 제가 먼저 관중에 들어가 적을 격파하고 여기서 장군을 뵙게 되었습니다. 그런데 지금 소인의 말로 인해서 저와 장군사이에 틈이 생기게 되었습니다."

항우가 말했다. "내가 당신을 치려 했던 것은 당신의 좌사마인 조무상의 말 때문이었소."

항우는 유방의 변명을 받아들이고, 주연을 베풀고자 유방과 동석하게 되었다. 이때 다시 범증은 기회를 놓칠 새라 항우에게 유방을 처치하라고 세 차례나 신호를 보냈다. 어쩐 일인지 항우는 이에 응하지 않았다. 그러자 범증은 다시 밖으로 나와 항우의 종제 항장으로 하여금 검무 하다가 유방을 죽이도록 하였다. 곧 항장이 들어와 검무를 추었으나 그 뜻을 눈치챈 항백이 줄곧 몸으로 유방을 보호하는 바람에 뜻을 이루지 못하였다. 이때 유방의 참승으로 있던 번쾌가 수문장을 밀치고 들어왔다. 번쾌는 머리칼이

하늘을 향하고, 눈 꼬리를 치켜 뜬 성난 모습으로 항우를 노려보았다. 항우가 칼을 잡고 일어나면서 물었다.

"너는 무얼 하는 놈이냐?"

패공의 참승자 번쾌라는 대답을 듣고 항우가 말했다.

"장사로다! 그에게 말술을 주어라."

말술을 마신 번쾌는 항우가 안주로 준 돼지고기 어깻살 한 죽지를 단숨에 먹어치웠다.

이어 번쾌가 말했다.

"진의 학정에 시달렸던 우리가 힘을 합쳐 학정을 물리친 이 시점에 패공과 같이 큰일을 해낸 사람에게 상을 주지는 못할망정 소인배의 말을 듣고 죽이려는 것은 멸망한 진나라의 계승자가 아니고 무엇이겠습니까?"

항우는 아무 응답도 없이 그저 앉으라고만 하였다. 실로 팽팽한 긴장이 감도는 순간들어었다.

항우는 아무 응답도 없이 그저 앉으라고만 하였다. 실로 팽팽한 긴장이 감도는 순간들이었다.

이러한 과정에서 위험을 알아차린 장량의 계책에 따라 유방은 용변을 보러 가는 척 하며 사지를 빠져 나와 본진으로 도망했다. 도망하면서 유방은 항우와 범증에게 줄 선물을 남기며 뒷일을 장량에게 맡겼다.

장량이 들어오자 항우가 물었다.

"패공은 어디 계신가?"

장량은 적당히 분위기를 잡으면서 유방이 주고 간 선물을 꺼냈다. 항우에게는 흰 구슬 한쌍, 범증에게는 옥 술잔을 바쳤다. 그리고는 정중하게 사과하여 말했다.

"패공은 술이 너무 취하여 예의도 갖추지 못하고 돌아갔습니다."

선물을 받아든 항우는 아무 말이 없었다. 그러나 범증은 옥 술잔을 박살내며 한마디 내 뱉었다.

"어린애 같은 자식하고 무슨 큰 일을 하겠는가! 항왕에게 천하를 빼앗을 자는 유방이 틀림없어! 우린 이제 모두 유방의 포로가 된 것이나 다름없음!"

이렇게 범증만이 유방제거의 필요성을 느낀 가운데 홍문의 잔치는 끝나고 말았다. 물론 장량도 무사히 돌아갔다.

항우는 유방이 장차 자신을 죽음에 이르게 할 인물인지를 인식하지 못했던 것 같다. 아니면 왜 호랑이 굴에 들어온 유방을 적극적으로 죽이려하지 않았을까? 민심을 잃지 않을까 하는 우려도 자신이 죽임을 당하는 것만 못하지 않는가! 만일 항우가 범증의 말을 듣고 적극적으로 행동하여 유방을 제거했다면 오랫동안 지위를 유지했을 것이다. 참모의 건의를 제대로 받아들이지 않은 것이 후일 패망의 길이 되고만 것이다.

(라) 금의야행(錦衣夜行)

수일 후 항우는 병사를 이끌고 서행하여 함양을 평정한 후, 이미 항복한 진왕 자영을 살해하고 궁실을 불살라 버렸다.

이어 항우는 회왕을 높여서 의제(義帝)로 삼고 천하를 분할해서 제장을 세워 후왕(侯王)으로 삼았다.

이때 유방을 한(漢)왕으로 삼고 자신은 자립해서 서초 패왕(霸王) 이 되었다.

한(漢)의 원년 4월에 제후들은 항우가 포진했던 회수를 떠나 봉국으로 향했다. 항우도 고향인 초국으로 돌아가려 했다.

고향 팽성에 도읍 하려는 항우에게 한생이라는 사람이 충고했다.

"관중의 땅은 사방이 산과 강으로 막혀 있고 초지가 비옥하여 이곳에 도읍 하면 천하를 다스리는데 부족함이 없습니다."

그러나 항우의 생각은 달랐다.

"부귀를 이루고 고향에 돌아가지 않는다면 비단옷을 입고 밤길을 거니는 것과 무엇이 다르겠는가?"

초국으로 돌아간 항우는 사자를 파견해 의제를 장사군의 임현으로 천도케 했다. 이에 군신들이 의제가 불리함을 알고 배반하였다. 항우는 남몰래 형상왕·임강왕을 시켜 의제를 양자강 가운데서 죽였다.

이 무렵 유방이 한중에서 돌아와 세력을 더욱 확장하기에 이르니, 항우와 자웅을 겨루는 4년간의 초한 전쟁이 시작되었다. 그 뒤 동쪽에서 제와 조나라가 혼란을 만들어, 화가 난 항우가 제나라를 장악하는데 시간을 허비하는 동안 유방의 세력은 55만으로 불어나 팽성을 일거에 점령했다. 제나라에서 이 소식을 들은 항우는 밤낮을 가리지 않고 달려와 처음에는 한군을 크게 무찔러 유방의 근거지인 형양까지 탈취했다. 그러나 형양에서 간신히 탈출한 유방은 구강왕 경포를 충동질해 초나라의 후방을 교란시키고, 한신은 팽월에게 초나라의 후방을 치도록 하자. 대세는 점차 유방쪽으로 기울었다.

이를 알아차린 유방이 기회는 이때다 하고, 태공(한왕 유방의 아버지)을 돌려 달라고 달래면서 천하를 양분하여 홍구 이서의 땅을 한의 영토로, 이동의 땅을 초의 영토로 삼을 것을 제의하였다. 항우도 이에 응하고 즉시 한왕의 부모 처자를 돌려 보냈다. 항우는 곧 병사를 이끌고 동쪽으로 돌아갔다.

(마) 사면초가(四面楚歌)

그러나 목적을 달성한 유방의 참모들이 기회를 놓칠 리 없었다. 장량과 진평이 항우를 곧 추격하자고 건의하였다.

“한은 이미 천하의 반을 소유했고 제후들도 모두 한에 가담했습니다. 초의 병사는 지치고 식량도 떨어졌습니다. 이것은 하늘이 초를 버리고자 하는 것입니다. 바로 지금 항우를 치지 않고 살려준다면 이른바 호랑이를 키워 스스로의 우환을 남기는 것과 같습니다.”

참모들의 건의를 놓치지 않고 받아들인 한왕은 한신으로 하여금 30만 병력을 이끌고 약 10만 병사를 거느린 항우를 추격하기 시작하였다. 이에 쫓기던 항우가 해하에 이르게 되었다. 또 대사마 주은이라는 자가 초를 배반하여 많은 병력을 이끌고 한왕의 군에 접근하였다. 항우의 군은 해하에 누벽을 구축하였으나 병사는 소수이며 식량도 떨어졌다. 한군과 제후군이 몇 겹으로 포위하였다. 밤에 한군이 사면에서 초의 노래를 불렀다. 항우는 놀라지 않을 수 없었다.

"한이 벌써 초의 땅을 모두 얻은 것일까? 어떻게 이렇게도 초인이 많단 말인가!"

항우가 일어나 밤에 군막가운데서 술을 마셨다. 우(虞)라는 이름을 가진 미인이 있었는데 언제나 항우의 사랑을 받으면서 따르고 있었다. 또 추라는 이름을 가진 항우의 애마가 있었다. 항우는 이 모든 것들을 떠올리며 스스로 시를 지어 노래를 불렀다.(四面楚歌)

"힘은 산을 빼고 기운은 세상을 덮는 도다. 시국이 불리하니 추가가지 못하는구나. 추가 가지 못하니 어이 할꼬. 우(虞) 미인아 우미인아. 너를 어떻게 했으면 좋단 말이냐."

노래 부르기를 몇 차례 하자 우 미인이 답의 노래를 불렀다. 항우의 눈에 몇 줄기의 눈물이 흘렀다. 좌우의 근신들도 모두 얼어 눈물 바다를 이루었다.

(바) 빛보지 못한 마지막 통솔

이후 항우는 비록 얼마 못 가서 최후를 맞이하지만, 뛰어난 통솔력을 보여준다.

항우가 말을 몰자 800여명이 따랐다. 회수를 건넜을 때 항우를 따르는 병사는 겨우 백여 기였다. 음릉이라는 곳에서 농부가 잘못된 길을 알려줘 늪지대로 갔다가 다시 돌아오다 보니, 동성이라는 곳에 이르러서는 28기만 남게 되었다. 그런데 추격해 오는 한군은 수천기병이니 항우는 탈출할 수 없다고 판단하고 뒤따르는 기병에게 이렇게 말했다.

"내가 군사를 일으켜 지금에 이르기까지 8년 동안 이 몸도 80여전을 했다. 대적하는 자를 격파하고, 격파된 자는 복종하여 지금까지 한번도 패배한 적이라고는 없다. 드디어 패자로서 천하를 보유하게 되었는데, 지금 끝내 여기서 괴로움을 당하게 되는 것도 하늘이 나를 망하게 하는 것이지 내가 전투에서 약한 죄는 아니다.

항우는 여기서 마지막 자존심을 보여 주려는 것이다.

그는 기사를 나누어 4대(隊)로 만들고 4면으로 나가게 했다.

한군이 이를 몇 겹으로 포위하자 항우가 그의 기사들에게 말했다.

"내가 공들을 위하여 한 사람의 적장을 잡아 보이겠다."

그리하여 4면으로 향하려는 기사들에게 달려나가게 하고 산의 동쪽에서 3개 지점으로 집결하도록 약정했다.

이윽고 말을 달려 드디어 그는 한군의 장을 베었다.

항우는 곧 약정한 바와 같이 그의 기사들과 만나 3개 지점에 집결하였다. 한군이 항우를 찾기 위해 포위하자 항우는 다시 말을 달려 한군의 도위 한사람을 베고 수십 내지 수 백인의 병졸을 죽였다.

다시 그의 기사들을 모았더니 2기를 일었을 뿐이었다.

항우가 의연하게 말했다. "자 어떠한가!" 기사들이 모두 엎드려 말했다. "대왕께서 말씀하신 대로입니다."

항우가 오강에 이르자 정장이 배를 대놓고 정중히 맞이하여 말했다.

"강동이 비록 작지만 그래도 사방이 천리나 되며, 수십여 만 백성이 있사오니 왕 노릇하실 만합니다. 대왕께서는 어서 건너시지요. 지금 오직 신만이 배를 갖고있어 한의 군사가 오더라도 건널 수 없습니다."

항우가 말했다.

"하늘이 나를 멸망시켰는데 강을 건너서 무얼 하겠는가? 나는 강동의 자제 8천명과 강을 건너 서쪽으로 진격했는데, 보다시피 아무도 돌아오지 못했다. 설령 강동의 부하들이 나를 불쌍히 여겨 왕으로 삼는다 해도 내가 무슨 면목으로 그들을 볼 수 있겠는가? 그들이 말을 하지 않더라도 내 스스로 마음에 부끄럽지 않겠는가?" 항우는 아끼던 말(馬)만 정장에게 준 다음, 기사들에게 명하여 모두 말에서 내려 보행하게 하고 다시 단병을 가지고 접전했다. 항우 혼자서 죽인 한군만 해도 수 백인이었으나 항우도 역시 10여군데 부상을 입었다.

항우가 한의 기마사인 여마동을 돌아보고 말했다.

"내가 듣기로는 한에서 나의 머리에 1천 금과 1만호의 읍을 걸었다고 하는데, 내가 그대를 위하여 은덕을 베풀겠다."

이어 그는 스스로 목을 찔러 죽었다. 기원전 202년의 일로 이때 그의 나이는 불과 32세였다.

항우가 초패왕이 되기까지와, 역경에 처하였을 때 부하들을 통솔하여 싸우는 최후의 모습을 항우본기에 의거하여 간추려보았다. 이를 보면 하우는 자신의 죽음이 하늘의 뜻이라고 믿고 있으며 자신의 무능에서 온 것이 아니라고 굳게 믿고 있었던 것을 알 수 있다. 그래서 그는 끝까지 자긍심을 가지고 자신의 능력을 보여 주려고 애썼던 것이다. 아무튼 부하들을 최후의 순간까지 그의 지시대로 일사분란하게 움직인 그의 통솔력에 찬사를 보내지 않을 수 없다.

(3) 울면서 마속의 목을 벤 제갈량

제갈량(諸葛亮) 하면 중국에서는 지혜로운 사람의 대명사로 통한다고 한다. 우리 주변에서도 "돈이 제갈량이야!"하는 말을 이따금 들을 수 있다. 가볍게 음미해 보면 돈의 위력을 나타낸 말일 것이다. 물론 돈의 위력을 말하고자 이 말을 꺼낸 것은 아니다. 제갈량의 능력과 저명도를 쉽게 짐작할 수 있는 말이기 때문이다. 실로 제갈량은 후세에 불세출의 명성과 수많은 일화를 남기고 있다. 여기서는 제갈량의 생애에 대해 간략히 살펴본 후, 통솔측면에서 교훈으로 회자되고 있는 “읍참마속”의 일화에 대해 소개하겠다.

(가) 물과 물고기와의 만남

제갈량은 어떤 인물인가? 주지하는 바와 같이 제갈량은 유비의 명 군사(軍司)이자 촉한(蜀漢)의 명 재상이다.

그는 후한 영제4(181년) 낭야군 양도현(현재 산동성 기남현 부근)에서 후한 말 태산군의 승(丞)을 지낸 제갈규와 장씨 사이에 3남 1녀 중 차남으로 태어났다.

제갈량이 태어나던 해 조조는 27세로 조정의 의랑 이었으며, 유비는 21세로 하북의 탁현 시골에서 짚신 따위를 만들어 팔며 생계를 유지하고 있었다. 그리고 손권은 제갈량과 같은 해에 태어났다.

제갈량은 어려서 부친을 여의고 15세 때 여장태수로 부임하는 숙부 제갈현을 따라 형주로 갔다. 제갈현은 후한의 황제에 의해서가 아니라 오늘날의 안휘 · 강서성 일대에 세력을 형성하고 황제라 자처했던 원술에 의해서 태수로 임명되었는데, 이를 알게된 후한의 조정에서는 주호라는 자를 보내 제갈현을 대신토록 했다. 그러자 제갈현은 평소 교분이 두터웠던 형주목 유표에게 몸을 의탁하였다. 제갈현이 죽은 후 제갈량은 10여년 동안 농사를 지으며 지냈다.

제갈량은 젊어서 어느 정도 자만에 빠졌던 것 같다. 그는 8척장신의 허우대가 좋은 젊은이였는데, 항상 자신을 제나라 환공의 명 재상 관중과 연나라 명장 악의에 비유했다. 그러나 당시 그를 그렇게 믿어주는 사람이 없었는데, 오직 박릉군의 최주평이라는 사람과 영천군의 서서라는 사람만이 제갈량의 말을 믿었다 한다.

당시 유비는 유포에게 의지하며 신야에 주둔하고 있었는데, 유비는 서서를 인물감으로 생각했다. 그러한 서서가 “제갈량 공명은 와룡(臥龍)입니다.

장군께서 그를 한번 만나 보시지 않겠습니까?"하고 추천하기에 이르렀다. 이에 유비는 세 번을 찾아가서야 비로소 어렵게 제갈량을 만날 수 있었다. 건안 12년(207년)의 일로 이른바 삼고초려(三顧草廬)라는 고사이다. 제갈량은 이렇게 하여 유비의 군사(軍師)가 된 것이다.

이로부터 그와 정이 나날이 친밀해지자, 관우 · 장비 등이 기뻐하지 않았다. 이때 유비는 "나에게 공명이 있는 것은 물고기가 물을 만난 것과 같으니 다시는 언급하지 않기 바라오."라고 하여 불평을 멈추게 한다. 이 때부터 제갈량은 유비와 불가분의 관계를 맺게 되었다.

제갈량은 유비의 영웅다운 자태와 기개에 깊이 감동을 받아 흉금을 열고 진심을 토로하여 서로 두터운 정을 맺었다. 조조가 형주를 쳤을 때, 유종이 형주를 바치고 투항하였으므로 유비는 세력을 잃고 병력이 적어 발붙일 곳이 없었다. 당시 제갈량은 27세였지만, 직접 손권에게 사자로 가서 오에 구원을 요청하였다. 손권은 이전부터 유비를 존경하여 머리를 숙이고 있었고, 또 제갈량의 특출한 재능을 보고는 그를 매우 존경하고 중시하여 즉시 병사 3만을 파견하여 유비를 도왔다. 유비는 이렇게 얻은 병사로 208년 적벽 등에서 조조와 교전하여 위나라 군대를 크게 깨뜨렸으며, 유리한 형세를 차고 승리하여 장강 이남을 평정했다. 후에 유비는 또 서쪽으로 익주를 탈취했으며 익주가 평정되자 제갈량을 군사장군(軍師將軍)으로 삼았다.

건안 26년(221년), 신하들의 권유에 따라 황제자리에 오른 유비는 제갈량을 승상으로 임명했다.

(나) 관중 · 소하와 맞먹는 재상

제갈량은 정치를 잘한 명재상이었다. 정사 〈삼국지〉「제갈량전」에 보면 저자 진수는 제갈량을 다음과 같이 평하여 말하고 있다.

"제갈량은 승상이 되어 백성들을 어루만지고. 공정한 정치를 실행했다. 충의를 다하고 시대에 이익을 준 자에게는 비록 원수라도 반드시 상을 주었고, 법을 범하고 태만한 자에게는 비록 가까운 사람이라도 반드시 벌하였다. 죄를 인정하고 반성하는 자는 무거운 죄를 지었어도 석방했으며, 진실을 말하지 않고 말을 교묘하게 꾸미는 자는 비록 가벼운 죄를 지었더라도 중형에 처했다. 선행을 하면 작은 일이라도 상을 주지 않은 적이 없으며, 사악한 행동을 하면 사소한 것이라도 처벌하지 않은 적이 없다.

제갈량은 세상을 다스리는 이치를 터득한 걸출한 인재로서, 관중 · 소하와 비교할 만하다."

제갈량이 대체적으로 바른 법을 정하고 법에 따라 상벌을 분명히 했음을 알 수 있는데, 정치를 하는데 있어서 관중 · 소하와 맞먹는 걸출한 인재로 평가받고 있다.

(다) 울면서 마속의 목을 베다(泣斬馬謖)

그는 어떻게 하여 뛰어난 통솔자가 될 수 있었을까? 계속해서 진수의 제갈량에 대한 평을 보면,

"제갈량은 각종 사무에 정통하였고, 사물의 근원을 이해하였으며, 형법과 정치는 비록 엄격하였지만 원망하는 자가 없었다. 이것은 마음을 공평하게 쓰고 상주고 벌주는 것을 분명하게 했기 때문이다."라고 되어 있다.

이 말을 살펴보면, 그는 업무에 정통한 실력파로써, 사리에 밝고 공명정대 하였으며, 신상필벌을 과감히 시행한 것을 알 수 있다.

그가 울면서 마속의 목을 벤 일화는 마음을 공평하게 쓰고, 상주고 벌주는 것을 분명히 한 일화로 널리 알려져 있다.

먼저 제갈량과 마속과의 관계에 대해 간략히 알아보자. 마속(馬謖)은 자가 유상(幼常)이고, 촉한의 양양군 의성현 사람으로, 다섯명의 형제가 있었는데, 모두 재능이 있고 명성을 날려 그의 고향 마을에서는 마씨 오형제에 대한 노래까지 만들어 불렀다. 정사 〈삼국지〉에 따르면 마속은 일반 사람들을 뛰어넘는 걸출한 재능을 가지고 있었고, 군사 전략에 관한 논의를 좋

아했으며, 제갈량에게 능력을 크게 인정받고 있었다. 그래서 유비가 임종 무렵 "마속의 말이 실전을 넘고 있어 크게 쓰는데는 문제가 있다."고 일렀음에도 불구하고 제갈량은 마속이 그렇지 않다고 생각하고 참군으로 임명하였으며, 마속을 불러서 담론했다 하면 항상 대낮부터 밤까지 이르렀다. 제갈량은 마속의 능력을 인정하여 이처럼 가까이 지냈던 것이다. 제갈량이 마속을 참형에 처하게 된 것은 서기 228년 위나라를 공격하기 위해 기산으로 출병하였을 때의 일이다. 이때 사마의가 한중에 이르는 주요 관문인 가정(街亭)을 취하려 하였다. 당시 경험이 풍부한 장수 위연, 오일 들이 있어, 모두 이들이 선봉이 되어야 한다고 모두 주장했음에도 불구하고 제갈량은 마속을 발탁하여 위나라 선봉장 장합과 싸우게 하였다. 제갈량은 마속에게 정병 2만 5천명을 주어 왕평과 함께 보내 가정에 이르는 길목을 막게 하고, 고상에게는 가정에 있는 열류성을 지키다 가정이 위기에 처하면 돕도록 하였으며, 위연은 가정의 뒤쪽에서 진을 치게 하였다. 또한 조자룡과 등지는 기곡에서 적을 혼란시키도록 하고, 제갈량 자신은 강유를 선봉장으로 삼아 미성을 취하기 위해 야곡으로 향했다.

마속이 왕평과 함께 가정에 도착하여 지세를 살폈다. 마속이 껄껄껄 너털웃음을 터뜨리며 말했다.

"승상의 노파심이 지나치다고 생각지 않소? 이처럼 외진 산골짜기에 위의 군사들이 어찌 올 수 있겠소?" 왕평이 대답했다.

"혹 위의 군사들이 올 수 없다고 하더라도 이곳에 이르는 다섯 길목에 진지를 세우는 것이 좋겠소. 빨리 군사들에게 명하여 나무를 베어다가 진지를 세워 오래도록 버틸 수 있는 계책을 세웁시다."

"길옆에다 진지를 구축하다니요? 저쪽 건너 산은 사면이 막혀 있을 뿐만 아니라, 아름드리 나무도 많으니 하늘이 내린 요새라 할 수 있을 것 같소. 그 산 정상에 진지를 구축합시다."

"참군께서 크게 착각하시는 것 같습니다. 길옆에 진지를 구축하더라도

성을 단단히 쌓는다면 비록 10만 적병이라도 함부로 뚫지 못할 것입니다. 만일 이곳을 버리고 산 위에 군마를 주둔시킨다면 위의 군사들이 몰려와 사면을 포위할 것인데 무슨 수로 막으려 하십니까?"

마속은 여전히 웃으면서 큰소리쳤다.

"나는 수차에 걸쳐 승상을 모시고 다녔는데, 그 때마다 승상께서 진치는 방법을 일일이 가르쳐주셨소이다. 이 산의 형세를 살펴보니 외부와 차단되어 있는 절지(絶地)인데, 만일 적군이 수로를 끊는다면 물이 없어 우리 군사는 자중지란에 빠지고 말겁니다."라고 마속이 역정을 냈다.

"당치도 않은 말은 집어치우시오, 손자의 병법에 이르기를 '죽도록 싸워야 살아 남을 수 있다'고 했소. 만일 위병들이 우리의 물길을 끊으려 한다면 죽을 각오를 하고 싸울 것이 아니오? 그렇게 되면 우리는 능히 대적할 수가 있소. 내가 평소에 병서를 읽었기 때문에 승상께서 여러 문제를 나에게 물으시어 처리한 것인데 공은 왜 자꾸 내 뜻을 막으려 하오?"

"참군께서 꼭 저 산 위에 진지를 세우고 싶으시다면 저에게 군사는 나누어 주십시오." "그대가 정녕 내 명을 거역하겠다면 5천만 군사만 거느리고 가시오." 왕평은 5천 군마를 거느리고 산에서 내려와 10여리 밖에 진지를 구축했다.

한편, 마속의 진에 대한 정찰을 마친 사마의는 선봉장 장합에게 왕평이 올 수 있는 길을 끊도록 하고, 또한 신의와 신탐을 불러 "양쪽으로 군사를 거느리고 가서 산을 포위하여 물길을 끊고 기다리다가 촉병이 먹을 물이 없어 자중지란에 빠지면 여세를 몰라 산을 공격하라,"고 영을 내렸다.

다음날, 날이 밝자 사마의가 친히 잔병을 거느리고 나가서 마속이 있는 산을 완전히 포위했다.

이에 마속이 거느린 산꼭대기의 촉병들은 마실 물이 없어 식사를 못하자 크게 혼란에 빠지고, 산 아래로 내려가 투항하는 자가 속출했다. 사마의가 산에 불을 지르자 마속은 더 이상 버티지 못하고 패잔병을 거느리고 내려와 도주하였다.

이렇게 하여 가정을 빼앗기자, 본진이 진격한다 하여도 마땅한 거점이 없으므로, 제갈량은 하는 수 없이 공격을 중단하고 한중으로 회군하였다. "이번에 패하여 많은 군사와 땅을 일고 성을 빼앗긴 것은 모두가 네 잘못이며, 군율이란 밝지 못하면 군사를 복종시킬 수 없는 것이다. 네가 군법을 범하여 받는 벌이니 나를 원망하지 말고, 네가 군법에 의해 죽음을 당하더라도 네 가족에게는 월급과 양곡을 대어줄 것이니 죽더라도 걱정하지 말라." 제갈량은 좌우에 명하여 마속의 목을 베라고 영을 내렸다. 마속이 울면서 아뢰었다. "승상께서 저를 자식처럼 보셨고 저는 승상을 아버님처럼 대했습니다. 저의 죄는 피할 길이 없습니다. 원컨대 승상께서 순 임금이 못된 아들 곤을 극형에 처하고 우 임금을 기용하신 의로 처단하신다면 제가 비록 죽는다 하더라도 여한 없이 구천에 묻힐 것입니다."

제갈량은 눈물을 닦으며 말했다. "옛날 손무가 천하를 다스렸던 것은 법을 밝게 썼기 때문이다. 지금 사방이 나뉘어져 서로 다투고 있는 이때에 법을 폐한다면 어찌 역도들을 토벌할 수 있겠는가? 애석한 일이나 참하는 것이 마땅하다." 곧 무사들이 39세 마속의 목을 베어 뜰 아래 바쳤다. 이렇게 제갈량이 눈물을 흘리며 사랑하는 부하 마속의 목을 베니 "읍참마속(泣斬馬謖)"이란 말이 생겨나게 되었다.

한편 제갈량도 패전에 대한 책임을 지고 강등을 자원하는 표문을 올렸으며, 후주 유선은 그의 간청을 받아들려 승상에게 우장군으로 등급을 낮추고 승상의 직무를 대행하면서, 전처럼 3군을 총괄하게 하였다. 자신도 강등되기를 자처하였던 것이다. 제갈량의 엄격한 신상 필벌을 잘 보여준 일화로, 정사에는 자세히 나와 있지 않으므로 〈삼국지연의〉에 의거하여 기술하였다.

제갈량은 재물을 탐내지 않고 청렴결백하게 살았으며, 죽음에 이르러서까지 "산에 의지하여 묘를 만들고, 묘지는 관을 넣을 수 있도록 만 하며,

염할 때는 평상시 입던 옷으로 하고 제사 용품은 사용하지 말라."고 유언하였다. 234년 8월 그의 나이 54로 일기를 마칠 때의 일이다.

다. 리더십 변화의 방향

리더십에 대한 연구는 초기의 단편적인 리더십 요소들에 대한 연구[1]에서 현재는 통합적 상호작용을 하는 과정(Interactive Process)에 대한 연구가 주를 이루고 있다. 이는 시대적 환경변화에 따라 리더십을 종합적이고 좀 더 보편타당하게 설명하려는 학문적인 노력에서 비롯되었다. 또한 사회발전 원동력의 변화는 조직 내·외의 환경뿐만 아니라 이러한 원동력을 효과적으로 운용하고자 하는 리더십 발휘 개념에도 많은 변화를 가져오고 있다. 학자들은 21세기적 환경 변화를 '폭력과 부에서 정보와 지식으로 권력이동[2]'이나 '신지식사회의 출현[3]'이라는 사회발전 원동력의 변화로 설명하고 있다. 21세기 지식정보화사회에서는 지식과 정보가 가장 핵심적인 요소로서 부가가치 창출 및 사회발전과 조직운영의 원동력이다. 따라서 지식정보화시대 리더십의 방향은 지식과 정보의 계발 및 창출에 주안점을 두어야만 한다.

산업시대의 원동력은 경제력, 기술력이었으며 이러한 원동력을 효율적으로 획득하고 사용하기 위해 과학적인 관리[4]를 중시하였다. 과학적인 관리는 인력과 자원의 할당뿐만 아니라 투입과 산출에 대한 과학적 통제, 대

---

1) 초기연구: 특성론(리더의 특성 탐색 및 계발에 대한 리더십 이론), 행동론(리더의 행동 탐색 및 계발에 대한 리더십 이론), 상황론(상황에 적합한 리더의 행동, 리더/부하의 특성을 연구한 리더십 이론), 상호작용론(리더, 부하, 상황의 상호작용에 대한 리더십 이론).

2) 앨빈 토플러, 세계적인 미래학자로 '제3의 물결', '권력이동' 등의 저자, '권력이동'에서 문명사적 변화원동력을 설명하면서 인용.

3) 피터 드러커, 세계적인 경영학자로 '자본주의 이후 사회의 지식경영자', '미래기업' 등의 저자, 산업시대 이후의 사회를 신지식사회로 설명.

4) 테일러(F.W. Taylor), 페이욜(H. Fayol) 등에 의해 제시된 이론으로 최소의 노동과 비용으로 최대의 생산성을 높이기 위한 관리방법, 조직 속의 인간과 직무를 과학적으로 관리함으로써 생산성 향상에 도움을 줄 수 있음을 보여주었으나 조직 속의 인간을 기계적 관점으로 인식한다는 비판을 받음.

량화, 서열화를 통한 효율성을 추구하였다. 이는 군에서도 그대로 적용되어 정보 집중 및 업무통제가 용이한 다계층적 조직구조[5]가 일반화되었고, 대규모 전투를 위한 편성과 구조, 그리고 수직적이고 위계적인 지휘통제시스템으로 발달되었다.

산업시대의 군은 평소 임무와 관련된 정형화된 훈련을 반복 숙달하고 유사시에는 수집된 정보의 통제와 중앙집권적 활용, 그리고 대량생산된 무기체계와 대규모 병력을 이용하여 임무를 달성하였다. 따라서 군은 산업시대에 맞는 다계층 위계구조로 설계되어 상관의 리더십이 하향적 · 집권적으로 발휘되었으며, 전투력이 높고, 효율성 있는 조직을 만들기 위해서는 상관의 통제와 지시에 절대적으로 복종하는 부하들이 필요하다고 인식하여 왔다. 결과적으로 산업시대의 리더십 관점에서는 인간 개개인의 개별적 · 독립적 · 창조적 역할보다는 일사불란한 조직의 일부로서 기계적 역할이 강조되었다.

지식정보화시대의 지식과 정보는 사회발전의 원동력으로서 인간과 조직, 그리고 리더십에 대한 산업시대의 관점을 획기적으로 변화시키고 있다. 또한 인간에 대한 존엄성이 더욱 강조되는 최근의 사회풍조는 지식정보 창출의 근원인 인간과 리더십에 대한 관점의 변화를 더욱 가속시키고 있다. 분업과 효율성 위주인 산업시대의 다계층적 구조와 위계적 문화로는 지식정보기반 사회의 변화된 환경에 대해 적시적 · 효과적 대응이 어렵다. 인간 정신활동의 산물인 지식과 정보는 일방적 지시, 할당, 통제, 과학적인 관리만으로 생산성이 향상되거나 효과적인 경쟁력을 가질 수 없다. 지식과 정보는 자발적으로 연구하고 생산하며 공유할 때 최대한의 효과를 발휘할 수 있다. 따라서 지식정보화시대의 리더십은 조직 구성원이 자발적으로 지

5) 다계층적 조직(위계)구조: 조직 내 계층이 많고 피라미드형 조직구조를 지녀 정보와 권한의 집중, 지시와 통제에 유리한 조직구조(예 : 한 개 처에 계, 과, 부, 처의 4계층을 두는 구조).

식을 함양하고 지혜로 창조할 수 있는 환경을 만들어 주며, 지식과 정보를 유용하게 활용하는 시스템을 만드는데 주력해야 한다. 인간은 개개인이 고유의 존재가치를 인정받고, 존중받으며, 격려 받을 때 가장 창의적이고 자발적이다. 이러한 관점에서 새로운 리더십은「인간존중 사고와 가치에 기반을 둔 인간중심 리더십」을 지향하고 구현해야 한다.

지식정보화사회에서 지식과 정보가 부(富)를 창출하는 가장 큰 역할과 기능을 수행하는 것처럼 전쟁에서도 지식・정보의 지배가 전쟁을 승리로 이끄는 결정적 요소로 작용한다. 이라크전쟁에서 보듯, 전장 우위의 확보는 시시각각변하는 전장상황에서 적보다 먼저 강・약점을 식별하고, 실시간에 판단하고 결심하여 타격하는 시간을 얼마나 단축하느냐에 달려있다. 지식정보화시대의 전쟁이 5차원 전장공간으로 확대됨에 따라 지휘 폭이 신장되고 공세적 적극방위를 위한 원거리, 비접적, 비선형, 동시 전투방식을 채택하여 과거와 같은 일률적인 통제가 곤란하게 되었다. 군사조직 또한 점차적으로 지식정보화사회에 적합한 조직형태를 갖추게 될 것이다. 지휘통신체계 및 정보공유체계, 장거리 타격체계 등의 발달, 임무위주의 부대편성, 전투 기본단위의 변화, 팀・태스크포스(Task Force) 편성[6] 등이 더욱 활성화될 것이다. 따라서 변화된 조직형태에 적합한 새로운 지휘개념이 요구된다.

군 조직은 점진적으로 지휘단계가 축소되거나 수평적 네트워크화 경향을 지니게 될 것이므로 조직의 효율성 제고를 위해서는 전 구성원 및 제대간 노력의 통합과 자율적 협력이 중요하다. 상관의 지시와 통제에만 의존하여 임무를 수행하려는 자세로는 변화하는 전장상황에 효과적으로 대응하

---

6) 팀・태스크포스: Adhocracy(애드호크라시)조직의 하나로 Adhocracy는 앨빈 토플러가 '미래충격'이라는 책에서 주장한 조직형태로서 관료제(Bureaucracy)에 대비되는 단기적・비정형적・수평적・임무위주 조직, 일반적으로 팀・태스크포스・위원회 등의 임시조직을 의미.

거나 호기를 이용할 수 없으며, 전투의 승리를 보장할 수 없다. 전투현장의 상황을 가장 잘 알고, 그 상황에 적합하고 융통성 있는 해결책을 지닌 현장 지휘관(자)의 적극적이고 창의적인 역할이 더욱 중요하게 되었다. 또한 양적인 대군주의에서 질적인 정예주의 추구 경향은 전 구성원의 직무에 대한 전문성 습득과 이들에 대한 자율형, 참여형 지휘여건 보장의 중요성을 점점 증가시키고 있다. 따라서 이러한 요구를 충족하기 위해 우리 군에서도 과거 어느 때보다 임무형 지휘의 숙달 및 적용의 필요성이 대두되고 있다.

위에서 살펴본 바와 같이 군이 문명사적 변화에 적응하고 군 본연의 역할을 효과적으로 수행하기 위해서는, 구성원 모두가 지식·정보에 기반하여 생각하고 판단하는 군인(Thinking & Smart Soldier)인 동시에 스스로 리더라는 인식을 가져야 한다. 따라서 군의 전 구성원은 능동적이고 창의적인 지식정보형 군인 및 리더로 계발되어야 하며, 이를 위해 육군은 지식정보화시대에서도 승리하기 위해 「인간중심 리더십에 기반을 둔 임무형 지휘」를 지향하고 있다.

> 지식·정보화 시대의 새로운 군대가 요구하는 군인상은 변화무쌍한 상황을 올바로 인식할 줄 알고 생각하며 창의력을 발휘하는 군인이다. 이를 위해 끊임없이 노력하고, 의문점이 있을 때는 명령권자에 대해서도 질문하는 그런 군인이다.
>
> — 전쟁과 반전쟁(앨빈 토플러) —

2. 지휘통솔과 리더십

육군은 지식정보화시대의 도래, 인간존중의 가치 확산 및 사회적 가치의 다원화, 복지 및 학력수준 향상에 따른 국민의식 변화, 인터넷 혁명 등 과학 기술발달이라는 새로운 환경에 직면하고 있다. 새로운 환경은 조직이 지닌 구조와 결심체계, 조직발전 원동력, 조직 구성원간의 인간관계 등에 영향을 주는 근본적인 변화와 혁신의 동기로 작용하고 있다. 이러한 추세에 따라 우리 군도 과학화, 정보화, 첨단화를 지향하기 위한 「국방개혁 2020」을 추진하는 등 적극적인 변화와 혁신을 시도하고 있다.

새로운 환경에 적응하기 위해서는 조직의 제도와 체계 등의 변화뿐만 아니라 그 조직을 움직이는 사람과 조직운영 방법의 변화도 수반되어야 한다. 육군에서는 조직운영과 관련한 부분을 '지휘', '통솔', '지휘통솔', '리더십' 등의 용어로 표현하여 왔다.

가. 지휘, 통솔, 지휘통솔의 정의와 개념

먼저 현 교리[7)]에서 의미하는 지휘, 통솔 그리고 지휘통솔에 대한 정의와 개념 등을 살펴보면 다음과 같다.

(1) 지휘의 정의

지휘(Command)란 '지휘권에 입각하여 부대를 이끌어 가는 일체의 행위로서 임무완수를 위하여 부대활동을 계획, 지시, 협조하는 기능'이다.

지휘권이란 '지휘통솔자가 계급과 직책에 의해서 예하부대에 합법적으로 행사하는 권한'이다.

(2) 통솔의 정의

통솔(Leadership)이란 개인의 인격 또는 능력에 의해 구성원에게 직・간접적으로 영향력을 미쳐 자발적이며, 적극적으로 임무를 완수하게 하는 과정을 말한다.

지휘통솔자의 솔선수범을 통하여 부하에게 믿음과 감동을 주어 동기를 유발함으로써 부하들이 스스로 따라오도록 만드는 것이다.

---

7) 야교 6-0-1 지휘통솔, 2004와 야교 101-1 지휘관 및 참모업무, 2003.

(3) 지휘통솔의 개념

지휘통솔자가 자기에게 부여된 권한과 책임을 바탕으로 부대발전 및 조직의 목표를 효과적으로 달성하기 위하여 구성원에게 목적 및 방향제시, 동기부여를 통한 영향력을 행사하여 구성원의 모든 노력을 부대목표에 집중시키는 활동 및 과정이다.

[그림 3-2] 지휘통솔의 개념

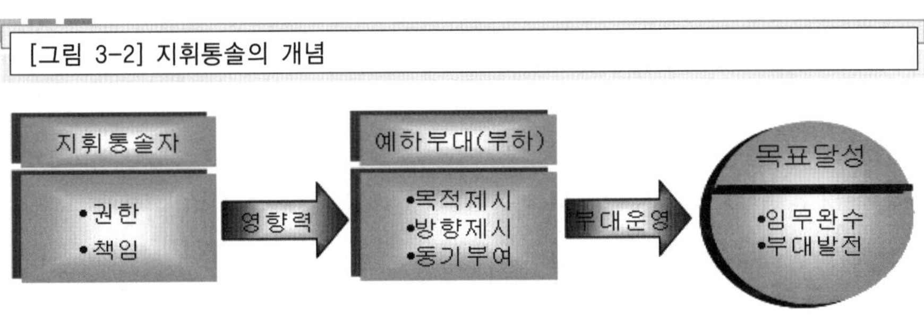

[그림 3-3] 지휘통솔

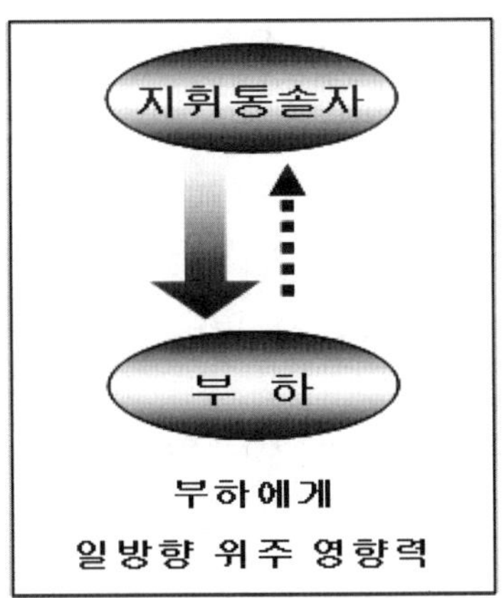

상기 내용을 종합해 볼 때, 지휘통솔은 지휘(Command)와 통솔

(Leadership)의 합성어[8]로 지휘권이라는 합법적 권한과 직책을 바탕으로 하는 지휘(指揮)와 부하를 감동시키는 통솔(統率)이라는 용어가 결합되어 사용되어 오고 있다. 특히 리더십을 통솔로 번역하여 「부하에게 믿음과 감동을 주어 동기를 유발하는 하나의 기술(Skill)」로 보고 있으며 [그림 3-3]과 같이 오직 부하에 대해서만 영향력을 행사하는 것으로 한정하였다. 따라서 통솔이라는 용어는 부하에 대한 상관의 개인적 영향력 발휘 측면에서는 타당하지만 리더십의 동의어로 사용하기에는 제한[9]이 있다. 리더십은 지휘통솔자만이 아닌 다수 구성원이 참여하고, 상호 영향력 발휘와 참여의 과정을 통해서 조직발전과 임무달성에 기여한다는 기본적 인식을 바탕으로 한다. 즉, 지휘통솔은 상관이 부하에게 일방향적으로 발휘하는 상관의 리더십이라고 한다면, 리더십은 리더가 부하에게 발휘하는 지휘통솔뿐만 아니라 상관에 대한 팔로워십(Followership), 동료를 향한 파트너십(Partnership) 등 모두를 포함하고 있다.

나. 「리더」와 「리더십」 개념

앞서 언급한 것처럼 기존의 통솔은 '상관이 부하에 대해 일방향 위주의 영향력을 행사하는 기술'이었다. 과거의 리더십이론도 조직 내 구성원 간의 계급과 서열, 그리고 계층구조의 원리를 통해 발휘되었기 때문에 '조직 내에서 상급자가 부하를 어떻게 잘 다스려 이끌 수 있는가'가 리더십 연구의 핵심과제였다. 그러나 최근의 리더십이론은 리더와 조직 구성원간의 관

---

8) 야교 6-0-1 지휘통솔, 2004, pp.1-4~1-5, 지휘통솔을 '지휘(command)와 통솔(Leadership)'로 구분, 지휘통솔의 명칭은 1990년 (3차 개정) 이후 사용.

9) 리더십과 통솔의 차이: 리더십(Leadership)은 서구적 근원을 가지고 있으며 합리적 사고를 바탕으로 한 과학적 접근을 통해 인간 상호관계, 환경과의 연관성을 설명하고 수평・수직・공식・비공식 조직이나 인간관계 여부와 상관없이 통용. 반면에 통솔(統率)은 동양적 근원을 가지고 있으며, 합리적 사고보다는 정신적인 면에서의 인간관계를 중요시하고 주로 상・하 관계가 성립되어 있는 공식・비공식 조직에서 통용. 따라서 리더십이 통솔보다 광의적이고 포괄적인 개념.

계를 수직적·단편적으로 이해하던 입장에서 벗어나, 수평적이고 슬림(Slim)화된 조직에서 지식·정보의 유통 및 활용에 적합하도록 다방향적이고 입체적으로 리더십을 이해하려는 경향을 보이고 있다. 현실적으로도 리더는 부하뿐만 아니라 상관 및 동료들과도 긴밀한 관계 속에서 다방향으로 상호 영향력을 주고 있다.

(1) 리더의 정의

리더란 "부여된 권한과 책임을 바탕으로 조직을 이끌어 나가는 역할을 맡는 자"이다. 이는 조직의 규모·계급·직책에 상관없이 임무를 부여받고 권한과 책임이 주어진 자는 모두 리더이며 육군의 전 구성원이 리더가 될 수 있음을 의미한다.

(2) 리더의 역할

[그림 3-4] 리더의 역할

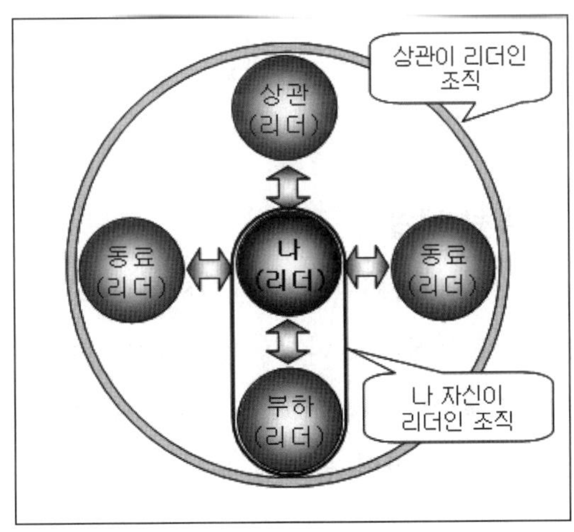

리더는 자신이 리더인 조직의 목표달성뿐만 아니라 상관이 리더인 조직

의 목표도 달성되도록 해야 한다. 리더는 상관이 리더인 조직의 목표를 달성하는데 공동 책임을 지고 있는 부하이자, 자신의 부하를 대상으로 한 리더이며 인접 리더의 동료이기도 하다. 따라서 리더는 구성원(상관, 부하, 동료)들과 서로 협력하여 자신이 리더인 조직의 목표뿐만 아니라 상관이 리더인 조직의 목표달성을 위해 노력해야 한다.

(3) 리더십의 정의

앞에서 언급한 리더의 정의 및 역할과 연계하여 육군은 다음과 같이 리더십을 정의하고 있다.

> 리더십이란 리더가 조직의 목표를 달성하기 위하여 구성원들과 함께 상호작용하면서 영향력을 미치는 과정이다.[10)]

- 구성원: 조직을 구성하고 있는 리더(나)를 포함한 상관, 부하, 동료
- 상호작용: 구성원들이 조직의 목표를 달성하기 위해 서로 영향을 주고 받는 것
- 영향력: 구성원의 행동과 사고, 태도, 가치관, 신념 등에 효과적인 변화를 가져오는 힘과 행동

(4) 리더십 발휘 대상

리더가 조직의 목표를 효과적으로 달성하기 위해서는 부하뿐만 아니라 구성원인 상관과 동료들에게도 리더십을 발휘하여야 한다. 소대장은 분대장의 리더이면서 중대장의 부하이고 분대장은 분대원의 리더이면서 소대장의 부하이다. 상관의 부하인 동시에 부하의 상관이 되어 임무를 수행하

---

10) 과정(Process): 단계나 절차만의 의미가 아닌, 조직에서 리더와 구성원, 상황 사이에서 영향력이 연속적으로 상호작용되는 현상 자체를 의미, 정적이 아닌 동적인 현상을 강조한 용어.

게 된다. 따라서 항상 내 입장에서만 생각하고 행동해서는 안 된다. 내가 상관에게 바라는 대로 부하에게 정성을 다해야 하고, 부하가 나에게 해주기를 바라는 대로 상관에게 행동해야 한다. 동료들이 경쟁 대상이라는 인식에서 벗어나 임무 수행상의 협동과 협조를 위해 나에게 도움을 주는 사람들이라는 인식의 전환이 필요하며, 조직 내 상관의 역할도 구성원들이 일을 스스로 찾아서 할 수 있도록 도와주는 것이라고 사고의 전환을 해야 한다. 따라서 육군은 리더십을 리더가 조직 목표를 달성하기 위하여 구성원인 상관, 부하, 동료와 상호작용하면서 일방향이 아닌 다방향으로 영향력을 미치는 과정으로 정의하였고, 리더의 역할도 일방향적이고 편향적인 역할이 아닌 다방향적인 역할로 정립하였다.

[그림 3-5] 지휘통솔과 리더십

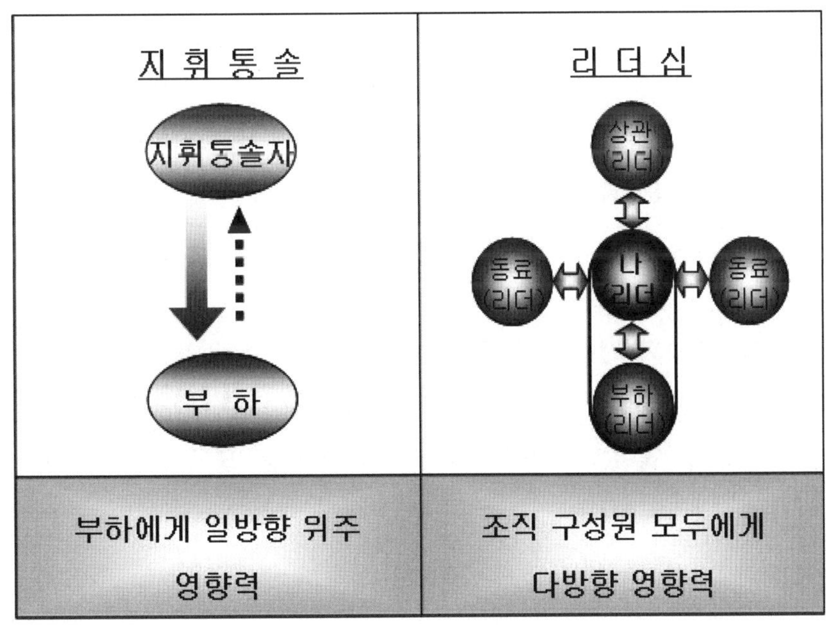

기존의 지휘통솔이 부하를 대상으로 일방향 위주로 영향력을 행사하는 활동이었다면 리더십은 상관, 부하, 동료를 대상으로 다방향으로 영향력을 미치는 것이다. 조직은 사람들로 구성되어 있고, 조직 성패는 그들을 이끄는 리더와 구성원들의 가치와 행동에 따라 좌우된다. 따라서 리더와 구성원(상관, 부하, 동료)들은 공동체의 동반자로서 조직 발전과 목표달성을 위해 상호 영향력을 발휘하고 있다. 결국 리더십은 조직 목표달성과 관련된 인간 본질에 대한 문제, 리더와 구성원 간의 인간관계, 구성원 상호간의 상호작용적 영향력에 초점을 둔다.

3. 21세기 이상적인 육군의 리더상

가. 육군 리더의 자질

육군의 모든 구성원들은 각 신분별 책무에 대하여 정통하고 이를 완수할 수 있는 준비가 되어있어야 한다. 또한 육군의 모든 구성원들은 리더로서 육군이 지향하는 목표에 기여할 수 있어야 한다. 육군의 바람직한 리더의 모습은 육군의 사명과 존재목적을 달성하고 국가발전 및 국제 평화유지에 기여할 수 있는 리더로서 이러한 리더상(像)은 육군의 가치를 이해하고, 내면화 하여, 실천적으로 구현할 수 있는 리더로서, 21세기 육군이 지향하는 바와 지식 · 정보화 시대의 요구에 따라 지식 · 정보에 기반하여 생각하고 판단하는 군인(Thinking & Smart Soldier)의 모습을 갖춘 “다재다능한 전인적 지식전사”라 할 수 있다. 이러한 육군의 리더에게 요구되는 자질은 다음과 같다.

[그림 3-6] 21세기 육군의 이상적 리더의 자질

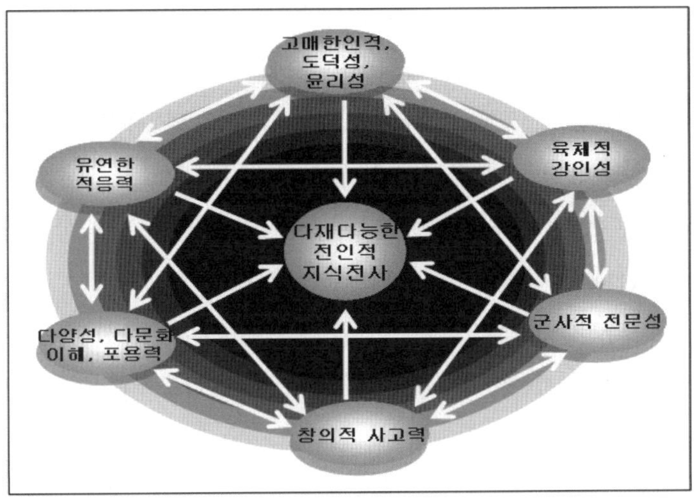

(1) 고매한 인격, 도덕성과 윤리성

육군의 모든 구성원은 국가가 부여한 사명을 완수하기 위해 합법적인 직책과 계급을 기초로 임무를 수행 한다. 공인(公人)으로서의 육군 구성원은 임무수행과 관련된 모든 부분에서 도덕성과 윤리성을 기초로 한 청렴한 태도를 보여야하며, 이는 국가에서 부여한 신성한 사명의 완수를 위해 공직자로서 가장 기본이 되는 태도이다. 이러한 도덕성과 윤리성은 법과 규정뿐만 아니라 인륜과 인간 보편적 가치에 대해서도 지켜져야 한다. 고도의 도덕성과 윤리성은 전적으로 개인의 양심과 심적 태도에 의존하기 때문에 육군의 모든 리더는 평소부터 스스로 고매한 인격을 갖추기 위해 노력하고 수련할 수 있어야 한다. 국가의 무력과 수많은 인명과 재산을 관리하고 운용하는 육군은 반드시 도덕성과 윤리성에 기반 한 임무수행을 할 수 있어야 한다.

(2) 육체적 강인성

육군은 민간조직과는 달리 전투임무 수행이라는 독특한 특성을 가짐으로써 리더로서 갖추어야 하는 자질에도 차이가 있다. 전시와 같은 상황이나 국가 재난의 상황, 그리고 한국과는 다른 기후와 풍토를 가진 국제적 환경하에서 임무수행을 성공적으로 완수하기 위해서는 육체적 강인성을 갖추어야 한다. 이러한 육체적 강인성은 물리적인 임무수행 상태의 완성뿐만 아니라 육군의 리더들이 건전한 판단과 결정을 할 수 있는 정신력의 기초가 된다. 따라서 육군의 모든 구성원들은 평소부터 자신의 체력과 건강상태를 최상으로 유지하여 유사시 어떠한 임무수행도 가능한 신체적 적합성을 달성할 수 있어야 한다.

(3) 군사적 전문성

육군이 달성하여야하는 불변의 임무는 "적과 싸워 승리하는 것"이다. 이러한 임무의 달성은 육군을 구성하는 구성원 각자가 개인의 임무수행과 관련된 고도의 군사적 전문성을 가질 때 가능하며, 싸우지 않더라도 이길 수 있는 막강한 전투력의 기초가 된다. 따라서 육군의 모든 구성원들은 자신의 임무수행 분야와 업무분야에 대한 연구와 지식함양에 노력하고, 더 나아가 리더십, 부대 운영과 전술, 전략, 군사 정책에 이르기까지 리더로서 요구되는 지식을 습득하기 위하여 끊임없이 노력하여야 한다.

(4) 창의적 사고력

육군이 현재와 미래에 직면하게 되는 환경은 급속한 변화와 예측불가능성이 상존하는 환경이며 전장 환경 역시 무기체계의 물리적·수적 우세보다는 인간의 지적 능력과 창의성이 지배하게 되었다. 이러한 환경에서 육군이 달성하여야 하는 사명과 목표, 가치들의 구현은 육군을 구성하고 있는 모든 구성원들이 피동적으로 지시에 의해 움직이는 로봇과 같은 존재여서는 불가능하다. 고도의 지적 능력과 인격을 바탕으로 최선(最善)의 결과를 달성할 수 있기 위해서는 모두가 리더로서 각자의 위치에서 창의적으로 사고하고 판단하며 실행할 수 있는 자질을 갖추어야 한다.

(5) 다양성 · 다문화 이해와 포용력

21세기는 글로벌 시대로서 생활환경 전반에 걸쳐 세계화가 이루어지고 있다. 육군의 임무수행 여건과 대상, 구성원의 특성 역시 이러한 글로벌 시대를 맞아 매우 다양해지고 있으며, 인종적 · 문화적 다양성도 높아지고 있다. 이러한 시점에서 육군의 모든 리더들은 다양한 관점과 다양한 지식을 통합하고 이를 전투력으로 승화시킬 수 있어야 한다. 이를 위해서는 다양성을 배척하고 수구적인 태도가 아닌 개방적이고 수용적인 태도를 견지하여 포용력 있는 리더의 모습을 갖추도록 노력하여야 한다.

(6) 유연한 적응력

육군의 임무는 매우 다양하며, 그 수행 여건 또한 매우 다양하다. 육군이 임무를 수행하는 환경은 급속도로 변화하며, 전장의 경우 상황의 변화는 이루 말할 수 없다. 이렇게 급변하는 상황과 환경은 육군의 기본적인 임무수행 여건의 특성이다. 또한 육군의 Hardware적 측면을 제외한 모든 부분을 관장하는 인적요소는 어떠한 요소보다 변화의 특성이 강하다. 환경과 여건에 따른 구성원의 심적 태도의 변화는 그 누구도 예측할 수 없다. 따라서 육군의 모든 구성원들은 어떠한 상황에 대해서도 유연하게 대처할 수 있고, 건전한 판단과 실행을 할 수 있는 적응력을 갖추어야 하며, 리더에게 있어서의 적응력은 스스로 유리한 임무수행 여건을 만드는 기초가 됨을 명심하여야 한다.

나. 육군 리더의 역할

리더가 조직에서 수행하는 역할은 첫째, 조직의 비전과 목표를 제시하고 이를 달성하기 위한 전략을 수립하며, 구성원 모두가 공감할 수 있도록 만드는 선도자(Leader), 둘째, 환경과 시대적 요구에 맞게 구성원들의 패러다임을 전환 시키는 변환자(Transition figure), 셋째, 임무수행 과정을 살피고 막힌 곳을 뚫어주는 역할로서의 감독자(Supervisor), 넷째, 구성원과 조직을 성장시키고 임파워링 시키는 촉진자(Facilitator), 다섯째, 다양한 생각과 관점을 수용하여 창조적인 사고로 노력과 힘을 목표 지향적으로 정렬시키는 통합자(Integrator)의 역할이라 할 수 있다.

[그림 3-7] 육군 리더의 역할

하지만 육군의 리더들의 임무수행 환경은 이와 같은 조직 내에서의 역할뿐만 아니라 조직을 둘러싸고 있는 외부 조직이나 영향요소들과의 관계에서도 효과적일 것을 요구하고 있다. 이러한 요구에 부응하여 육군의 이상

적인 리더가 갖추어야할 자질적 측면은 앞서 제시된 바와 같으며, 그러한 자질을 갖춘 육군의 리더는 현재와 미래에 있어서 육군의 성공적인 임무수행에 크게 기여할 것임에 틀림없다. 하지만 더 중요한 것은 리더가 갖추어야 하는 자질을 겸비하는 것뿐만 아니라 필요한 역할을 실천할 수 있어야 한다는 점이다. 다음은 육군에게 부여된 사명과 임무를 완수하고 가치를 구현하기 위하여 육군의 리더들이 수행하여야 하는 구체적인 역할들이다.

(1) 전투 전문가

육군은 국가방위의 중심 군이다. 이러한 육군의 위상은 육군의 전 구성원들이 자신의 계급과 직책에서 부여된 임무를 완수할 수 있을 때 달성된다. 그 중에서도 국가안보의 직접적 역할을 감당할 수 있는 전력(戰力)의 보유는 최첨단 무기체계뿐만 아니라, 육군의 전 구성원들이 전시 임무에 근거한 전문적 지식과 능력을 보유할 때 구비되는 것이다. 따라서 육군의 모든 구성원은 항시 전장에서 최상의 임무수행을 할 수 있는 준비가 되어 있어야 하며, 전장에서 육군이 승리하는데 기여할 수 있어야 한다. 전투 전문가적 능력은 육군의 모든 구성원들이 리더로서 갖추어야 할 첫 번째이자 최고의 능력이다.

(2) 군사 외교관

육군의 임무수행 범위는 국내적인 부분뿐만 아니라 점차 국제적인 부분까지 확대되고 있다. 글로벌화의 영향과 한국의 국제적 위상의 향상은 육군에게도 국내적인 임무와 함께 국제사회의 기대에도 부응할 것을 요구하고 있다. 따라서 육군의 모든 구성원들은 국제적 마인드에 기초한 자질향상에 힘써야 하고, 국제사회의 일원으로서 인류의 보편적 가치구현에 기여하겠다는 심적 태도와 실천력을 갖춤으로써 글로벌 스텐다드에 부합할 수 있어야 한다. 육군 구성원 각자는 육군을 구성하는 일원이자 육군 예하 조직의 일원이며, 자신의 직무분야에 있어서 유일한 리더이다. 이러한 육군 구성원이 국제적으로 임무를 수행할 때에는 대한민국을 대표하는 한 사람, 대한민국 육군을 대표하는 한 사람으로서 그의 태도와 임무수행 능력은 세계인이 대한민국과 대한민국 육군을 평가하는 기준이 된다. 따라서 육군의 전 구성원은 육군의 일원이자 군사 외교관이라는 점을 인식하고 성공적인 국제적 임무수행이 가능하도록 자질 향상에 힘써야 한다.

(3) 창조적 의사결정자

육군의 모든 구성원들은 계급과 직책을 부여받아 임무를 수행하며 그에 따른 책임과 의무와 권리를 가진다. 따라서 육군의 모든 구성원들은 해당 직위에서 조직의 의사결정뿐만 아니라 자신의 직무분야에 대하여 리더로서 건전한 의사결정을 하여야 한다. 특히 모든 부분에서의 불확실성과 변화가 상존하는 시대적 특성을 고려할 때, 육군의 모든 구성원은 고정관념과 관습에 얽매이기보다 다양한 정보와 의견을 기초로 창조적이고 창의적이며 임무수행에 기여할 수 있는, 건전한 의사결정을 할 수 있어야 하고, 이를 바탕으로 구성원들에게 비전과 목표를 제시할 수 있어야 한다. 이러한 리더의 창조적 의사 결정 역할은 끊임없는 학습과 다양한 경험, 그리고 타인의 다양한 관점을 수용할 수 있을 때 가능하며, 도덕성과 인격에 기초하여 발휘되어야 한다.

(4) 다양성 통합자

육군의 임무수행 환경과 미래 육군을 구성하게 될 구성원의 특성은 한국사회의 국제화와 사회 구성원 특성의 변화에 따라 영향을 받는다. 그러한 이유로 육군의 임무수행 환경은 점점 더 다양화 될 것이며, 육군을 구성하게 되는 구성원의 다양성도 점차 증가될 것이다. 다양성이 상존하는 환경과 특성에 있어서의 성공적인 임무완수는 이러한 다양성을 얼마나 잘 통합하여 육군의 사명과 가치를 구현하는데 기여할 수 있도록 만들 것이냐에 달려있다. 따라서 육군의 모든 구성원들은 자신과는 다른 특성을 가진 임무수행 관계자, 임무수행지역의 문화, 그리고 구성원의 다양성을 인정하고 존중할 수 있어야하고, 이러한 다양성이 창조적 능력으로 발현되어 궁극적으로 효과적이고 강력한 전투력으로 승화될 수 있도록 하여야 한다.

> 21세기는 개별분야를 뛰어넘어 대(大)통합을 통해 창조적 사고를 하는 인재들이 이끌어 갈 것이다.[11]

(5) 효과적인 학습자, 교육자

21세기 육군이 직면하고 있는 환경은 급속한 변화를 그 속성으로 하고 있으며, 이에 따라 육군의 임무 수행 환경 역시 불확실성이 상존하고, 육군을 구성하는 구성원의 특성과 능력 또한 과거에 비하여 매우 높은 발전을 보이고 있다. 이러한 환경에서 효과적인 임무수행과 승리의 보장을 위해서는 육군의 모든 리더가 환경과 구성원에 대한 지속적이고도 수준 높은 학습을 통하여 스스로의 전문성과 능력을 향상시킬 수 있어야 하며, 구성원에 대해서도 효과적으로 동기를 부여하고 임파워먼트 시킬 수 있는 능력과 자질을 스스로 갖추어야 한다. 따라서 육군의 모든 구성원은 임무수행 환경의 변화를 파악하고, 성공적인 임무수행에 필요한 요소들을 분석하여 활용할 줄 알아야 하며 적시 적절한 정보와 지식의 제공으로 상·하·동료들이 성공적인 임무수행에 기여할 수 있도록 지원하여야 한다. 또한 구성원의 특성과 다양성에 대한 이해와 존중을 바탕으로 그들의 장점과 창의적인 능력이 발휘될 수 있도록 계발시키고 교육할 수 있어야 한다.

11) 「로버트 루트번스타인」 著 "생각의 탄생" 중에서

(6) 제복 입은 민주시민

육군의 전 구성원은 육군의 일원임과 동시에 대한민국 사회의 일원이다. 이는 육군이라는 조직이 국민의 군대로서 탄생되고 지금까지 발전해 왔으며, 현대의 어떠한 조직도 단독적인 생존과 발전이 불가하다는 점을 고려할 때 지극히 당연한 일이다. 또한 육군이 달성하여야 할 사명과 임무가 궁극적으로 국가와 국민의 번영과 안정에 있음을 고려할 때 육군을 구성하는 모든 구성원들은 최고의 시민, 최고의 국민으로서 모범이 되어야 한다. 이는 간부들에게는 스스로 최고의 시민이 되어야 한다는 점뿐만 아니라 병사들이 복무기간에는 물론 전역 후에도 최고의 민주시민으로서 요구되는 역할을 완수할 수 있도록 교육해야하는 책임이 있음을 의미하며, 의무복무 병사들 또한 스스로 가장 모범적인 민주시민이 되어야 함을 의미하는 것이다.

> 우리가 '군인(Soldier)'으로 임무를 수행한다고 해서, '시민(Citizen)'으로서의 의무를 저버려서는 안 된다.[12)]

---

12) 「조지 워싱턴」(George Washington), 초대 미국 대통령.

제2절 리더의 영향력과 핵심역량[13)]

제1절에서 리더십을 '리더가 조직의 목표달성을 위하여 구성원들과 함께 상호작용하면서 영향력을 미치는 과정'이라고 정의한 바 있다. 이는 리더십 발휘의 주체가 공식적인 리더나 지휘관만이 아닌 '리더와 구성원'들이며, 육군의 전 구성원이 리더십을 발휘해야 한다는 의미를 내포하고 있다. 또한 리더십이 발휘되기 위해서는 영향력이 상호작용 되어야하며, 리더십의 효과적 발휘는 영향력의 확대와 밀접한 관계가 있음을 알 수 있다.

1. 영향력의 종류

리더십의 정의를 분석해 보면 "리더십이란 영향력을 계발하고 발휘하는 행동과 밀접한 관계가 있음"을 알 수 있다. 영향력에 대한 연구에 의하면, 영향력은 다른 사람의 행위에 영향을 미치는 권력과 권력을 발휘하는 '대상과 방법'등을 포함한 개념으로 설명된다. 이는 영향력이 영향의 원천인 힘(Power)과 발휘수단 차원의 행동(Action)이라는 속성을 동시에 지니고 있음을 보여준다. 따라서 영향력은 '타인의 행동과 사고, 태도, 가치관, 신념에 효과적인 변화를 가져오게 하는 힘과 행동'으로 설명할 수 있다.

영향력은 일반적으로 [그림 3-8]과 같이 크게 5가지로 구분하고 있다. 이는 다시 공식적인 직위에 기초한 강제적 · 합법적 · 보상적 영향력과 개인적인

13) 리더의 핵심역량: 리더가 리더십을 발휘하는데 필요한 핵심역량, 즉 리더십 핵심역량.
- 역량은 1970년대 초 미 국무부의 해외 공보요원 선발 시 처음 적용한 '특정한 상황이나 직무를 수행하는데 필요한 자격을 갖춘 상태나 질'을 의미.
- 육군의 리더의 핵심역량은 '리더가 갖추어야 할 수많은 역량 중에서 성공적인 리더 역할 수행을 위해 필수적이고 업무성과와 관련이 크며, 교육과 훈련을 통해 개선될 수 있는 주요역량'을 의미하며 이를 특성/품성, 지식/기술, 실천/행동으로 구분.

노력과 계발에 기초한 준거적·전문적 영향력으로 구분할 수 있다.

강제적·합법적·보상적 영향력은 공식적인 직위에 기초하여 주어진 영향력으로 리더 개인의 노력에 의해 그 영향력 자체의 확대나 축소가 일어나지 않는다. 다만 영향력의 적절한 사용방법에 의해 효과성을 달리할 수 있다. 반면에 준거적·전문적 영향력은 직위보다 개인의 품성이나 전문적인 능력에 기반을 둔 영향력으로 리더 개인의 노력과 계발에 의해 무한대로 확대가 가능한 영향력이다.

[그림 3-8] 영향력의 종류

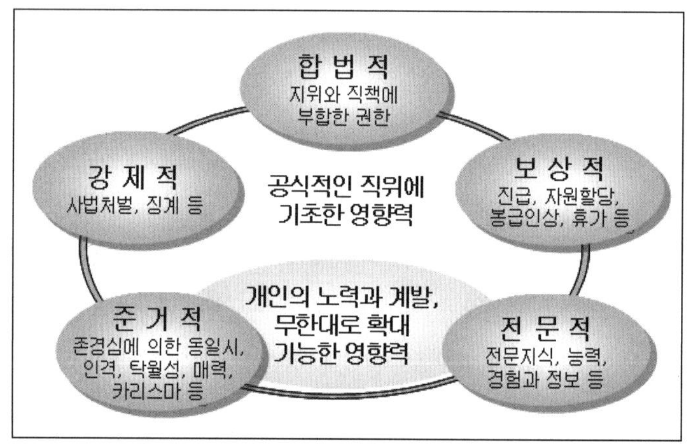

가. 강제적 영향력

강제적인 영향력은 타인에게 강압적으로 강요하는 영향력이다. 공포와 두려움에 기반한 영향력으로 리더가 사법처벌, 징계, 감봉, 해고를 할 수 있는 공식적 권한이나 협박, 폭행, 기타 불이익을 줄 수 있는 비공식적인 능력을 지니고 있을 때 발휘된다. 이러한 영향력은 주로 구성원의 동기나 욕구와 상관없이 조직이나 리더의 의지를 일방적으로 구현할 때 사용된다.

예를 들어, 죽음에 대한 공포가 엄습하는 가운데에서도 부하들이 전진할 수밖에 없는 것은, 부하들이 적전이탈할 경우 지휘관이 이에 대한 강제적 제재수단을 발휘할 것이기 때문이다.

나. 합법적 영향력

합법적인 영향력은 계급과 직책에 의한 합법적 권한[14]과 책임에 기초한 영향력이다. 합법적 영향력을 지닌 리더는 구성원들에게 그들의 명령에 복종하도록 요구할 수 있는 공식적으로 승인된 권리를 지니고 있다. 따라서 군에서 합법적인 영향력을 지닌 상관으로서의 리더는 지휘관이 지휘권 또는 상관의 직책에 의해 보장된 권한에 기반하기 때문에 전반적인 부대 운영 및 작전실시간에 구성원들에게 지속적으로 영향력을 발휘할 수 있다.

다. 보상적 영향력

보상적 영향력은 구성원에게 보상할 수 있는 자원과 능력에 기반한 승신, 사원할당, 봉급인상, 휴가부여 등의 대가를 통해 발휘되는 영향력이다. 이는 구성원의 행동에 대한 리더의 보상이라는 일종의 거래적 관계에서 형성되는 것으로서, 리더는 보상적 영향력을 통해 구성원의 행동을 조직이 지향하는 방향으로 유도할 수 있다.

라. 준거적 영향력

개인적 영향력 중 준거적 영향력은 타인으로 하여금 존경심을 갖고 자신과 리더를 동일시하며 따르도록 하는 개인의 인격, 탁월성, 카리스마, 매력 등의 영향력이다. 준거적(Reference)이란 '어떤 행동과 사고를 할 때 일정한 기준이 되거나 따르도록 하는 것, 즉 참고의 기준'을 의미한다. 부하가 어

14) 권한: 법, 제도, 규정 등에 의해 지위나 직책에 합법적으로 보장되는 권력.

떤 결정을 할 때 존경하는 상관이 하던 행동에 영향을 받고, 더 나아가 상관과 동일한 것처럼 행동하게 만드는 영향력이다.

마. 전문적 영향력

전문적 영향력은 특정분야에 대한 전문적인 기술과 지식, 다양한 경험과 정보, 탁월한 능력 등에 의해 형성되는 영향력이다. 특히 뛰어난 리더로서의 전문적 영향력은 문제의 본질 파악, 비전 및 해결방향 제시, 구성원과의 친밀한 인간관계 그리고 의사소통과 올바른 의사결정 등 리더십 기술의 효과적인 발휘와도 관련이 높다.

2. 리더의 영향력과 구성원의 반응

리더는 구성원들에게 영향력을 발휘하여 그들의 긍정적 변화를 유도하고, 이를 통해 조직의 목표를 달성하고자 한다. 이때 리더의 영향력에 대한 구성원들의 반응을 보면 리더십 발휘의 효과성을 예측할 수 있다. 만약 구성원들에게 긍정적으로 내면화된 변화가 있었다면 리더가 성공적으로 리더십을 발휘한 것이지만, 리더가 볼 때만 구성원들이 변한 척 한다거나 반발을 한다면 실패한 리더십이 될 것이다. 리더십의 효과성을 파악하기 위해 리더의 영향력과 구성원의 반응에 대한 연구[15]를 종합해 본 결과 [그림 3-9]와 같은 관계를 확인하였다.

---

15) L. N. Jewell & J. Reitz와 R. M Steers의 리더의 권력과 구성원 반응 연구.
(저항: 리더의 영향력이 지향하는 방향에 대하여 거부하거나 무시하는 태도와 행동, 복종: 타율적인 동조, 동일화: 리더와 같이 생각하고 행동하려는 상태, 내면화: 리더의 계속적인 영향력이 없이도 구성원이 자발적으로 행동하려는 구성원의 내면이 변화된 상태)

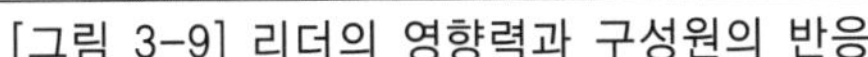
[그림 3-9] 리더의 영향력과 구성원의 반응

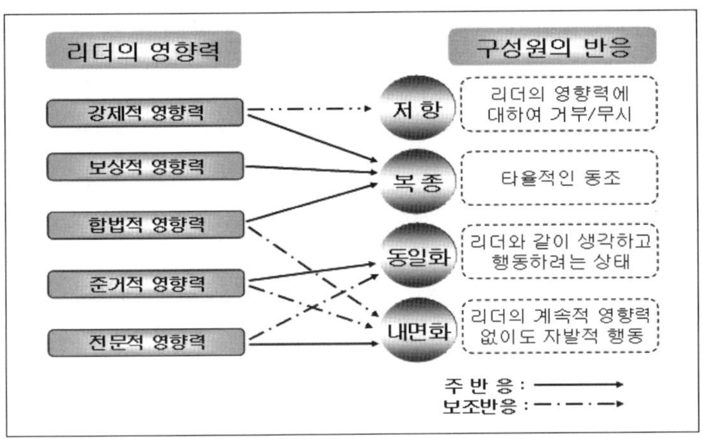

가. 강제적 영향력

강제적 영향력은 주로 구성원의 복종을 불러오지만 적절치 못한 사용은 구성원의 저항을 가져오기도 한다. 불확실하고 위험한 전장상황을 고려할 때 적시 적절한 강제적 영향력은 구성원들의 행동에 가장 직접적이고 즉각적인 효과를 기대할 수 있다. 그러나 무분별하고 지나친 남용은 오히려 구성원의 내면에 부정적인 영향을 미치게 되어 효과적인 임무수행을 방해하게 된다. 강제와 처벌로만 영향력을 행사하려 한다면 타율적인 복종을 가져올 수는 있으나 구성원이 자발적으로 최선을 다하도록 내면화시키기 어렵다.

나. 보상적 영향력

보상적 영향력은 구성원의 복종을 가져올 수 있다. 보상적 영향력은 구성원의 행동과 리더의 보상이라는 일종의 거래적 관계로 형성되어 있다.

따라서 구성원이 원하는 보상을 리더가 제공할 수 있으면 구성원은 리더에게 복종한다. 그러나 보상받지 못하는 일에 대해서는 구성원의 내면으로부터 자발적이고 헌신적인 행동을 유발할 수 없는 한계가 있다. 특히 사명감과 헌신을 기초로 해야 하는 군대조직에서, 물질적이고 거래적인 수단에 지나치게 의존하게 되면 구성원의 개인적 이익에 따라 임무를 수행하려는 부정적인 결과를 가져올 수 있다. 상관이 보이지 않는 곳, 보상이 없는 일, 스스로 판단하여 처리해야 할 분야에서 구성원이 자발적으로 최선을 다하리라 기대할 수 없다면 전장에서의 승리 또한 기대할 수 없다.

다. 합법적 영향력

합법적 영향력은 주로 구성원들의 복종을 가져온다. 또한 때에 따라서는 구성원들의 행동뿐만 아니라 내면까지도 변화시킬 수 있다. 구성원들은 합법적이며 사용 절차가 명확히 알려진 규정에 대해서는 자발적으로 복종할 뿐만 아니라, 그 규정에 적합하도록 자신의 태도를 바꾸고 내면화시킨다. 그러나 지켜야 될 명확한 이유를 모르거나 합리적인 절차와 방법에 의해 시행되지 않는 영향력에 대해서는 단지 규정이나 상관의 지시이기 때문에 최소한의 의무를 이행하는 수준에서 따를 뿐이다. 만일 리더가 모든 일을 합법적인 영향력에만 의존한다면 합법성이 미처 고려되지 않은 새로운 상황이나 구성원들의 정서와 감정이 합법성을 인정하기 어려운 상황에서는 구성원들의 능동적이고 자발적인 헌신과 노력을 기대하기 어렵다. 오히려 규정 내에서의 책임회피, 태만 그리고 최소한의 의무에 대한 형식적인 복종만을 야기할 수 있다. 또한 자신이 지닌 합법적 영향력에만 지나치게 의지하는 리더는 자칫 개인적 영향력 계발을 등한시하고 그 중요성을 간과하기 쉽다. 합법적인 영향력에 의한 구성원의 내면화를 이끌기 위해서는 합법성에 근거를 둔 공정한 절차와 분배 등을 통해 리더와 조직의 도덕성 및 윤리성에 대한 신뢰를 획득하고, 이를 통해 구성원의 조직에 대한 몰입과 헌신을 유도해야 한다.

라. 준거적 영향력과 전문적 영향력

리더에 대한 존경심에서 나오는 준거적 영향력과 리더의 탁월한 능력과 지식에 대한 신뢰로서 형성되는 전문적 영향력은 구성원의 태도와 사고, 가치와 신념에 변화를 가져온다. 구성원들의 존경과 신뢰, 사랑을 많이 받는 리더일수록 구성원들에게 더 많은 영향력을 행사하고 구성원들의 내면적인 존경과 복종, 태도변화를 가져올 수 있다. 구성원들의 내면적 변화는 자발적인 동기를 지속적으로 형성하여 상황의 급격한 변화나 타인의 영향력이 없는 상태에서도 그 행위를 지속할 수 있게 해준다. 준거적 영향력과 전문적 영향력은 직위에 근거하기보다 인격과 개인적인 매력 그리고 개인적인 전문능력에 기초한 영향력이므로, 부하뿐만 아니라 주변의 동료, 그리고 상관에게 다방향으로 리더십을 발휘케하는 영향력이다.

3. 효과적인 영향력 발휘

육군이 추구하는 리더십의 효과는 전 구성원이 육군의 목표를 달성하기 위하여 자발적·주도적·창의적 임무수행을 하는 동시에 구성원 개개인이 육군의 일원으로서 성취감과 만족감을 가지고 헌신하게 만드는 것이다. 이는 주로 구성원 개인의 내면적 자발성과 몰입에 의해서 달성되는데, 이는 여러 영향력 중에서 일반적으로 준거적·전문적·합법적 영향력에 의해 리더십이 발휘될 때 달성될 수 있다. 조직에서 영향력을 행사할 때 직위에 기초한 강제적·보상적·합법적 영향력에만 의존해서는 구성원의 자발적인 헌신을 기대할 수 없다.

직책 영향력에만 의존적인 리더는 개인적 영향력인 준거적·전문적 영향력의 중요성을 소홀하게 생각하게 됨으로써 리더로서 자신의 지속성 성장은 제한적일 수 있다. 더 나아가 이러한 리더의 직위 의존적 영향력 발휘는 나아가 조직 전체의 효과성인 조직 효과성에도 긍정적인 영향을 미치지 못할 수도 있다. 즉, 직위 의존적 영향력 발휘는 구성원에게 거래적인 태도나 타성적인 생각을 심어줌으로써 조직이 살아있는 생명체와 같이 자발적으로 움직이기보다 타율적이고 기계적인 상태로 만들어 외부적인 자극이 없는 경우에는 구성원이 스스로 효과성을 위해 행동할 수 없도록 만들게 되는 것이다. 따라서 육군의 리더들은 자신의 직책에 근거한 영향력의 발휘에만 의존하기보다 개인의 인격과 능력에 근거한 영향력을 발휘함으로써 구성원의 자발성을 끌어낼 수 있어야 한다.

직책영향력과 개인 영향력

리더의 영향력은 바다에 떠다니는 빙산과 같다. 빙산은 수면위에 떠있는 부분이 30%, 수면 아래에 숨어 있는 부분이 70%에 해당한다. 리더의 영향력도 이와 유사한 것이어서, 조직에서 리더에게 공식적으로 부여하여 구성원들이 이를 쉽게 인지할 수 있는 영향력인 직책 영향력을 빙산이 수면위로 떠오른 30%에 해당한다고 볼 수 있다. 하지만, 개인의 능력과 인품에 근거한 개인 영향력은 빙산이 수면 아래로 가라앉아 있는 것과 같이 다른 구성원들에 의해서 쉽게 인식되기 어려운 부분이라 할 수 있다. 하지만, 리더의 개인 영향력은 수면 아래에 있어 쉽게 인식되기는 어렵지만, 일단 인지되면 빙산의 70%이상을 차지하는 거대한 부분처럼, 구성원의 자발성과 동기부여 측면에서의 효과성이 직책 영향력보다 훨씬 크다. 또한, 직책 영향력은 수면 위의 작은 부분처럼 계발과 확장의 범위가 제한되는 반면, 개인 영향력은 수면 아래의 넓고 큰 부분을 차지하고 있는 것과 같이 확장의 범위가 더욱 큰 것이다. 육군의 리더십이 추구하고자 하는 구성원의 모습은 바로 자발적인 헌신이 가능하고 스스로 동기부여 되는 것이다. 리더가 가지고 있는 계급과 직책에 의한 영향력이 아니라 리더의 매력, 인품, 능력에 의해서 구성원이 리더를 기꺼이 따르고, 배우려는 태도를 갖는 것이 바로 새로운 육군의 리더들이 갖추어야 할 영향력인 것이다.

개인 영향력인 전문적·준거적 영향력에서 발현된 리더의 리더십 행사는 구성원을 내면으로부터 자극하여 변화시킴으로써 개개인이 자발적인 태도를 갖게 하고 동기부여 시킨다. 따라서 육군의 전 구성원들은 개인에게 부여된 직책 영향력을 바탕으로 다른 구성원들의 자발적인 헌신을 불러올 수 있는 준거적·전문적인 영향력의 중요성을 인식하고, 이를 통해 리더에게 필요한 자질과 역량을 도출하고 계발하여야만 한다. 또한 준거적·전문적 영향력은 부하에 대한 일방적·하향적인 리더십 발휘가 아닌 상관과 동료에게도 효과적인 영향을 미칠 수 있는 다방향 리더십 발휘의 원동력이라는 점을 깨닫고 새로운 리더십 개념의 중요한 요소로서 인식하여 실무에서 적용할 수 있어야 한다.

가. 상관과 동료에 대한 영향력

육군의 모든 구성원들이 근무하는 환경에서의 인간관계에는 '상관과 부하'의 관계만 존재하는 것이 아니다. "나"를 중심으로 인접 동료와 하급자와의 관계도 존재한다. 육군이 지향하는 다방향 리더십은 바로 이러한 모든 관계를 포함하는 상호관계를 전제로 하는 것이므로 리더의 영향력 또한 그러한 측면에서 모든 차원의 관계를 고려하여야 한다. 새로운 환경의 변화는 리더십의 영향관계에 있어서도 변화를 요구하고 있다. 리더십 영향관계는 상관이 주도하는 관계에서 점차 상관과 부하의 상호관계를 중시하는 쪽으로 변화되었다. 그러한 변화는 현대 지식·정보화 환경에서는 구성원의 자발적인 참여와 잠재능력을 최대한 발휘할 수 있도록 하는 다방향 영향관계를 중시할 것을 요구하고 있다. 육군의 경우도 기존의 수직적·일방향적·하향적 리더 영향력 관계만으로 현대와 미래의 지식·정보화 전장에서는 승리할 수 없게 되었다. 따라서 육군의 모든 리더들은 올바른 다방향 영향력을 발휘할 수 있어야 하며, 구성원들이 리더에게 미치는 영향과 동료들에게 상호 영향을 미치는 과정에 대해서도 이해하고 실제 적용하여야 한다.

나. 상관에 대한 영향력

상관에 대한 영향력은 팔로워들의 경우 직책 영향력으로서의 합법적 영향력과 제한된 보상적 영향력, 개인 영향력으로서의 전문적 영향력과 준거적 영향력이 주가 된다. 이는 군이라는 특수한 조직적 상황에서 팔로워들은 상관에 대하여 다분히 직책적 위치가 낮고 영향을 미칠 수 있는 수단도 제한될 수밖에 없다는 점 때문이다. 즉, 팔로워가 리더에 대하여 강제적 영향력이나 직접적인 보상적 영향력을 행사할 수는 없는 것이다. 하지만 팔로워는 리더에 대하여 자신의 직무범위 내에서의 합법적 권한에 근거한 영향력을 행사할 수 있으며, 상관에 대하여서도 사회적 규범이 허용하는 범위 내에서의 인정과 칭찬과 같은 내재적 보상을 활용한 영향력을 행사할 수 있다. 무엇보다도 팔로워가 리더에게 행사할 수 있는 영향력의 대부분은 팔로워 자신이 갖는 전문성과 품성에 근거한 것이라 할 수 있다. 즉, 개인 영향력에 있어서는 계급과 직책이 영향을 미칠 수 없는 것이기 때문에 팔로워 개인의 전문적 영향력과 준거적 영향력은 개인-개인 간의 관계 속에서 리더의 개인 영향력만큼이나 현실적인 영향을 미친다. 따라서 육군의 전 구성원들은 자신의 직무분야에 대하여 정통함으로써 상관에게 합법적인 영향력을 행사할 수 있도록 준비되어야 하며, 예의범절과 규범이 허용하는 범위 내에서 상관을 존중함을 기초로 상호 인정과 칭찬을 함으로써 활기차고 역동적인 육군 문화가 형성될 수 있도록 노력해야 한다. 또한 끊임없는 학습과 노력으로 군인으로서, 직업인으로서, 사회인으로서 갖추어야 할 전문 지식을 갖출 수 있도록 하며, 고매한 인격과 도덕성을 기초로 하는 품성을 갖출 수 있도록 노력하여야 할 것이다.

다. 동료에 대한 영향력

리더와 동료 간의 영향력 관계는 수평적 관계의 특성을 고려한 존중과 배려를 기초로 발휘되어야 한다. 동료에 대해서는 직책영향력과 개인 영향력을 모두 발휘할 수 있다. 하지만 직책 영향력을 발휘함에 있어서는 반드시 자신의 해당 업무나 임무 분야에 기초한 것이어야 한다. 동료의 업무분야를 침해하는 형태의 영향력 발휘는 긍정적인 효과를 발생시키기 어렵다. 단, 상호 신뢰와 존중의 관계가 형성된 상태에서 전문성에 기초한 영향력 발휘와 인품에 근거한 준거적 영향력의 발휘는 동료 간의 상호 영향력 관계를 긍정적인 방향으로 시너지를 발생시키는 효과가 있다. 따라서 육군의 모든 구성원들은 동료에 대하여 상호 존중과 배려, 신뢰를 기초로 개인 영향력을 발휘할 수 있어야 하며, 자신의 직무와 관련된 직책 영향력을 긍정적으로 발휘할 수 있어야 한다.

4. 육군 리더십 역량

육군의 리더십 역량이란 육군만의 독특한 임무수행을 성공적으로 완수하게 하는 핵심적인 능력을 의미하며, 동시에 그 기초가 되는 개인이나 팀의 지식, 기술, 태도, 내적 특성 등 조직구성원들이 공유하고 있어야 하는 가장 중요한 역량들을 의미한다. 육군의 모든 구성원들은 리더로서 육군 리더십 역량에 대한 이해와 계층별로 필요한 역량 구비에 노력하여야 한다.

> 장수는 국가의 간성(干城)으로 그의 능력이 충분하면 나라가 반드시 강(强)하고, 능력이 없으면 나라가 반드시 망(亡)한다.
>
> — 손자(孫子) —

육군이 현재와 미래 전장에서 승리하고 주어진 사명을 성공적으로 완수하기 위해서는 현재의 환경을 적응 · 극복하고, 미래 환경을 예측하여 필요한 능력을 갖추어야 한다. 그 중에서도 육군을 구성하는 리더가 어떠한 모습이어야 할 것인가는 육군의 성패를 좌우하는 매우 중요한 일이다.

육군에 있어서 요구되는 리더는 육군의 제 가치를 기반으로 한 리더십의 정의를 효과적으로 구현할 수 있는 역량 있는 리더를 말한다. 육군의 모든 리더는 자신의 현재와 미래에 요구되는 역량이 무엇인지 이해하고 이를 갖추기 위하여 노력하여야 한다.

가. 리더역량의 정의

역량(Competency)이란 "특정 직무를 효과적이고 성공적으로 수행하기 위해 한 개인에게 필요한 능력, 기술, 지식, 태도, 경험"이라 정의된다. 이에 따라서 리더 역량이란 "리더가 특정 임무를 효과적이고 성공적으로 수행하기 위해 필요한 능력, 기술, 지식, 태도, 경험적 요소"라 정의할 수 있다. 역량은 몇 가지 요소들로 구성되어 있는데, 지식(knowledge), 능력(ability), 기술(skill), 개인적 특성(personal characteristic), 행동(behavior)과 자질(quality) 등이 그것이다. 이러한 역량은 육군에 있어 요구되는 리더를 계발하여 예측불가능한 상황과 급변하는 환경에도 불구하고 육군의 사명과 임무를 완수할 수 있는 능력을 발휘토록 하는 기초가 된다. 따라서 육군의 모든 구성원들은 자신의 계급과 직책에서 요구되는 리더 역량에 대한 이해와 계발에 힘써야 한다.

나. 리더역량의 필요성

21세기 지식정보사회는 지식과 정보가 핵심이 되는 사회이다. 지식과 상상력 및 가치창출의 능력은 모든 인간이 갖고 있는 요소이며 전적으로 인간적 요소에 의존한다. 따라서 급변하는 지식 · 정보화 환경에서의 생존 · 발전은 이러한 인간이 만들어내는 지식과 정보를 어떻게 창출하고 효과적으로 활용할 수 있는가가 관건이 된다. 육군에 있어서도 새로운 전장 환경의 시시각각 변화하는 상황에서 구성원들의 지식과 정보를 얼마나 효과적이고 적시 적절하게 활용하느냐가 전승과 임무달성에 큰 영향을 미치게 되었다. 특히 사회변화의 가속화 및 첨단과학기술의 발전으로 인하여 21세기 지식 · 정보화 사회에서의 작전환경은 리더들로 하여금 고도의 창의성, 자율성, 능률성 및 도전적인 임무수행능력을 요구하고 있다. 이는 산업화 시대와는 달리 리더들이 통제와 지시에 의존하기보다 다양한 관점에서 조직과 임무를 분석하고 다양한 역할을 수행해야 함을 의미하며, 결국 다양하고 통합적인 리더의 능력을 요구함을 의미한다. 따라서 육군의 모든 구성원들은 리더로서 평소부터 갖추어야 할 다양한 역할에 대한 인식과 그러한 역할 수행이 가능한 리더 역량을 갖출 수 있도록 하여야한다.

다. 역량의 분류

역량은 크게 3가지로 분류할 수 있다. 첫째는 공공조직에 필요한 전반적인 역량인 잠정역량, 둘째는 공공 조직 중에서 특수한 조직인 육군 조직의 구성원들이 가지는 공통적인 기반역량, 그리고 셋째, 우수한 성과를 달성하는데 결정적으로 기여하기 위하여 반드시 갖추어야 할 핵심역량이 그것이다. 육군의 모든 구성원들은 국가 공공 조직의 일원으로서 갖추어야 하는 잠정역량을 기초로 육군만의 독특한 임무 수행을 성공적으로 완수할 수 있는 기반역량을 갖추어야 한다. 더 나아가 모든 구성원들은 각 계층에서 우수한 성과를 창출할 수 있는 핵심역량 계발에 힘씀으로써 21세기 다재다능한 전인적 지식전사로서의 역할을 감당할 수 있어야 한다.

라. 육군 리더십 기반역량

육군 리더십 기반역량은 국가 공공기관 중 특수한 조직으로서의 육군 구성원들이 갖는 공통적인 역량으로서 이러한 기반역량은 〈표 3-2〉와 같이 총 8개 분야 55개이다. 육군 리더십 기반역량을 구성하고 있는 8개 주요분야의 의미는 다음과 같이 설명된다.

(1) 타인 이끌기

타인 이끌기란 리더의 영향력 행사의 일부로서 구성원들에게 동기를 부여하여 공동의 목표와 중요한 과업을 달성할 수 있도록 하는 것이다. 이는 조직적 가치의 공유와 구성원의 몰입을 이끌어 냄으로서 구성원 개개인의 이익보다는 조직 전체의 공동 목표를 달성할 수 있도록 유도하고, 사기를 고취시키는 것을 말한다.

(2) 영향력 확대

영향력 확대란 리더가 직접적인 지휘계통의 범위를 넘어서는 부분까지 영향력을 행사하는 것을 말한다. 영향력 확대는 부대 임무수행에 영향을 미치는 모든 대상에 대하여 긍정적인 영향력을 행사함으로써 궁극적으로 성공적인 임무수행과 목표달성에 기여하도록 하는데 그 목적이 있다. 이러한 범주에 해당하는 대상은 인접부대, 타군, 정부기관, 다국적군, 기타 민간기관에 이르기까지 다양하다. 영향력 확대에 있어서 리더는 협상, 중재, 조정, 홍보를 통한 공감대 형성, 협조유지, 제휴 등과 같은 간접적 수단은 통하여 영향력을 행사할 수 있다.

〈표 3-2〉 육군 리더십 기반역량

분 야	구체적 역량	
타인 이끌기 (8개 역량)	• 명확한 목표설정 및 전파 • 임무에 대한 공감대 형성 • 비전설정 및 확산 • 영향력 발휘수단의 적절한 사용	• 대표자 역할 • 임무수행과 부하복지와의 균형 • 윤리적 규범 준수 • 갈등관리
영향력 확대 (3개 역량)	• 신뢰구축 • 이해와 공감을 위한 협조	• 업무네트워크 구성 및 유지
솔선수범 (7개 역량)	• 육군가치관의 모범보이기 • 자신감 • 군과 국가, 전우에 대한 헌신 • 종합적 사고	• 군 전문지식과 기술 • 개방성 • 전투행동의 모범(전사기질)
의사소통 (5개 역량)	• 적극적 경청 • 배려적 의사소통 • 적절한 의사소통 수단 사용	• 효과적인 의사표현 • 정보공유
환경조성 (9개 역량)	• 팀워크 및 응집력 고양 • 개방적 의사소통 환경조성 • 임파워먼트 • 공정한 분위기조성 • 개인과 조직에 대한 높은 기대감	• 구성원의 기대와 욕구 파악 • 구성원 복지 • 학습환경 조성 • 정당한 패배와 실패의 수용
자기계발 (6개 역량)	• 자기인식 • 개념화 능력 • 기술적 전문성	• 정신적/육체적 건강 • 지식정보의 분석 및 생산 • 평생학습
구성원 계발 (5개 역량)	• 구성원의 자기계발 동기부여 • 상담, 코칭, 멘토링 • 조직계발	• 구성원 계발소요 판단 • 인적자원관리
성과달성 (12개 역량)	• 과업우선순위 선정 및 조직 • 역할부여 • 계획 및 시행 • 의사결정 • 인정과 칭찬 • 자원관리	• 변화관리 • 기회의 식별 및 이용 • 업무방해요소 제거 • 위기관리 • 외부환경에 대한 적응력 • 피드백 해주기

(3) 솔선수범

솔선수범이란 리더가 구성원에 대하여 모든 부분에 있어 모범을 보이는 것을 말한다. 리더는 역할 모델로서 구성원들이 어떠한 행동을 결정하는 기준이 된다. 리더의 솔선수범은 구성원의 자발적 동기를 유발시킬 뿐만 아니라 조직이 요구하는 바를 리더가 몸소 보여줌으로써 그 방향을 제공한다. 따라서 리더는 육군의 가치에 근거한 행동과 리더십의 발휘로 효과적인 리더의 모범이 되어야 한다.

(4) 의사소통

의사소통이란 서로 생각이나 뜻, 느낌 등에 관한 정보를 주고받는 것을 말한다. 리더의 명확한 의사표현과 구성원의 의사표현에 대한 경청은 효과적인 의사소통의 기초가 된다. 효과적인 의사소통기법의 실천으로 구성원 및 타인과의 긍정적 관계를 유지할 수 있으며, 조직의 목표를 달성하기 위한 행동을 유발시킬 수 있다. 효과적인 의사소통은 다른 리더십 역량들을 갖추는데 있어 필수적인 요소이다.

(5) 환경조성

환경조성이란 리더가 건전한 인간관계와 효과적인 업무수행을 위한 환경을 만들어내는 것을 말하며, 이를 통해 긍정적인 기대와 태도를 형성하는 것을 말한다. 리더는 조직의 문화와 풍토에 지대한 영향을 미치는 존재로서 마땅히 긍정적인 환경을 조성할 수 있어야 하며, 그러한 환경 조성을 저해하는 요소를 파악하여 개선할 수 있어야 한다. 리더는 구성원들이 상호 건전한 인간관계를 바탕으로 성공적으로 임무수행에 기여할 수 있도록 만들 책임이 있다.

(6) 자기계발

자기계발이란 리더가 리더로서 스스로 그 책임을 완수할 수 있는 준비를 갖추는 것을 말한다. 리더는 스스로 자신의 강·약점에 대한 인식을 기초로 강점은 계발하고, 약점은 보완할 수 있는 방안을 강구해야 한다. 육군의 모든 리더는 군인으로서 육군의 목표달성에 기여하고 스스로 타 구성원에게 모범이 될 수 있도록 육체적인 단련뿐만 아니라 정신적 삶의 질 향상에도 노력하여야 한다. 이를 위하여 리더는 자신과 관련된 분야에 대한 계속적인 지식습득을 통하여 전문성을 계발하고 육체적인 강인성을 갖추기 위하여 노력하여야 하며, 평소부터 철저한 자기관리, 자신과 자신이 처한 상황에 대한 인식, 끊임없는 학습을 통하여 리더로서의 책임을 다할 수 있는 준비를 하여야 한다.

(7) 구성원 계발

구성원 계발이란 리더가 구성원의 성장을 돕고, 촉진하며, 올바른 성장 방향을 제시하는 것이다. 리더는 구성원의 개인적인 성장뿐만 아니라 부대와 팀의 일원으로서 올바른 팀워에 기여할 수 있도록 성장시킴으로써 그들이 성공적인 조직목표 달성에 기여할 수 있도록 하여야 한다. 리더는 구성원을 어떠한 상황, 어떠한 임무에 대해서도 자신감 있고 열정적으로 임할 수 있는 적응력을 갖춘 다재다능한 상태가 될 수 있도록 계발시키고, 구성원 스스로 계발해나갈 수 있도록 지원하여야 한다. 효과적인 구성원 계발은 부대 전체의 능력을 향상시켜 어떠한 상황이 발생하더라도 탄력적이고 유연하게 대처할 수 있는 조직으로 성장하는 기초가 된다.

(8) 성과달성

성과달성이란 궁극적인 부대의 목표달성을 통한 임무완수를 의미하며,

관련된 모든 구성원들의 성장과 발전에 기여하는 것을 의미한다. 리더는 궁극적으로 조직의 성과달성에 기여할 수 있어야 하며, 이를 위하여 리더는 효과적인 리더십을 발휘할 수 있는 역량을 갖추고, 그러한 역량과 인격 및 도덕성을 바탕으로 부대를 효율적으로 관리할 수 있어야 한다.

마. 리더십 핵심역량

육군 리더십 핵심역량이란 육군의 핵심적인 능력을 창조하고 조절하며 동시에 그 기초가 되는 개인이나 팀의 지식, 기술, 태도, 내적 특성 등의 조직구성원들이 공유하고 있는 가장 중요한 역량을 의미한다. 이러한 핵심역량은 육군이 지향하는 목표와 임무달성에 있어서 우수한 성과를 창출하는데 결정적으로 기여하기 위하여 육군의 모든 구성원들이 리더로서 갖추어야 할 역량이라 할 수 있다. 따라서 육군의 모든 구성원들은 자신에게 요구되는 리더십 핵심역량이 무엇인지 식별하고 이를 갖추기 위하여 지속적으로 노력하여야 한다.

[그림 3-10] 핵심역량 구조의 내면과 표면

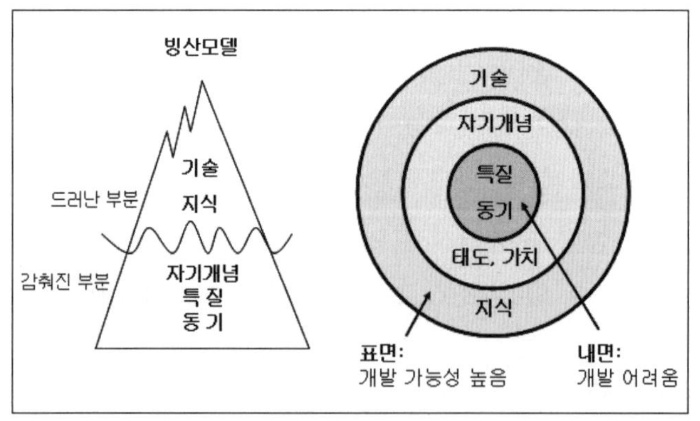

바. 리더십 핵심역량 계발

육군이 추구하는 리더십 핵심역량의 계발 영역은 리더가 갖추고 행동하는 자질과 능력, 실천행동이라는 차원으로 구분될 수 있다. 여기에는 리더의 특성·품성과 같은 자질과 알고 익혀야 할 지식·기술로서의 능력, 그리고 반드시 실천하여야 할 행동으로 구분할 수 있다.

(1) 자질(특성과 품성)

리더가 지녀야 할 특성과 품성이란 리더십을 발휘하기 위한 준거가 되어 구성원의 마음을 움직이는 인간적 매력으로서의 영향을 미친다. 리더는 군복을 입은 민주시민으로서 옳고 그름을 분별할 수 있는 가치관, 옳은 일을 위해 온갖 난관을 헤쳐 이겨낼 수 있는 정신적 특성, 이를 뒷받침하는 건강과 체력 등의 신체적 특성, 그리고 갈등 속에서 스스로를 안정적으로 이끌 수 있는 감정적 특성을 포함한다. 특히 특성과 품성은 리더가 리더십을 발휘하기에 앞서 직위와 무관한 기본적인 자질이며, 리더가 지닌 훌륭한 특성과 품성은 리더십의 실천과 행동을 효과적으로 시행할 수 있는 중요한 촉진요소가 된다.

[그림 3-11] 리더의 자질(특성과 품성)

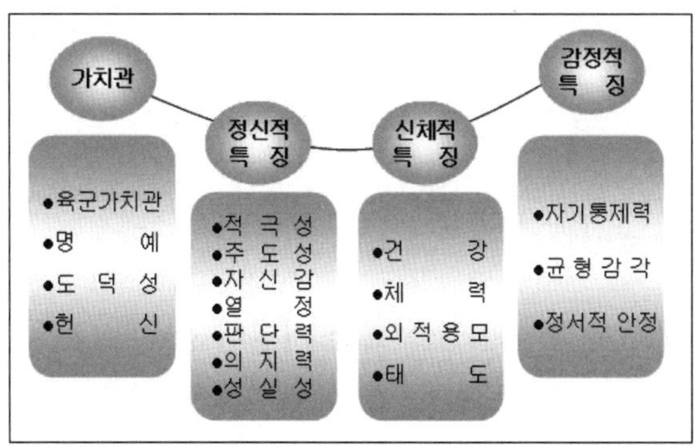

(2) 능력(지식과 기술)

리더의 능력으로서 지식과 기술이란 유능한 리더로서 전문성을 확장하는 것과 밀접한 관계가 있다. 여기에는 업무추진과정에서 리더십 발휘 대상인 구성원들과 관계형성에 필요한 대인관계 기술, 문제 인식 및 분석과 해결책을 찾는 개념화 능력, 리더로서 수행할 업무 자체에 대한 실무적 지식 등이 포함되며, 추가적으로 군인으로서 최고의 전문성인 군사·전술적 식견도 포함된다. 이때 실무적 지식 속에는 리더가 지닌 공식적 권한과 책임의 이해 및 사용에 대한 지식과 기술이 포함되어 합법적인 영향력의 사용 능력을 증진해 준다.

[그림 3-12] 리더의 능력(지식과 기술)

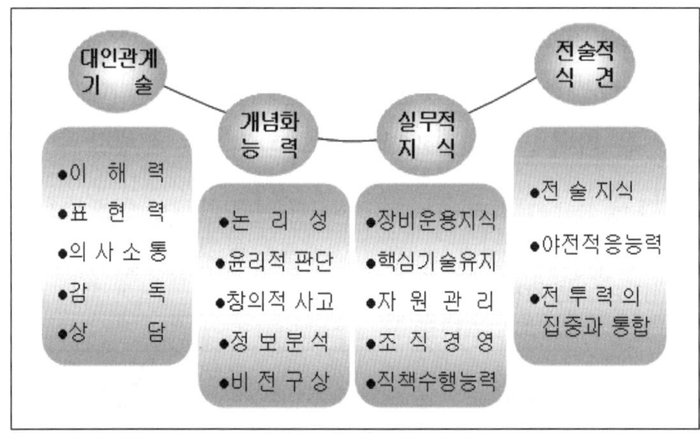

(3) 실천행동

리더의 실천행동은 조직운영을 위해 리더의 특성과 품성, 전문적인 지식과 기술, 합법적인 권한을 효과적으로 발휘하는 역량을 의미한다. 리더의 실천행동은 동기부여, 의사소통, 결심수립 등으로 리더의 영향력 발휘를 가능하게 하고, 이를 통해 계획부터 평가의 단계를 거쳐 조직을 운영하도록 하며, 구성원 각각에 대한 영향력 발휘를 통해 조직을 향상하고 계발할 수 있도록 하는 역량이다.

[그림 3-13] 리더의 실천행동

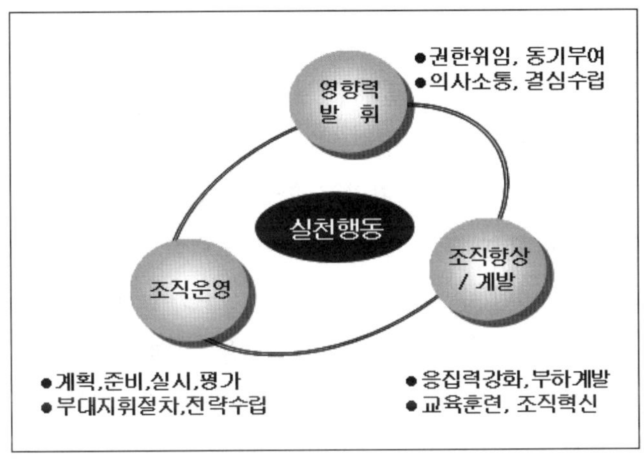

사. 리더십 핵심역량의 구비와 발휘 방향

리더에게 필요한 리더십 핵심역량은 단지 그것을 갖추었다고 해서 효과적인 리더라 할 수 없다. 효과적인 리더가 되기 위해서는 리더십 핵심역량의 구비와 발휘에 있어 다음과 같은 몇 가지를 알고 실천할 수 있어야 한다.

첫째, 전문지식, 기술, 태도 등 구체적인 것이어야 한다. 잠재되어 있는 능력보다는 현재 발휘되고 있는 행동이 더욱 중요하다. 아무리 많은 지식을 가지고 있고 기술적 능력이 뛰어나다 하더라도 그것이 구체적인 행동이나 태도로 발휘되지 않는다면 효과적인 리더라 할 수 없다. 따라서 육군의 모든 리더는 지행합일을 실천함으로써 자신의 리더십 역량이 부대와 육군

의 목표와 임무달성에 기여할 수 있도록 하여야 한다.

둘째, 직접적으로 조직의 변화와 발전을 지원할 수 있어야 한다. 개인적 이익과 목적에 부합되기 보다는 조직의 목표 달성에 직접적인 기여를 할 수 있어야 한다. 뛰어난 능력을 가지고 개인적 이익을 추구하기 위하여 조직을 운용한다든지 부대를 지휘하는 것은 결코 바람직한 리더의 모습이라 할 수 없다. 따라서 리더는 도덕적 기준에 근거하여 자신의 역량을 발휘할 수 있어야 하며, 그러한 역량 발휘가 육군과 부대의 변화와 발전을 직접적으로 지원할 수 있도록 노력하여야 한다.

셋째, 상황과 직무에 맞게 발휘될 수 있어야 한다. 즉, 제대별, 계급별, 직무환경에 따라 핵심역량의 우선순위나 정도, 발휘 방법 등의 변화가 있을 수 있다. 따라서 자신의 위치와 상황을 고려하여 요구되는 핵심역량이 무엇인지를 식별하고 이를 갖추기 위하여 노력하여야 한다.

넷째, 성과를 달성할 수 있고 지속적으로 계발이 가능해야 한다. 리더십 핵심역량이라 하여 리더 개인이 자기 수양을 위해 갖추고 있어야만 하는 것은 아니다. 오히려 리더십 핵심역량을 갖춤으로써 리더는 부대의 성과달성에 직·간접적으로 기여할 수 있어야 한다. 또한 이러한 리더십 핵심역량은 개인의 노력 여하에 따라 얼마든지 계발이 가능하다.

5. 리더십 원칙

리더십은 조직과 구성원이 처한 환경과 상황에 가장 적합한 형태로 발휘될 때 그 효과성을 달성할 수 있다. 리더가 리더십을 발휘함에 있어 리더십 원칙은 공통적이고 보편적인 기준으로서 다양한 환경과 상황에서 리더가 적절한 의사결정을 하고 실행으로 옮김에 있어 기본적인 지침을 제공한다. 따라서 육군의 리더들은 리더십 원칙에 대한 깊은 이해를 바탕으로 효과적인 리더 행동을 실천하여 부대 구성원이 주어진 임무에 자발적이고 능동적으로 참여하도록 유도함으로써 집단적 우수성에 의한 임무와 목표달성을 할 수 있어야 한다.

> 리더십 역량은 리더십에 관한 원칙과 실제를 통달하여 이를 현실적으로 응용함으로써 현저하게 증진될 수 있다. 일반적으로 훌륭하지 못한 리더십은 리더십에 관한 기본적인 원칙을 무시했거나 이를 계발하지 못한 결과이다.
>
> — 릿지웨이 —

가. 성공적인 리더십 발휘

리더십의 최종 목표는 부여된 임무의 완수와 조직의 성과를 극대화 하는 것이다. 따라서 리더의 모든 관심과 역량은 이러한 임무의 완수에 집중되고 초점이 맞추어 져야 한다. 그러나 리더는 계급과 직책에 따르는 직책영향력과 조직의 기계적인 능률만을 추구하는 관리자로서의 성향만으로는 성공적인 임무 완수를 기대할 수 없다. 그러므로 리더는 자기 자신과 구성원 등 리더십 과정에 관련되는 모든 인적요소에 대한 깊은 이해를 비탕으로 구성원을 동기부여 함으로써 스스로 부여받은 임무 완수에 최선을 다하도록 하는 효과적인 리더십을 발휘할 수 있어야 한다.

리더십 발휘의 대상은 인간이다. 인간은 이성과 감성, 그리고 '자유의지'를 가진 인격체이다. 그러므로 리더십 발휘는 인간에 대한 깊은 이해가 바탕이 되어야 하며 인간관계를 기본으로 한 인간 중심으로 이루어 져야 하는 것이다. 이러한 바탕 위에서, 육군의 전 구성원은 군인으로서 부여된 임무를 완수하기 위하여 조직에서 부여한 계급과 직책에 부합하는 역할을 다하는 동시에 인간에 대한 존엄성을 깊이 인식함으로써 존중과 배려, 인정과 칭찬을 실천하여 신바람 나게 근무할 수 있는 조직 풍토를 조성해야 하는 책임이 있다. 특히 각급 조직 리더는 이러한 상호 존중의 인간 중심 리더십을 바탕으로 솔선수범과 정신적 · 도덕적 용기를 바탕으로 조직을 이끌어야 한다. 또한 리더는 조직의 잘못된 관행과 관습을 타파하고 법치주의의 전통을 확립하는 동시에 자율과 책임을 조화시킬 막중한 책임을 가지고 있다.

나. 리더십 원칙

리더십 원칙은 성공적인 임무수행을 위한 육군 리더의 보편적 행동의 기준이다. 이는 리더십 발휘의 지배적인 원리로서 계급 또는 책임에 관계없이 모든 리더에게 적용된다. 리더십 원칙은 리더가 갖추어야할 특성과 자질을 바탕으로 부여된 권한과 책임에 따라 영향력을 행사하는 지침이 된다.

리더십 원칙에 대하여는 다양한 이론들이 제시되어 있으나 이는 절대적인 것이 아니라 그 시대의 처한 환경과 조건, 문화에 따라 변화될 수 있으며, 독립적으로 존재하는 것이 아니라 상호 밀접한 관계를 가지고 있다. 그러므로 리더는 리더십의 본질과 그 개념을 깊이 이해함으로써 각자 당면하고 있는 상황과 환경에 따라 각 원칙을 창의적이고 융통성 있게 적응해야 실질적인 효과를 거둘 수 있는 것이다.

한국인의 의식구조와 문화, 21세기 지식・정보화 시대의 시대적 환경 및 군의 특성을 고려한 대한민국 육군의 리더십 원칙은 다음과 같다.

제1원칙: 자기를 인식하고 지속적으로 자기 계발을 추구하라.
제2원칙: 적시 적절한 결심을 하고 창의적으로 문제를 해결하라.
제3원칙: 목표와 의도를 분명하게 지시하고 동기를 부여하라.
제4원칙: 구성원을 배려하고 복지를 도모하라.
제5원칙: 구성원의 창의적 시행착오를 관용하고 역량을 계발시켜라.
제6원칙: 지식, 정보, 경험을 공유하고 확장하라.
제7원칙: 팀워과 공동체 의식을 함양하고 협동체로 육성하라.
제8원칙: 행동으로 실천하고 솔선수범하라.
제9원칙: 다양성을 인정하고 존중하라.
제10원칙: 개인과 팀을 실전적으로 훈련시키고, 기술적, 전술적으로 숙달시켜라.

(1) 제1원칙: 자기를 인식하고 지속적으로 자기 계발을 추구하라.

자기를 인식한다(Self-awareness)는 것은 자신 만의 특성과 성향, 행동을 포함한 자기 자신의 장점과 단점을 잘 아는 것을 의미한다. 이러한 자기 인식이 리더십의 기본이 되는 이유는 지금 현재 내가 어느 정도 수준의 능력을 가지고 있는지를 알기 전에는 자기 자신을 개선시키거나, 새로운 능력을 계발할 수 없기 때문이다. 자신을 바르게 인식하는 것이 자신을 통제하고 관리하며 다스리는 유일한 방법이며, 자신을 통제할 수 있어야, 목표를 선정하고 시간을 관리하며, 스트레스를 다룰 수 있게 된다. 자기를 관리하고 이끌 수 있는 사람만이 타인과 조직도 이끌 수 있다.

무엇보다도 리더에게 있어 가장 중요한 것은 자신의 강점과 약점을 파악하여 강점은 자기 계발을 통해서 더욱 강화·발전 시켜나가는 동시에 꾸준한 자기 성찰을 통하여 자신의 약점을 스스로 발견하고 인정하며 이를 수정·보완·발전 시켜나가고자 하는 의지이다. 또한 자기를 발견하기 위해서는 자기 자신의 리더십에 대하여 주변의 구성원들로부터의 정직하고 솔직한 의견을 청취하려는 적극적인 자세가 요구된다. 더 나아가 자신과 타인의 성공과 실패 사례를 통해 타산지석으로 삼아 실패로부터 학습하고 이를 반복하지 않고자 하는 지혜로운 태도가 필요하다.

(2) 제2원칙: 적시 적절한 결심을 하고 창의적으로 문제를 해결하라.

리더는 풍부한 지식과 경험, 훈련, 전사 연구 등을 통해 판단력과 직관력을 함양하고 필요한 시기에 자신의 결심을 실천할 수 있는 능력을 배양해야 한다. 특히 불확실하고 유동적인 전장상황 속에서 정확한 판단과 적시 적절한 결심으로 신속한 조치를 취함으로써 부대와 부하의 생존성을 보장하고 전투에서 승리할 수 있다. 따라서 리더는 각종 자료나 과학적인 근거를 바탕으로 미래의 각종 상황을 면밀히 분석하여 여러 가지 대안을 준비하고 적시 적절한 결심을 할 수 있는 능력을 갖추어야 한다.

리더는 문제의 현상 이면에 존재하는 문제의 근본적인 원인을 식별하고 이를 해결하기 위해서 필요한 핵심적 요인이 무엇인가를 찾아내어 초점을 맞추어야한다. 또한 리더는 미래에 나타나게 될 현상을 예측할 수 있는 통찰력을 갖추어야만 올바른 판단을 신속히 할 수 있다. 통찰력은 순간적인 직관만을 의미하는 것이 아니다. 많은 자료를 파악하고 자료간의 상관관계를 분석하는 과학적인 분석력과 종합적 사고력, 그리고 창의적 문제 해결 능력을 향상시켜야 한다.

복잡하고 다양한 많은 과업들을 동시에 완벽하게 추진할 수는 없다. 수행해야 할 과업들에 대하여 고려요소를 적용하여 분석한 후 경중완급(輕重緩急)에 따라 우선순위를 결정하여 시행해야 한다. 우선순위에 의한 업무수행은 노력을 집중시킬 수 있고 임무를 효율적으로 달성하게 한다.

(3) 제3원칙: 목표와 의도를 분명하게 제시하고 동기를 부여하라.

개념적이고 추상적인 목표와 의도는 구성원들의 동기를 유발시키는데 제한사항이 있으며 이를 달성하는데 있어 혼란을 가중시키게 된다. 이러한 조직은 마치 방향타가 없는 배와 같다고 할 수 있다. 따라서 리더는 조직의 목표와 자신의 의도를 부하들에게 명확하게 제시하고 전달할 수 있어야 하며, 이의 실현을 위해서 자기 자신부터 행동으로 솔선수범하여 실천해야 한다.

리더는 자신의 판단과 행동에 대해서 책임을 져야 한다. 리더는 자신이 이끄는 조직의 성공과 실패에 대해서 모든 책임을 진다. 리더는 자신의 실수로 빚어진 결과로 인해 실패의 책임을 부하에게 떠 넘겨서는 안 된다.

(4) 제4원칙: 구성원을 배려하고 복지를 도모하라.

불필요한 임무는 불평불만의 요인이 된다. 리더는 구성원들이 불필요한 임무로 고통 받지 않도록, 보이기 위한 전시 위주 업무를 과감하게 척결하고 명확한 지침과 자상한 지도로 노력이 낭비되지 않도록 해야 한다.

구성원들은 리더가 자신들의 복지향상을 위하여 노력하고 있다는 것을 알게 될 때 인간적인 정(情)을 느끼게 되며 신뢰가 쌓이게 된다. 기본적인 생활도 만족시켜 주지 못하면서 위험한 상황에 처했을 때 생명이나 용기를 강요할 수는 없다. 리더는 구성원들의 복지에 대한 관심을 항상 마음속에 두고 있어야 한다. 진정한 구성원의 복지는 물질적인 것 그 자체보다는 리더가 부하의 복지향상을 위해 온갖 정성과 노력을 기울여 주는 마음속에서 우러나오는 진정한 구성원에 대한 사랑에 있다.

리더가 조직의 업무수행에 전념하다 보면 자칫 구성원들의 애로사항에 소홀하기 쉽다. 조직 구성원들은 리더가 자신의 사소한 개인적 문제에도 관심을 갖고 해결해 주고자 노력하는 모습을 보면 마음에서 우러나오는 진정한 고마움을 느끼고 자신의 업무에 더욱 충실하게 된다.

(5) 제5원칙: 구성원의 창의적 시행착오를 관용하고 역량을 계발시켜라.

21세기는 지식 · 정보 중심의 사회로 급격하게 재편되고 있으며 이러한 변화는 군사 분야에도 막대한 영향을 미쳐 과거와는 전혀 다른 전쟁 수행 방식의 혁신적인 변화를 요구하고 있다. 이러한 시대적 변화에 주도적으로 대처하지 못한다면, 어느 개인이나 조직을 막론하고 살아남을 수 없다. 따라서 리더는 자신만의 경험에 기초한 고정관념에 집착하지 않고 다양한 변화를 예측하여 변화를 능동적으로 주도해야 하며 상황에 따라 새로운 방식을 적용할 수 있는 창의력을 발휘해야 한다. 이렇게 창의력을 발휘하기 위해서 절대적으로 필요한 것은 새로운 것을 시도하다 발생할 수밖에 없는 시행착오에 대한 관용이다. 만약 시행착오를 리더가 용납하지 않는다면 그 조직의 구성원들은 그 누구도 창의적인 시도를 하지 않게 될 것이고, 결국 그 조직은 현실에 안주하고 복지부동하는 조직이 되어 타성에 젖어 발전이 없는 조직으로 전락하게 될 것이다. 따라서 리더는 평소부터 학습 조직을 구축함으로써 조직 구성원의 역량을 증진시키는 동시에 구성원의 창의적 사고와 행동을 칭찬하고 격려하며 창의적 시행착오의 경험을 더욱 중요하게 여기는 조직 분위기를 조성해야 한다.

(6) 제6원칙: 지식, 정보, 경험을 공유하고 확장하라.

21세기는 지식과 정보가 전쟁의 성패를 좌우한다고 해도 과언이 아니다. 전장 환경 역시 과거와는 비교할 수 없을 정도로 빠른 템포를 우리 군에게 요구하고 있는 것이다. 그렇기 때문에 군 조직의 모든 구성원은 지식과 정보, 경험을 적극적으로 공유하고 이를 더욱 확장해야만 한다. 특히 구성원들이 가지고 있는 암묵적 지식을 형식적 지식으로 전환할 수 있는 구체적인 시스템을 구축하는 것이 매우 중요하다. 또한 이렇게 생산된 지식과 정보를 빠르고 적시적으로 전 구성원들에게 확산시키는 것 역시 매우 중요한 리더의 임무이다.

가능한 한 리더는 구성원들에게 과업이 수행되어야만 하는 배경과 이유를 상세하게 설명해 주어야 한다. 또한 필요한 지식과 정보를 전달받지 못하는 구성원이 있지 않은지를 섬세하게 살펴서 소외되는 사람이 없도록 관심을 가져야 한다. 반대로 리더는 조직 내 유언비어나 근거 없는 소문이 발생되어 확산되지 않도록 유의해야 한다. 유언비어가 조직 내에 전파될 경우에는 이를 신속하게 식별하여 진실을 알려주어야 한다. 더 나아가 리더는 조직의 성공적인 임무수행을 널리 알림으로써, 조직의 응집력과 사기를 구축해야 한다.

리더는 과업의 목적과 계획을 구성원들에게 알려주어 구성원들이 상급자의 의도에 맞는 명확한 목적의식 하에 업무를 수행하도록 해야 한다. 목적의식을 가지고 업무를 수행해야 의욕적으로 추진하게 되며 업무에 대한 성과도 있게 된다. '알아서 하라는 식'의 임무 부여는 불필요한 시간과 노력의 낭비를 초래하게 된다. 리더는 왜 이 과업을 수행해야 하는지, 각자의 역할이 무엇인지, 과업을 수행했을 때의 결과가 어떠한 것인지에 대해 구성원들에게 알려주어 그들 스스로 목적의식을 가지고 업무를 수행하도록 해야 한다.

(7) 제7원칙: 팀워과 공동체 의식을 함양하고 협동체로 육성하라.

팀워과 공동체 의식은 단순히 리더가 구성원들에게 잘 대해 준다고 해서 형성되는 것이 아니라 강한 훈련을 함께 받고 위험한 상황을 함께 극복하며 함께 열심히 임무를 수행할 때 조직은 더욱 강화되고 팀워과 공동체 의식이 형성되게 되는 것이다. 이렇게 팀워과 공동체 의식이 형성된 조직이어야만 전투에서 싸워 승리할 수 있다. 이와 같은 팀워은 말단의 보병분대로부터 전체 육군에 이르기까지 모든 조직에 필수적인 것이다.

이러한 팀워과 공동체 의식을 형성하기 위해서는 철저하게 훈련하고 훈련을 통해 도출된 교훈을 연구함으로써 새로운 훈련 방법을 개발하고 이를 기초로 또 훈련하고 준비하고 또 훈련하는 길 밖에는 없다. 강한 훈련만이 팀워과 공동체 의식을 형성하게 되기 때문이다. 또한 가능한 한 조직의 리더는 자주 바뀌지 않도록 하는 것이 중요하다. 불필요한 자리의 이동은 팀워과 공동체 의식을 해치게 되기 때문이다. 중요한 것은 팀의 잘못이나 잘한 것을 가지고 어떤 개인만을 공개적으로 비난하거나 칭찬해서는 안 된다는 것이다.

인간은 누구나 인정받고자 하는 욕구를 가지고 있고, 인정받기 위해서 노력하며, 자신이 인정받고 중요한 존재라고 느끼게 되면 더욱 열심히 일하게 된다. 리더는 구성원이 수행하는 업무에 관심을 기울이고 인정해 줌으로써 구성원 스스로 자신이 조직에 꼭 필요한 존재임을 느끼도록 해 주어야 한다.

리더가 구성원의 의견을 존중하고 경청함으로써 의사소통이 활성화되고 상호 신뢰의 분위기가 형성되며 구성원들로부터 참신한 아이디어를 받을 수 있다. 일방적인 상의하달식의 분위기에서는 집단의사결정(Group Thinking)과 같은 시행착오를 범하기 쉽다. 강요에 의한 참여보다는 자발적으로 조직구성원들이 참여했을 때 구성원들의 능력이 최대한 발휘되고 그 조직은 활성화 된다. 리더는 구성원들과의 격의 없는 토의와 대화를 활성화하고 자유로운 의견 발표를 경청함으로써 구성원들의 자발적인 참여의식을 고취시켜야 한다. 인간은 누구나 집단의 구성원으로서의 소속감을 가지고 있기 때문에 조직의 의사결정에 참여하기를 원한다. 따라서 리더는 그 구성원을 중요한 의사결정에 참여시킴으로써 동기를 유발하고 목표 달성에 기여할 수 있는 공동체 의식을 함양시켜야 한다.

(8) 제8원칙: 행동으로 실천하고 솔선수범하라.

솔선수범은 어렵고 위험하여 남들이 하기 싫어하는 것을 내가 먼저 행동으로 실천하는 것이다. 솔선수범은 리더로서 가져야 할 가장 우선적인 마음가짐이요 태도이다. 군은 실천과 행동으로 특징지어지는 조직이므로 구성원들은 솔선수범하는 리더에 대해 모방심리를 가지고 리더를 닮고자 하게 된다. 특히 위험하고 불확실한 전장상황에서 리더의 솔선수범은 진두지휘하는 것이며 이러한 행위는 부하들의 전의를 촉진시켜 승리를 쟁취할 수 있게 한다.

구체적으로 리더는 먼저 언행의 일치가 전제되어야 한다. 리더는 자신이 강조하고 지시한 사항과 자신의 행동이 상이해서는 안 된다. 리더의 언행이 일치되지 않는 것은 구성원들로부터 불신을 받게 되는 가장 큰 원인이 된다. 또한 리더는 구성원들과 달리 특별한 대우를 받기 바라거나 요구해서는 안 된다. 스스로 자진해서 법규를 지키고 부하에게 행동으로 보여주어야 신뢰와 존경을 받을 수 있다. 반대로 구성원에 대해서는 사안에 따라 관용을 베풀어서 자신의 잘못을 스스로 느끼고 자발적인 복종심을 갖도록 해야 한다.

어렵고 위험한 상황일수록 리더의 솔선수범이 필요하다. 리더가 극한 상황 속에서도 진두지휘할 때 구성원들은 리더를 굳게 신뢰하게 되며, 두려움이 사라지고 극복하고자 하는 의지가 충만하게 된다.

리더도 인간으로서 잘못하는 경우가 있다. 이러한 경우 리더는 권위나 체면을 의식하여 우회적이거나 강압적인 방법으로 회피해서는 안 된다. 인간적으로 통하는 솔직함과 구성원의 책임까지도 리더 자신이 감수하려는 적극적인 태도를 보여주어야 한다. 구성원들은 이러한 리더에 대해 인간적 매력을 느끼게 되고 진정으로 신뢰하게 된다.

(9) 제9원칙: 다양성을 인정하고 존중하라.

21세기는 지식・정보화 사회라는 특징뿐만 아니라, 글로벌(Global)시대라는 특징을 보여주고 있다. 글로벌이란 전지구적(全地球的)으로 생활환경 자체가 확대된다는 의미인데 우리 육군이 21세기에 직면하게 된 상황 중의 하나도 바로 이러한 글로벌화에 따른 군의 내・외부적 환경의 변화라고 할 수 있다. WTO 가입, FTA 체제의 등장과 같은 일련의 현상은 우리 육군도 더 이상 기존의 울타리만을 고수할 수 없는 새로운 상황이 도래하고 있음을 암시하는 것이다. 이러한 글로벌화의 영향은 내부적・미시적 차원에서 육군 구성원이 취하여야 할 전지구적 표준(Global Standard)에 준한 방향으로의 사고방식과 태도, 행동의 혁신적 변화를 요구하고 있다.

(10) 제10원칙: 개인과 팀을 실전적으로 훈련시키고 기술적, 전술적으로 숙달시켜라.

먼저 누군가를 이끌기 위해서는 리더 자신이 할 수 있어야 한다. 개인과 팀을 훈련시키기 위해서는 리더 자신이 자기가 가르쳐야 할 내용을 완전히 이해하고 숙달되어 있어야 한다.

불확실한 전장상황에서 생존하고 승리하기 위해서는 개인뿐만 아니라 팀을 평소에 실전적인 상황 가운데에서 훈련을 시킴으로써 정상적인 상황에서뿐만 아니라 최악의 상황 가운데서도 임무를 달성할 수 있는 역량을 키워야 한다.

제3절 인간중심 리더십

> 걸프전에서의 승패는 첨단무기나 장비가 아니라 리더십, 훈련, 사기와 같은 인적요소에 의해 좌우되었다. 전쟁에서의 승리는 「기계」가 아니라 결국 「인간」이 이루어 낸다.
>
> — 미군 걸프전 분석 보고서 중에서 —

1. 「인간중심」과 「리더십」

인간중심 리더십은 제1절에서 설명한 지식정보화시대 육군이 추구하는 새로운 리더십을 의미한다. 인간중심 리더십의 기본개념은 조직목표 달성의 성공여부가 지식정보 생산 및 활용을 위한 구성원들의 자발적이고 헌신적인 몰입에 달려있다는 것이다. 이러한 기본개념 위에 인간 존엄성에 대한 존중을 바탕으로 정신적 삶의 질을 보장하고, 이를 통해 구성원의 헌신과 열정을 유도함으로써 그들의 창의력과 잠재능력을 효과적으로 발휘토록 하는 리더십이 곧 인간중심 리더십이다. 인간중심 리더십이 지향하는 궁극적인 목표는 [그림 3-14]와 같이 강한 육군을 육성하는데 있다.

[그림 3-14] 인간중심 리더십의 목표

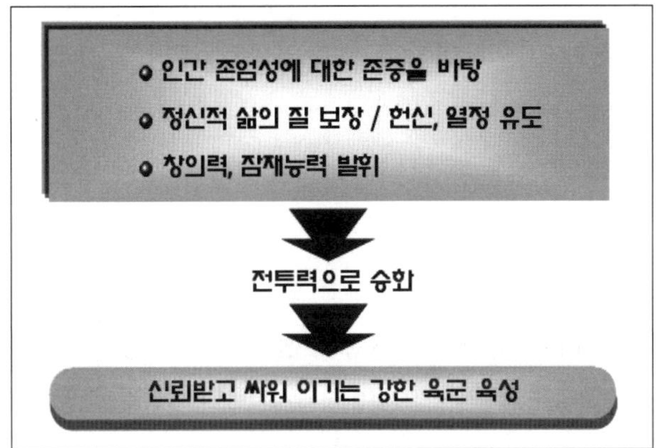

가. 인간중심의 의미

인간중심이란 '지식정보화시대 부가가치의 근원은 사람의 지적·정신적 활동의 결과로 창출되는 지식과 정보이며, 이러한 지식과 정보의 계발 및 사용은 바로 그 인간을 통하여만 한다는 것. 그리고 인간의 변화가 곧 조직의 변화로 이어진다는 인간중심적 사고'에서 출발한다.

인간중심은 새로운 신조어라기보다는 과거의 조직중심 리더십이 지향했던 기계적 인간관[16]과 대비되는 개념이다. 조직의 목표달성을 위해 인간을 하나의 부속품이나 자원으로만 인식하던 리더십 관점이 아니라, 인간은 개

16) 기계적 인간관: 사람을 조직구성요소의 하나만으로 보아 마치 기계의 부속품처럼 여기는 인간관으로 X-이론적 관점(성악설적 인간관)과 과학적 관리(테일러 등)론 등에 의해 인간의 개별성과 존엄성을 간과해온 인간관.

개인 모두가 소중한 존재이며 개개인으로부터 조직발전과 목표달성의 원동력이 나오고 이를 통해 조직과 구성원 모두의 목표를 효과적으로 달성하자는 관점이다.

리더십과 관련된 학문에서도 인간중심이란 용어의 사용을 찾아볼 수 있다. 인간의 존엄성과 개인의 자아실현의지를 강조했던 인간중심 심리학·상담학, 전인적 인간교육을 강조한 인간중심교육과정(교육학), 정치를 인간의 행동과 상호작용에 기반하여 연구한 인간중심(행태주의)정치학, 경영학에서 인력자원의 변화와 자발적인 계발을 추구하는 인적자원 리더십 등은 인간중심이라는 용어뿐만 아니라 그 의미를 통해 인간중심 리더십에 영향을 주었다.

> 미국의 디스커버리 채널은 최근 「역대최고」(The Greatest Ever)라는 프로그램에서 무기 편을 방영했다. 이 프로에서 동서고금의 역사를 가름한 무기 베스트 10을 선정, 그 능력과 한계를 과학적으로 제시했다. 그런데 '베스트 1'은 무엇이었을까? 톰슨기관총, AK-47소총, 활, 창 등 다양한 무기를 제치고 사람이 차지했다. 가공할 위력을 지닌 현대무기도 결국 사람이 운용한다.
>
> — 미국 다큐멘터리 채널(디스커버리) —

인간중심이란 단순히 시대적 풍조에서 비롯된 유행어가 아니라 우리 민족의 역사 속에 거듭되어 온 인본주의 및 화(和)와 한얼사상[17]에 바탕을 둔 것이다. 인본주의란 '군주(君主)와 민(民)은 일치하며 만민은 평등하고 천(天)과도 일치한다.'는 정신에 기반을 두고 사람의 존엄과 가치를 존중하는 것으로 기계론적 인간관이나 중세의 신본주의와 대조된다. 또한 화(和)와 한얼이란, '조화롭게 크고 하나다.'라는 의미로, 단순한 조화(調和)나 타협(妥協)보다는 조화와 균형을 통해 한 덩어리를 이룬다는 적극적인 의미

17) 김운태 외 공저, 한국 정치론, 박영사, 1986. pp.160~161.

를 내포하고 있다. 따라서 인간중심이란 육군의 전 구성원이 고조선의 건국이념인 홍익인간(弘益人間)이라는 전통사상과 화(和)와 한얼사상을 바탕으로 민족 고유 정서인 신바람[18] 나게 임무를 수행함으로써 조직뿐만 아니라 조직을 구성하는 인간 서로에게 상호 이익(WIN-WIN)을 추구하는 것으로 예로부터 우리 민족의 근본사상이었다. 이러한 예를 우리 충무공 이순신 장군의 리더십에서 찾아 볼 수 있다.

이순신 장군의 인간중심 리더십 사례

1591년 2월 전라좌수사로 발령받은 이순신 장군은 왜의 침략을 미리 예감하고 전쟁준비에 만전을 기하였다. 이 과정에서 이순신 장군은 부하들을 직책이나 신분으로 한정짓지 않고 아무리 낮은 직책이라 하여도 군사(軍事)에 관한 일이라면 언제든지 자유롭게 말할 수 있게 하였으며, 일리가 있는 의견은 과감히 채택하고 주도적으로 업무를 수행하도록 지원하는 등 구성원들 각각을 전투력의 원천으로 보고 인격적으로 존중하였다.

이와 같이 충무공은 신분 차별 없이 재능 있는 다수의 참여를 장려하였을 뿐만 아니라, 창의적인 의견의 발굴과 채택에도 전향적인 태도로 접근하였다. 일례로 낙향하여 배 만드는 법을 연구하던 전(前) 훈련원 봉사 나대용이 거북선 설계도를 보이며 국방에 대한 계책을 건의할 때, 이를 선뜻 받아들이고 나대용을 전선감조(戰船監造) 군관으로 발탁하여 거북선 제조에 자신의 창의력과 능력을 최대한 발휘할 수 있도록 적극적으로 지원하였다.

그것은 충무공이 나대용의 신분을 본 것이 아니라 그의 배 만드는 재능과 나라 사랑에 대한 열정을 보았기 때문이다. 그 결과 거북선은 당시 최신예 전함으로 태어났고 왜적과의 전투에서 탁월한 공을 세워 임진란을 이겨내는 버팀목이 되었다. 또한 이순신 장군은 여기에만 그치지 않고 부하의 복지를 도모하는 동시에 도망병을 참수하고, 불성실한 예하지휘관의 곤장을 치는 등 잘못에 대해서는 엄격한 군율을 적용함으로써 군 기강 확립과 전라 좌수영의 전군사가 나아가야 할 올바른 방향과 마음가짐을 제시하고 몸소 모범을 보였다.

---

18) 신바람이란 정신적・육체적 동기부여가 최상의 상태에 도달하여, 논리적으로는 설명할 수 없는 '무아지경(無我之境)'의 상태에서 일을 하는 한국인 특유의 기질 및 특성.

인간존중을 바탕으로 한 전 장병과 백성의 자발적인 참여와 헌신, 이를 통한 창의적인 아이디어의 채택과 활용, 조선군이 나아갈 바른 가치와 방향을 정한 상하동욕의 태도, 이 모든 것의 중심에는 바로 이순신 장군이 발휘한 인간중심 리더십이 있었다.

아무리 과학기술이 발달하여 기계가 사람의 일을 대신한다 하더라도 기계는 새로운 상황을 판단하고 창의성을 발휘할 수 없다. 슈퍼컴퓨터나 인공지능 로봇도 사람의 도구일 뿐이며 창의성을 발휘하여 조직의 부가가치를 창출해내는 것은 결국 인간이다. 공산주의의 몰락도 유물론이라는 사상적 배경에 입각하여 개인의 존엄을 무시한 전체주의의 근본적인 한계에서 비롯된 결과이며 다시 한 번 인간중심적 가치관의 중요성을 말해주고 있다. 인간중심사상은 21세기 현대 사회에서 재조명되어 그 가치가 더욱 높아지고 있으며 대한민국 헌법에도 명시되어 인간의 존엄성을 구현하는 새로운 리더십의 법적, 제도적 근거를 제공한다.

모든 국민은 인간으로서 존엄과 가치를 가지며 행복을 추구할 권리를 가진다. 국가는 개인이 가지는 불가침의 기본적 인권을 확인하고 이를 보장할 의무를 가진다.

— 헌법 제10조 —

나. 외국군의 「인간중심」 리더십

외국군(미국, 독일)의 경우에도 인간의 지식과 정보 창출 능력을 전투력의 원동력으로 보고 인간존중이라는 인류보편의 가치를 구현할 수 있는 리더십을 추구하고 있다. 선진국의 군대에는 그 나라의 독특한 역사와 군에 대한 특유의 사상이 반영되어 있으나 인간존중의 기본 정신만은 선진국 군대 모두가 공통의 핵심가치로 받아들이고 있다. 이들의 공통된 특징은 민주사회의 보편적 가치를 기반으로 개인의 존엄과 가치의 존중이라는 큰 틀 속에서 군에 필요한 특수성이 조화와 균형을 이루고 있는 것이다.

미 「육군 리더십」 교범은 육군 가치[19]에 기반을 두면서 "개인에 대한 존중은 법규의 기초를 이루며 미국이라는 국가를 형성하는 가장 핵심적 요소이다. 존중은 모든 사람들의 선천적인 존엄과 가치를 바로 인식하고 그 진정한 가치를 인정하는 것을 의미한다."라고 기술하고 있다. 특히, 미 육군은 인간을 가장 중요한 자원으로 보고 있으며, 리더의 특성 및 품성으로서 정신적・감정적・육체적 요소까지 포함하여 리더가 갖추어야 할 인격으로 발전시키고 있다.

독일군의 리더십 역시 인간존중의 헌법정신에 기초하여 발전시키고 있다. 독일 헌법 1조는 "인간의 존엄성은 침해될 수 없고 이를 보호하는 것이 국가 권력의 의무이다."라고 규정하고 있으며, 독일군의 '지휘' 관련교범 중 내적 지휘(Innere Führung)[20]는 "민주주의 헌법에 기반을 둔 자유의 원칙과 헌법에 의해 부여된 임무를 완수하기 위하여 군의 명령 및 기능 원칙을 조화시키는 것"[21] 이라고 명시함으로써 어떠한 영역과 수준에서든 인간존중과 임무완수의 조화를 모든 리더십의 필수 요소로 보고 있다.

다. 조직중심 리더십과 인간중심 리더십

산업시대의 조직중심 리더십과 지식정보화시대의 인간중심 리더십은 서로 대비되는 개념으로 리더십 발휘 대상, 영향력의 원천, 부하계발의 모습에 이르기까지 여러 분야에서 서로 다른 시각을 가지고 있다. 이러한 관점의 차이를 〈표 3-3〉과 같이 설명할 수 있다.

19) 충성(Loyalty), 의무(Duty), 존중(Respect), 헌신적인 봉사(Selfless Service), 명예(Honor), 성실(Integrity), 개인적인 용기(Personal Courage).

20) 독일연방군 중앙교범 10-1, '내적지휘(Innere Führung)', 1993: 독일 국방성의 국방백서(영문판, 1994) 등 공식문서는 내적지휘를 'Leadership and Civic Education'으로 번역.

21) 독일국방백서(1994), 독일연방 국방성.

〈표 3-3〉 조직중심 리더십과 인간중심 리더십

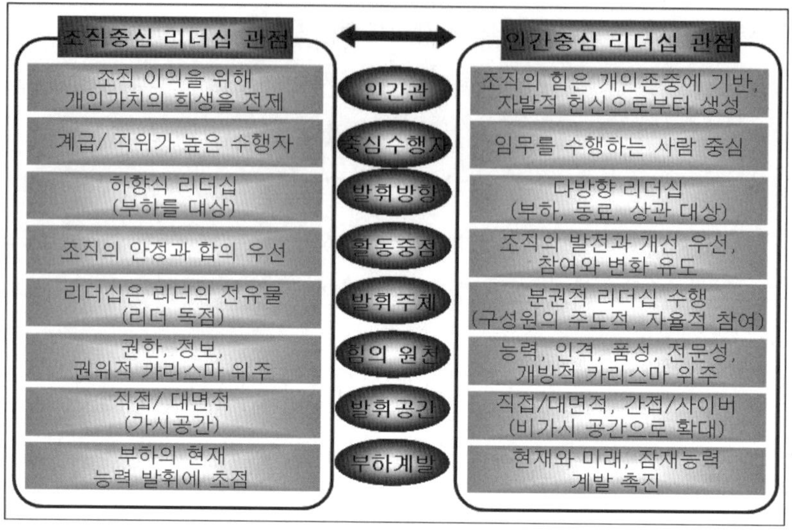

조직중심 리더십 관점	↔	인간중심 리더십 관점
조직 이익을 위해 개인가치의 희생을 전제	인간관	조직의 힘은 개인존중에 기반, 자발적 헌신으로부터 생성
계급/ 직위가 높은 수행자	중심수행자	임무를 수행하는 사람 중심
하향식 리더십 (부하를 대상)	발휘방향	다방향 리더십 (부하, 동료, 상관 대상)
조직의 안정과 합의 우선	활동중점	조직의 발전과 개선 우선, 참여와 변화 유도
리더십은 리더의 전유물 (리더 독점)	발휘주체	분권적 리더십 수행 (구성원의 주도적, 자율적 참여)
권한, 정보, 권위적 카리스마 위주	힘의 원천	능력, 인격, 품성, 전문성, 개방적 카리스마 위주
직접/ 대면적 (가시공간)	발휘공간	직접/대면적, 간접/사이버 (비가시 공간으로 확대)
부하의 현재 능력 발휘에 초점	부하계발	현재와 미래, 잠재능력 계발 촉진

(1) 인간관

조직의 구성원을 바라보는 인간관에 커다란 시각차가 있다. 과거의 리더십 관점은 조직목표 달성을 최우선시 하여 조직의 이익을 위한 개인가치의 희생은 불가피하다는 생각을 가지고 있었다. 조직에 있어서 인간은 쉽게 대체될 수 있는 하나의 요소나 부속품이라는 기계론적 인간관이 전제되어 있다.

그러나 인간중심 리더십은 '조직의 힘은 인간존중을 바탕으로 한 자발적인 헌신에서 나온다.'는 인간관을 지닌다. 즉, 군인을 단순히 국가나 정치적 목적을 위해 전투에서 소모되는 자원이 아니라 국가 번영과 국민의 안전, 그리고 개인과 가정의 행복을 위해 스스로 봉사하는 사람으로 보았다. 또한 최고의 가치를 위해 목숨까지도 헌신할 수 있는 전문가이자 소명의식을 지닌 전투력의 핵과 원천으로 인식한다.

(2) 중심수행자

과거의 조직중심 리더십은 직책과 직위가 누가 더 높은가에 따라 리더십의 중심수행자가 결정되었다. 즉, 주어진 임무에 대한 전문성이나 효과성보다는 연공서열에 의한 직책과 계급이 먼저라는 관점을 가졌다. 비교적 단순하거나 표준화된 반복적 업무는 무엇보다 경험이 중요하고 필요한 기술의 변화가 적기 때문에 지금도 실효성 있는 개념이다. 그러나 복잡 다양한 전문적 지식과 기술이 필요하거나 기술 변화가 빠른 업무에 대해서는 연공서열보다는 누가 새로운 지식과 기술을 가지고 있느냐가 더 중요하다.

따라서 인간중심 리더십은 업무의 전문성과 능동적인 대처가 중요시되는 시대적 추세에 따라 임무에 가장 적합한 사람을 중심으로 리더십의 수행자를 결정한다. 예를 들어 특정업무에 대한 전문능력을 지닌 장교에게 임무를 부여할 때는 그에게 임무수행과 관련된 적합한 권한을 위임하고 통제 및 결재 구조를 단순화시켜서 수직적 다계층 위계조직에서 오는 필요 이상의 비효율적인 간섭과 통제 없이 제 능력을 효과적으로 발휘하도록 보장해주어야 한다.

(3) 발휘방향

리더십 발휘방향이 조직중심 리더십에서는 부하만을 대상으로 한 하향적 · 일방향적 이었던 것에 비해 인간중심 리더십은 부하, 동료, 상관을 대상으로 한 다방향적이다. 임무완수를 위해 부하의 동기를 유발하고, 부하와 의사소통하고, 결심을 수립하여 시행하는 것만으로 모든 리더십을 발휘했다고 볼 수 없다. 인간중심 리더십은 여전히 부하에게 발휘해야 할 공식적인 영향력을 중시하면서도 상관으로부터 신뢰 획득과 전문적 조언과 일치된 교감 형성, 동료와 협조의 중요성 등을 자각하고 이를 리더십의 영역에서 바라보는 것이다. 상관에 대한 리더십을 팔로워십이라 한다면 동료에 대한 리더십은 파트너십 또는 같은 조직 구성원으로서 멤버십차원에서의 리더십이다. 피라미드 구조 하에서 경쟁자로만 동료를 바라보던 시각에서 벗어나 서로 신의를 가지고 동반자로서 대할 때 상호 이익(WIN-WIN)이 되고 더 많은 상승효과(시너지 효과)를 가져올 수 있다는 전향적 사고가 요구된다. 특히 이를 위해서는 진급과 보직이외에도 자아실현, 안전성, 전문직에 대한 명예, 사회적 인정, 보수 등 새롭고 다양한 가치로 목표를 확대하는 풍토조성이 요구된다.

(4) 활동중점

리더십 활동중점을 조직중점 리더십의 경우 안정지향적인 관리와 현상유지에 두었다면, 인간중심 리더십은 적극적인 참여와 변화의 유도를 통해 조직과 구성원을 변화시켜 새로운 환경에 능동적으로 대응할 수 있도록 하는데 있다. 즉, 조직의 근본적인 발전과 변혁보다 조직의 안정성과 현상유지 차원의 관리가 기존 리더십 활동의 중점이었다면, 인간중심 리더십은 그러한 인식을 지닌 구성원들을 설득하고 참여시켜 변화시킴으로써 조직의 발전과 번영을 위한 옳은 길을 가도록 하는 것이다.

(5) 발휘주체

과거엔 공식적인 리더만이 리더십을 발휘한다고 보았다. 그러나 인간중심 리더십은 전 구성원이 리더십을 발휘한다고 본다. 즉, 공식적 리더의 독점적 권한에만 의존한 리더십이 아닌 부하의 동기유발과 효과적인 업무수행에 필요한 권한의 위임을 통해 많은 구성원이 참여토록 유도한다. 분권적이며 다원적인 차원에서 전 구성원이 리더십 발휘주체가 된다. 따라서 육군의 전 구성원 모두가 지휘계통과 임무수행체계를 통해 다른 구성원들에게 리더십을 발휘하고 있으며 지금 이 시간에도 육군 구성원 각각의 임무수행과 행동이 유기체적 조직인 육군의 상·하·좌·우 모두에게 영향을 미치고 있음을 인식해야 한다.

(6) 힘의 원천

리더십을 발휘하는 영향력의 원천을 보는 관점에 차이가 있다. 조직중심 리더십의 경우 영향력의 원천을 합법적 권한, 정보, 통제력 등에서 나온다고 생각하였으나 인간중심 리더십은 합법적 권한뿐만 아니라 전문성, 인격과 품성에서 시작된다고 인식한다. 인간중심 리더십은 공식적인 권한에 의한 리더의 영향력을 기반으로 하되 타인의 내면까지 변화시킬 수 있는 리더의 전문적 영향력, 인격과 품성에서 나오는 준거적 영향력의 효과와 가치를 더욱 중시하는 리더십이다.

(7) 발휘 공간

리더십을 발휘하는 공간에 대한 차이이다. 과거의 리더십 발휘공간은 서로 볼 수 있는 직접적이고 대면적인 공간이었는데 비해 인간중심 리더십 발휘 공간은 직접적이고 대면적인 공간에 추가하여 간접적, 사이버 공간까지 확대 되었다. 즉, 직접 눈을 맞추며 대화, 면담, 지시 등이 수행되던 공간에서 e-메일을 통한 언어적 감성이 없는 대화나 전자결재, 비대면 결재나 화상 회의 등이 수행되는 공간으로 확대되어 왔다. 이런 환경에서는 기존의 대화방식이나 태도로 상대를 변화시키는데 많은 제한을 느끼게 된다. 보이지 않는 곳에서도 발휘되는 바람직한 영향력이 더욱 고려되어야만 한다.

(8) 부하계발

조직의 구성원인 부하의 계발과 활용에 대한 관점의 차이이다. 조직중심 리더십의 경우 부하의 현재 능력을 활용하는데 중점을 두는데 비해 인간중심 리더십은 부하의 잠재능력을 계발하고 발휘하도록 촉진 및 확장하는데 주안을 둔다.

이는 자신의 임기에만 한정된 부하의 계발과 활용이 아니라 미래 지향적이고 능력의 확대라는 측면에서 육군의 미래와 차세대 리더계발과도 깊은 관계가 있다. 따라서 주어진 임무를 효과적으로 수행하기 위한 전문성과 잠재능력의 계발이 무엇보다도 중요하고, 이와 연계된 인력획득 및 관리가 이루어져야 한다.

[그림 3-15] 인간중심 리더십으로 전환

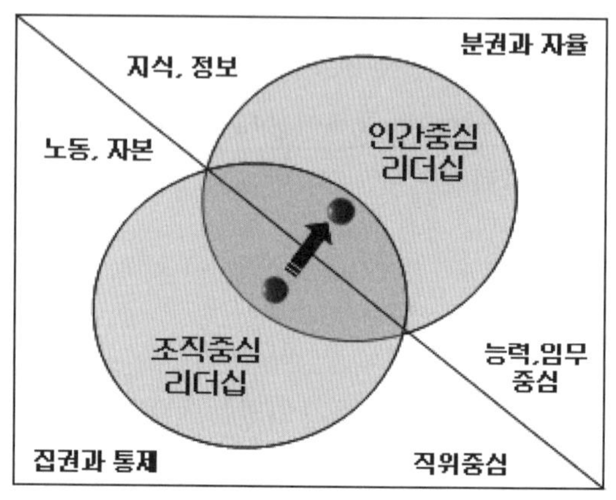

지금까지 조직중심 리더십과 인간중심 리더십의 차이를 여덟 가지 관점에서 구분하였다. 이런 관점의 차이와 리더십 환경 변화는 육군의 리더십을 조직중심 리더십에서 인간중심 리더십으로 전환해야 하는 당위성을 제공하며, 현실적으로도 그러한 변화의 과정에 있다. [그림 3-15]와 같이 산업시대 사회구조, 권력의 집중과 통제, 직위중심에 기반한 조직중심 리더십에서 지식정보화 사회구조, 분권과 자율, 능력과 임무에 기반한 인간중심 리더십으로 전환하고 있다. 그림에서 묘사한 각각의 리더십 중심이 서로 공통 영역 내에 있다는 것은 지금까지의 조직중심 리더십도 인간중심 리더십에서 강조하는 구성원의 감동과 감화, 부하에 대한 배려 등을 중시하여 왔으며 앞으로의 인간중심 리더십 또한 조직중심 리더십에서 강조해 왔던 과업중심, 군의 위계체계와 지휘통제의 핵심적인 면을 공유하게 될 것임을 의미한다.

따라서 조직중심에서 인간중심으로의 방향전환은 시대적 요구에 따른 당연한 변화임에 틀림없으나 이러한 변화 또한 과거와의 단절이 아니며 많은 훌륭한 선배들이 보여주었던 리더십의 연속선상에서 계승 발전되어야 함을 의미한다. 특히 군 본연의 임무인 국토방위와 국가안보를 확고히 수호해야 한다는 궁극적인 목적은 변함이 없으며, 임무완수를 위한 방법에 있어서 환경과 여건을 고려하여 가장 효과적인 리더십 유형을 적용해야 한다.

2. 수행기반

수행기반이란 인간중심 리더십을 구현하기 위한 병영문화와 인간중심의 환경적 풍토가 조성되고 구성원의 인식이 전환된 상태를 의미한다. 인간중심 리더십을 올바르게 구현하기 위해서는 육군이 추구하는 리더십의 지향방향을 설정하고 이를 효과적으로 발휘할 수 있는 수행기반을 조성해야 한다. 따라서 육군은 미래 지향적 변화와 혁신, 구성원의 인식 변화를 위해서 [그림 3-16]과 같이 조직중심과 인간중심 리더십 관점의 차이를 바탕으로 '왜 이렇게 해야 하는가'라는 차원에서 수행기반을 선정하였다.

[그림 3-16] 인간중심 리더십 수행기반

가. 인간존중의 풍토 조성

「인간존중의 풍토 조성」이 중요한 이유는 첫째, 지식정보화시대에서 인간존중은 조직 구성원의 능력 계발 및 도출, 활용의 전제조건이 되기 때문이다. 지식과 정보는 사람의 사고를 통해 창출 및 활용되는 것으로서, 사람은 인간으로서 존엄성을 인정받을 때 비로소 마음을 움직여 자신의 능력을 최대한 발휘한다. 따라서 인간존중은 인간중심 리더십 발휘의 기본 전제조건이다.

둘째, 현 시대가 인간존중의 시대이기 때문이다. 특히 대한민국은 OECD 가입국이라는 국가 위상에 걸맞게 생존이라는 당면 욕구를 벗어나 다양한 사회적 욕구 분출을 경험하고 있다. 그 중 대표적인 사회적 욕구가 개개인이 지닌 행복 추구와 존중받을 권리에 대한 자각이다. 과거엔 조직 속의 개인에 대한 권리 침해가 주목받지 않은 사안이었지만, 현재엔 국민 모두가 자신의 권리 침해인 양 받아들이고 행동한다. 이러한 변화는 군 구성원들도 공유하고 있는 것으로서 기본권 보장과 인간존중의 가치 확산, '정신적 삶의 질' 개선은 인간을 중심으로 한 새로운 리더십의 근본적인 수행 기반이 된다. 따라서 아래 헌법에 명시되어 있듯, 공공복리를 위해 기본권이 제한되는 경우라 할지라도 인간존중에 대한 본질이 침해되어서는 안 된다.

> 국민의 모든 자유와 권리는 국가안전보장, 질서유지 또는 공공복리를 위하여 필요한 경우에 한하여 법률로 제한할 수 있으며, 제한하는 경우에도 자유와 권리의 본질적인 내용은 침해할 수 없다.
>
> — 헌법 제37조 —

나. 준거적 · 전문적 영향력의 계발

준거적 · 전문적 영향력의 계발이 중요한 이유는 첫째, 인간중심 리더십에서 준거적 · 전문적 영향력이 가장 중요한 영향력이기 때문이다. 2절에서 영향력에 대해 언급하였듯이 구성원 내면의 변화까지 가져올 수 있는 영향력은 준거적 · 전문적 영향력이다. 준거적 영향력은 리더의 품성, 특성의 계발과 함양을 통해 형성되는 리더십의 요체로서 부하가 상관에 대해 내면적으로 따르고 동일시하고자 하는 매력으로 작용한다. 그리고 전문적 영향력은 업무와 관련된 특정분야의 전문적 지식과 기술뿐만 아니라 이러한 리더의 영향력을 효과적으로 발휘하게 하는 리더십 기술의 획득을 통해서 계발된다.

둘째로 준거적 · 전문적 영향력이 임무중심, 능력중심의 리더십을 가장 효과적으로 발휘하게 하기 때문이다. 계급과 직책은 합법적인 권한의 원천이며 조직중심 리더십은 이를 바탕으로 임무를 부여하고 리더십을 발휘하였다. 그러나 구성원의 내면적 변화를 가져오는 준거적 · 전문적 영향력은 계급과 직책보다는 리더의 자질과 능력을 바탕으로 형성된다. 임무를 부여할 때 가장 먼저 적합한 계급과 직책의 사람을 찾고 그 다음에 임무를 할당하면 그 사람이 훌륭한 리더십을 효과적으로 발휘할 것이라는 생각은 재고되어야 한다. 그것보다는 임무의 성격과 수준을 고려해 적합한 능력을 갖춘 사람을 찾아 임무를 부여하는 동시에 적절한 권한을 위임하는 능력 위주의 임무 수행체계를 받아들여야 한다. 또한 조직의 임명된 리더는 임무수행에 필요한 전문 능력과 인격을 갖추도록 끊임없이 노력해야 하고, 이러한 능력을 갖춘 자원이 상급제대의 리더로 임명되도록 관리되어야 한다.

> 지위가 높아짐에 따라 무능하게 되는 자가 적지 않다. 능력이란 노력 없이도 지위와 함께 저절로 높아지는 게 아니기 때문이다.
>
> — 클라우제비츠 —

다. 다방향 리더십 인식

다방향 리더십 인식이란 상관이자 부하이며 동료인 리더의 역할에 대한 올바른 인식을 의미한다. 다방향 리더십이 중요한 이유는 첫째, 조직의 목표를 효과적으로 달성하기 위해서는 상관의 인정을 받고, 동료의 신의와 협조를 얻는 동시에 부하의 존경과 자발적인 헌신을 얻어내야 하기 때문이다. 단순히 부하만을 대상으로 리더십을 발휘하는 것이 아니라, 전문지식과 기술을 바탕으로 상관의 인정을 받고 신의와 희생정신을 통해 동료들의 협조를 얻어내야 진정한 인간중심 리더십을 발휘할 수 있다.

둘째로 리더십 발휘 공간이 직접적·대면적 공간의 개념을 벗어나 간접적·사이버 공간까지 확대됨에 따라 의사소통 수단이 다양화되었고, 과거보다 의사결정 및 실행과정에 대한 참여가 용이해짐에 따라 영향력을 다방향으로 행사할 수 있게 되었기 때문이다. 얼굴을 맞대어 나누는 대화, 심사숙고하여 만든 장문(長文)의 문서나 편지, 실시간에 주고받는 e-메일과 채팅, 전자결재 등의 다양한 의사소통 수단은 리더로 하여금 그 수단에 맞는 다양한 표현방법과 이해력을 갖추도록 요구한다. 뿐만 아니라 의사소통 수단이 다양해짐에 따라 각종 게시판이나 설문, 비공식적인 e-메일을 통해 과거 어느 때보다 다양한 분야의 의사결정에 쉽게 참여할 수 있게 되었고, 이를 통해 다방향에서 영향력을 행사할 수 있게 되었다.

라. 지식·정보환경에 적합한 조직과 구성원 계발

산업시대에는 그 시대에 맞는 조직문화와 구성원이 필요한 것처럼, 지식정보화시대에도 지식·정보환경에 맞는 조직문화와 구성원이 필요하기 때문이다. 이를 위해서는 리더의 계발자·촉진자 역할, 전 구성원의 주인의식과 책임의식, 혁신의 조직문화, 개인과 조직의 신뢰형성 등이 조직과 구성원 전반에 걸쳐 구축되어야 한다. 그 이유는 첫째, 인간중심 리더십은 조직구성원의 지식과 정보를 최대한 활용하고 구성원의 잠재역량을 계발·촉진·확장하는 계발자로서 코칭(Coaching)[22]과 멘토링(Mentoring)[23]을 하는 리더역할이 더욱 중요해졌기 때문이다. 조직중심사회는 정보가 독점되는 위계적 조직구조 하에서 구성원들로 하여금 자신의 현재 능력과 주어진 정보만을 활용하는 정해진 역할만 충실하도록 하였다. 반면에, 지식정보화 사회에서는 수평적이고 수직적인 정보의 신속한 흐름 속에서 스스로 기회를 포착하여 창의적이고 주도적인 태도로 전문적 역량을 발휘하도록 한다. 이러한 요구를 충족하기 위해서, 리더는 구성원에게 필요한 핵심역량을 식별 및 계발하도록 지도 및 촉진하는 역할을 해야 한다. 더 나아가 군 지휘관은 예하 지휘관의 현 직책에 대한 핵심역량을 계발하는 동시에 유사시 차상급 직책을 수행할 수 있는 능력을 계발하도록 지도해야 한다. 대대급 과학화 훈련단의 훈련성과분석 결과에 따르면 소부대 전투 시 청군의 주요 패배 원인 중 하나가 소대장의 유고시 소대장을 대신할 리더가 없었다는 사실은 이의 중요성을 잘 입증하고 있다.

둘째, 시시각각 변하는 미래 전장상황을 지배하기 위해서는 자발적이고 적극적인 참여의식을 바탕으로 모든 구성원이 지휘관과 같은 주인의식과 책임의식을 지녀야 하기 때문이다. 육군의 말단 이등병부터 최고 지휘관에 이르기까지 내가 주인이며 리더라는 생각을 갖고 적극적으로 군 복무에 임하는 태도를 갖도록 해야 한다. 단순한 방관자로서 타율적·소극적으로 임

22) 코칭: 수평적 파트너십을 가지고 경청, 질문, 격려 등을 통해 상대의 장점을 스스로 발견하고 계발하도록 유도하는 기술.

23) 멘토링: 코칭과 유사하지만 조금 더 수직적인 관계로 인격적으로 깊은 유대감을 지니고 상대(멘티)의 장점을 끌어내고 지도해주는 기술.

무를 수행하는 태도에서 벗어나 리더라는 사명감을 기반으로 하는 자율적이고 적극적인 임무 수행으로의 변화가 필요하다.

셋째, 지식정보화시대는 현재의 일시적 성공에 만족하거나 안주하지 않고 끊임없이 학습하고 최적의 상태로 변화하려는 자기 혁신의 조직문화가 필요하기 때문이다. 지식정보화시대 기술과 환경변화 속도는 기존의 지식, 정보, 기술의 수명주기를 점점 단축시키고 있기 때문에 과거의 경험과 기술에만 의지해서는 임무완수를 할 수 없을 뿐만 아니라 치열한 경쟁을 이겨낼 수도 없다. 신기술의 습득과 동시에 또 다른 신기술을 찾아야만 한다. 폐쇄적인 조직문화가 아니라 개방적인 조직문화를 만들어서 군내뿐만 아니라 민간사회의 앞선 제도와 개념을 취사선택하여 신속히 받아들일 수 있는 유연한 자세가 필요하다. 또한 조직에서 발견되는 문제를 타인의 문제가 아닌 나의 문제로, 개인의 문제가 아닌 조직구조나 문화의 문제로 인식하여 해결하려 하는 전향적이고 건전한 비판의식이 필요하다.

넷째, 지식정보화시대의 리더십은 그 어느 때보다 신뢰가 형성된 조직문화를 구축해야 하기 때문이다. 구성원 서로의 능력과 인격에 대한 믿음이 개인적 차원의 신뢰라면, 업무를 수행할 때 합법성을 바탕으로 조직이 정한 절차와 분배를 공정히 시행하는 것은 조직 차원에서의 신뢰이다. 구성원들이 리더의 도덕성과 인품을 따르고 조직의 공정성과 합리성을 진심으로 수용할 수 있을 때 구성원 상호간에 생명까지도 의지할 수 있는 진정한 신뢰가 형성된다. 이러한 신뢰 속에서 조직과 개인 모두가 성공하는 상승효과를 달성할 수 있다. 또한 상호 신뢰하는 문화를 지닌 조직 계발이 인간중심 리더십의 활성화에 중요한 역할을 담당하게 된다.

3. 세부 실천방향

리더십 실천방향은 인간중심 리더십을 발휘하기 위한 행동지침이다. 앞에서 제시한 리더십 수행기반을 확고히 조성하기 위해 수행기반별 실천방향을 다음과 같이 구체적으로 제시하였다.

가. 인간존중의 풍토조성

지식정보화시대의 조직목표 달성은 구성원들에 대한 인간존중의 마음에서부터 비롯된다. 인간존중의 마음이 구성원 내면의 변화에 대한 동기를 부여하고, 인간 내면의 변화정도가 지식・정보 산출결과의 양과 질을 결정한다. 또한 모든 군인은 지위고하를 막론하고 군복 입은 시민(Uniformed Citizen)으로서 인격적으로 동일하게 대우받기를 원한다. 따라서 인간중심 리더십은 구성원을 변화시키거나 임무를 부여하는 것보다 구성원의 마음을 움직이는 것이 선행되어야 하며, 이는 [그림 3-17]과 같이 인간존중의 풍토조성으로부터 출발한다. 인간존중의 풍토는 조직 구성원 간의 상호작용을 통해 조직목표에 대한 구성원들의 자발적인 헌신과 열정을 유도해 낼 수 있다. 인간존중의 실천은 상관이 부하에게만 발휘하는 일방향적 행동이 아니라, 조직 구성원 상호 간에 긍정적인 영향력을 주고받을 수 있는 실천 행동이다.

[그림 3-17] 인간존중의 풍토조성

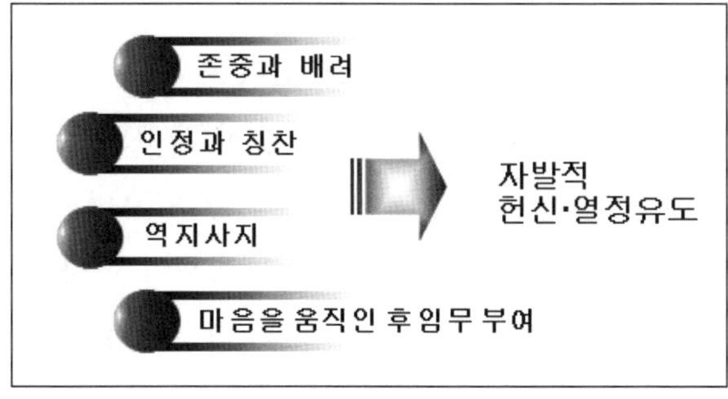

(1) 존중과 배려

존중과 배려는 상대의 인격과 가치를 중시하는 태도에 기반한 실천행동이다. 모든 사람은 자신을 존중하는 사람의 기대만큼 행동하려는 성향을 지닌다. 또한 관심과 애정을 지닌 배려는 상대로 하여금 감사와 보응(報應)의 마음을 불러일으킨다. 따라서 구성원을 직책과 계급에 상관없이 소중한 인격체로 존중하고 배려하는 리더의 행동은 구성원의 긍정적인 태도를 유발하게 된다.

(2) 인정과 칭찬

인정과 칭찬은 인간이 지닌 상위욕구[24]로서 이를 통해서 사람들은 스스로에 대한 자긍심과 업무에 대한 자부심을 갖게 된다. 그리고 인정과 칭찬에 의해 고무된 사람은 자신의 임무와 목표에 대해 누구보다 긍정적으로 접근하며 스스로의 노력을 극대화한다. 이러한 노력은 결국 조직에 대한 헌신과 열정으로 승화되어 조직목표를 효과적으로 달성토록 한다. 따라서 적시 적절한 인정과 칭찬은 구성원의 마음을 움직이고 잠재능력을 도출하여 임무가 완수되도록 하는 동시에 구성원에게 성취감을 갖도록 하는 인간중심의 실천행동이다.

(3) 역지사지(易地思之)

역지사지란(易地思之)란 먼저 상대방의 입장에서 생각하고 이해한 후 행동하는 것이다. 모든 인간은 보편적으로 비슷한 욕구와 동기를 지닌다. 내가 느끼고 있을 바람과 욕구를 상대방도 지니고 있으며, 상대방의 입장에서 내가 해주기를 바라는 것을 이해하려고 노력해야 한다. 따라서 '역지사지'하는 리더는 항상 구성원의 욕구와 반응을 염두에 둔 계획과 실행을 하고, 이를 통해 구성원의 자발적인 참여와 열정을 이끌어 낼 수 있다.

---

24) 매슬로우 욕구 단계에서 상위욕구는 인정과 칭찬, 존경, 자아실현의 욕구를 의미.

(4) 마음을 움직이고 임무를 부여

마음을 움직이고 임무를 부여하라는 것은 인간을 기계가 아닌 감정과 인격을 지닌 하나하나의 특별하고도 소중한 인격체로 보고, 인간을 움직이려면 먼저 마음을 움직여야 한다는 것이다. 즉, 구성원의 행동 원인이 되는 동기(動機)를 파악하고 이끌어 내야 한다. 리더가 임무만 부여하면 구성원이 자발적으로 일할 것이라고 기대하는 기계적 인간관을 벗어나야 한다. 가능한 한 리더는 구성원이 처한 여건과 필요를 정확히 파악하여 임무수행에 제한되는 문제를 해결하고, 자신의 의도를 구성원에게 명확히 전달하여 행동의 당위성을 인식시킴으로써 그들의 동기를 유발하고 임무를 부여해야만 한다.

나. 준거적 · 전문적 영향력 계발

미래 전장의 전문성 요구, 구성원의 마음을 움직이는 인격과 능력의 중요성, 형식보다 실질적인 성과 달성의 필요성은 직책에 의한 영향력보다 개인적 영향력인 준거적 · 전문적 영향력과 밀접한 관계가 있다. 이는 본장 2절에서 강조하였듯이 리더의 특성과 자질, 지식과 기술을 끊임없이 익히고 숙달을 통해 구성원들이 지향해야 할 표상을 제공해 준다. 따라서 준거적 · 전문적 영향력 계발을 위한 구체적 실천지침을 [그림 3-18]과 같이 제시하였다.

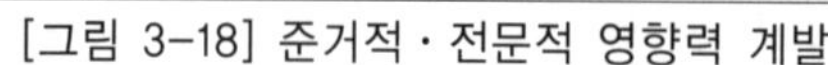
[그림 3-18] 준거적 · 전문적 영향력 계발

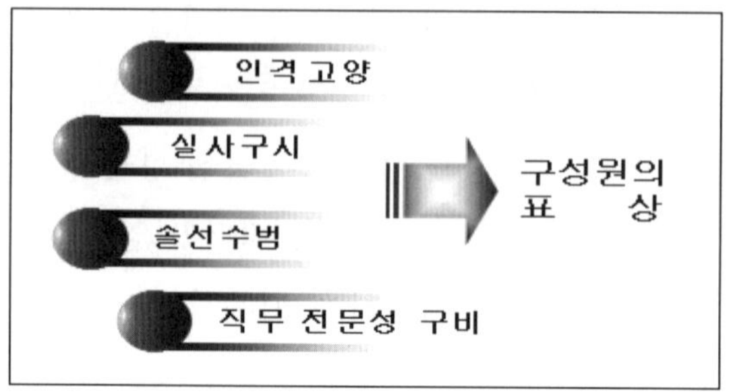

(1) 인격고양

인격고양은 준거적 영향력의 근본으로서 모든 리더는 인품과 덕성의 함양에 힘써야 한다. 다른 사람의 영향력을 인정하는 시초는 그 사람이 나보다 우수함을 인정하는 것이다. 일반적으로 개인이 타인의 영향력을 수용하는 것은 타인의 품성과 자질이 나보다 낫다고 받아들이는데서 출발한다. 리더의 우수한 인격은 직책과 계급에 앞서 구성원들 내면으로부터의 존경과 변화를 가져올 수 있다. 따라서 리더는 평생에 걸쳐 끊임없는 인격 고양을 해야 하며, 이를 위해 보편적 가치의 공유 및 신념화, 긍정적 감정의 생성 및 유지, 사색과 독서 등의 다양한 노력을 실천해야 한다.

(2) 실사구시(實事求是)

실사구시란 형식적이고 행정위주의 비합리적인 직무수행에서 벗어나 실질적인 업무를 합리적으로 수행하는 것'이며, 특히 관료주의 사회에서 흔히 발생하는 실제 성과보다 형식을 중시하는 과시적 · 형식적 경향을 타파하자는 것이다. 실제 행동이나 실천보다는 화려한 겉모습에 주력하는 전시행정(展示行政), 장기적이고 근본적인 발전과 문제 해결보다 책임자의 임기 내 성과에 집착하거나 미봉책에 그치는 의도적인 단기성과주의 등을 지양해야 한다. 이러한 과시적·형식적 경향과 단기성과주의는 구성원들과의 공감대 없는 업무 추진으로 인해 실질적인 업무성과를 가져올 수 없다. 또한 업무의 목적이나 의도에 대한 명확한 이해 없이 관행적으로 답습하는 행위를 버려야 한다. 현재의 실정을 고려하지 않거나 실효성이 없음에도 불구하고 무비판적으로 과거의 전철을 되풀이하는 우를 범해서는 안 되며, 항상 긍정적이면서도 비판적인 태도를 견지하고 개선을 위해 노력해야 한다.

(3) 솔선수범

솔선수범이란 '내가 먼저 행동으로 실천하는 것으로 구성원들에게 모범을 보이는 것'이다. 이는 구성원의 자발적 동기를 유발시킬 뿐만 아니라 조직이 요구하는 바를 리더가 몸소 보여줌으로써 그 방향을 제공한다. 솔선수범은 어렵고 힘든 일을 리더가 다른 구성원보다 앞장서서 하거나 동참함으로써 리더의 높은 도덕성을 보여주는 것이며, 구성원이 행동해야 할 바에 대한 방향과 방법에 대해 시범을 보여주는 것이다. 따라서 리더는 효과적인 솔선수범을 위해서 '동고동락'과 '이타정신(利他精神)'에 기반한 도덕성[25], 조직 핵심가치 구현의 모범을 보일 수 있는 전문지식과 기술을 보유하도록 노력해야 한다.

(4) 직무의 전문성 구비

직무 전문성 구비는 현 직책뿐만 아니라 상위직책에 필요한 전문적인 전술지식을 갖춘 전문 직업군인으로서의 능력을 갖기 위해 끊임없이 노력해야 함을 의미한다. 리더의 전문성은 업무에 대한 일의 올바른 방향설정, 지도 및 조언, 확인 및 감독, 신속한 결심수립 등에 있어서 능률과 효과를 증진시킬 뿐만 아니라 구성원의 내면화된 지지와 헌신을 이끌어 낼 수 있다.

25) 서양의 노블리스 오블리제(Noblesse Oblige), 신라의 화랑도, 조선의 선비정신 등에서 리더의 도덕적 가치와 행동을 의미.

다. 다방향 리더십 인식

다방향 리더십 인식이란 리더가 부하에 대한 상관의 역할뿐만 아니라 상관과 동료에 대한 조직구성원으로서의 역할도 수행해야 한다는 것을 의미한다. 또한 리더십 발휘수단인 의사소통에 있어서도 그 방법과 방향이 다양해졌음을 말한다. 지식정보화시대의 조직은 폐쇄적이 아닌 개방적이며, 살아있는 유기체라는 조직관을 지니고 운영할 때 다방향 리더십을 좀 더 효과적으로 발휘하기 쉽다. 따라서 리더가 조직에서 임무수행의 상승효과를 발휘하기 위해서는 [그림 3-19]와 같이 상관, 동료, 부하로서의 역할을 정확히 인식하여 매사 조화와 균형을 이루고 다방향 의사소통을 통해 리더십을 발휘해야 한다.

[그림 3-19] 다방향 리더십 인식

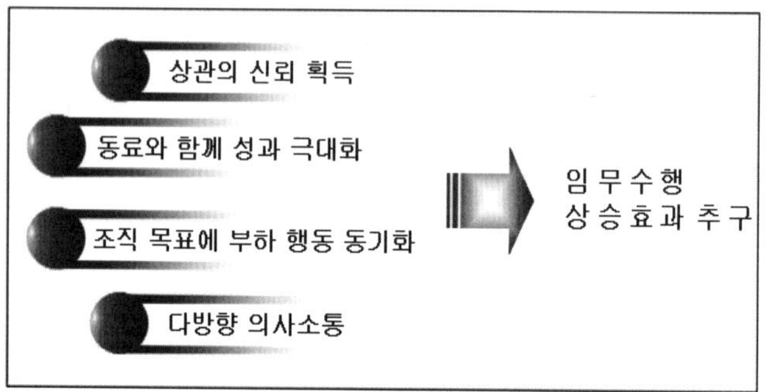

(1) 상관의 신뢰획득

상관으로부터 신뢰획득은 부하의 자율적인 임무수행 여건을 보장해준다. 리더로서 부여된 임무를 수행하기 위해서는 상관으로부터 적극적인 지원이 필요하다. 이를 위해 리더는 상관을 설득하거나 상호이해, 전문적 능력에 근거한 신뢰를 획득해야 한다. 상관의 신뢰를 획득한 리더는 임무수행 과정에서 보다 많은 행동의 자유와 자신감을 갖고 조직의 운영에 전념할 수 있다.

(2) 동료와 함께 성과 극대화

동료와 함께 성과 극대화란 동료를 경쟁자로만 생각하는 것에서 벗어나야 하며, 상호 이익(WIN-WIN)과 시너지 효과를 얻기 위해서는 동료의 신의와 협조가 필수적임을 의미한다. 동료의 부진이 나의 약진이라는 관점에서 탈피하여 임무완수를 위한 동반자임을 명심해야 한다. 또한 성공은 진급과 보직이라는 제한된 목표가 아닌 자아실현, 안정성, 전문직에 대한 명예, 보수, 사회적 인정 등의 가치를 통해 달성될 수 있음을 인식해야 한다.

(3) 조직의 목표에 부하의 행동을 동기화

조직의 목표에 부하의 행동을 동기화하는 것은 부하에 대한 설득, 이해, 교육, 보상 등의 방법을 통해 부하들의 동기를 조직의 목표에 정렬시켜야 함을 의미한다. 조직의 존재목적에 맞는 비전과 목표를 설정하고, 부하들의 동기와 행동을 일치시키는 영향력을 발휘하는 것이 부하에 대한 리더십이다. 이는 과거의 리더십이 조직의 임무완수에만 치중하던 것에서 벗어나 조직의 임무완수와 더불어 구성원 개개인의 복지, 업무에 대한 만족감, 육체적·정신적 삶의 질 등을 향상시켜 주는 것이 리더십의 중요한 역할임을 의미한다.

(4) 다방향 의사소통

다방향 의사소통은 상관, 동료, 부하와의 원활한 의사소통과 조직목표의 효과적 완수를 위해서는 지식정보화시대의 다양한 의사소통 수단을 활용한 다방향 리더십을 발휘해야 함을 의미한다. 상관의 지시만 받고 부하에게 지시만 하는 의사소통이 아니라 자신의 조직에 끊임없는 영향을 미치는 상관과 동료의 의사결정 과정에 적극적으로 참여하고 부하의 의견에 귀 기울이는 의사소통을 해야 한다. 이를 위해서는 인간에 대한 이해를 바탕으로 한 기본적인 상담기법[26]의 활용은 물론, e-메일, 채팅, 게시판, 전자설문, 전자결재, 문자메시지, 원격교육 등의 새로운 의사소통기술의 습득과 적극적인 활용법을 모색해야 한다.

라. 지식 · 정보환경에 적합한 조직과 구성원 계발

지식 · 정보환경에 적합한 조직과 구성원 계발은 조직 환경과 문화, 구성원을 인간중심 리더십 발휘에 적합하도록 만드는 것이다. 리더는 지식과 정보의 생산자이자 조직문화의 계발자로서 [그림 3-20]과 같은 실천행동을 통해서 구성원과 조직을 혁신하고 조직목표 달성과 개인 발전의 기회를 부여할 수 있다.

[그림 3-20] 지식 · 정보환경에 적합한 조직과 구성원 계발

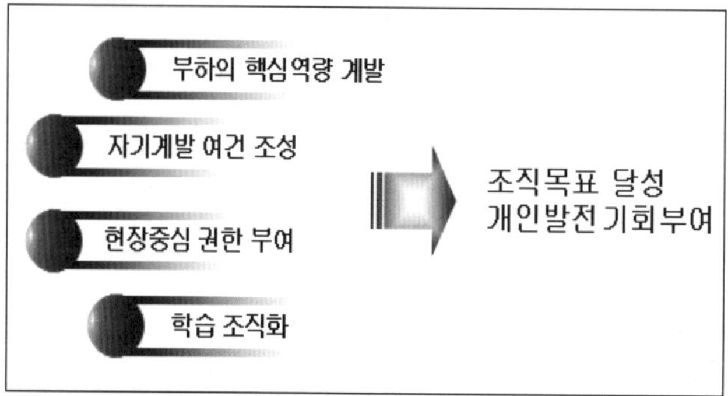

26) 상담대상자의 문제를 파악하고 스스로 해결방안을 모색하도록 도와주거나, 특정전문분야에 도움을 줄 수 있는 사람에게 안내해 주기 위해서 필요한 적극적 청취, 공감적 반응, 개방적 질문 등의 의사소통기법.

(1) 부하의 핵심역량 계발

부하의 핵심역량 계발은 육군이 요구하는 핵심역량과 부하가 지닌 역량을 비교 및 분석하여 부족한 핵심역량의 계발에 힘써야 함을 의미한다. 인간중심 리더십의 임무위주·능력위주 리더십 인식은 육군의 전 구성원이 언제든 리더가 될 수 있음을 자각케 함에서 출발한다. 즉 모두가 리더임을 인식하여 육군 전 구성원이 리더로서 적극적인 참여의식과 주인의식을 지니고 업무를 수행하도록 교육하고, 능력을 구비토록 하는 것이다. 이를 위해서는 먼저 부하의 부족한 면을 알려주고 이해시켜 자기발전의 동기를 유발해야 한다. 일방적인 지도나 지시가 아니고 구성원의 현 상황을 정확히 이해한 후 상담자[27], 조언자, 선배와 같은 자세로 알려주고 이해시켜야 한다. 이것이 조직의 관리자이며 교육자인 리더의 역할이며, 구성원에 대한 코칭과 멘토링이 강조되는 이유이다. 그리고 막연하게 업무와 직접적 관련이 없는 부하의 모든 역량을 계발하는 것이 아니라, 육군이 요구하는 정신적·육체적 특성과 직책에 필요한 직무지식과 능력 등 조직의 비전과 목표에 직결된 핵심역량을 계발해야 한다.

(2) 자기계발 여건 조성

자기계발 여건을 조성하는 것은 여가를 구성원의 잠재능력을 계발하는 생산적인 시간이 되도록 환경을 조성해 주는 것을 의미한다. 일과 이후에 불필요한 통제나 시간 낭비적 요소를 과감히 제거하여 개인의 관심분야와 취미를 계발할 수 있는 공간과 시간을 확보해 주어야 한다. 예를 들어 각종 동아리 활동, 전문 강사, 초빙교육, 전문자격을 지닌 장병 활용 등이 있

27) 구성원의 능력을 계발하기 위한 상담자로서의 역할을 의미, 심리치료 목적이 아닌 구성원의 임무수행 상 문제점을 확인하고 스스로 발전방향을 모색하여 이겨나가도록 도움을 주는 역량개발과 관련된 역할로 코칭과 멘토링의 중요한 요소임.

다. 이를 위해 일과 이후는 훈련 이외의 불시 통제를 지양하고 개인 휴식과 계발의 시간이라는 인식을 공유하도록 해야 한다.

(3) 현장중심의 권한부여

현장중심의 권한을 부여하는 것은 주로 계획하고 통제하는 곳에 자원과 권한이 집중되는 과거의 임무수행 방식에서 탈피해야 한다는 의미이다. 시시각각 변하는 상황을 주도하고 대응하기에 적절한 사람은 계획을 입안하고 통제하는 후방의 상급지휘관이나 참모가 아니라 부대관리와 전투 현장에서 임무를 수행하고 있는 리더이다. 따라서 급변하는 상황에 대한 적절한 판단과 적시 적절한 실행을 할 수 있는 현장중심의 권한부여가 조직의 능률과 효과성을 높여준다. 이는 선 조치 후 보고, 적절한 권한 위임, 결재와 통제 단계의 축소, 관련 권한을 지닌 자를 중심으로 한 태스크 포스 편성 등의 방법으로 실행될 수 있다.

(4) 학습조직을 만들라.

학습조직을 만들라는 것은 육군의 지속적 발전과 혁신을 위해 변화하는 새로운 지식을 신속히 습득하고, 조직 내 활동으로 생성되는 수많은 지식과 정보를 공유하고 활용하기 위한 조직을 만들라는 것이다. 인터넷 검색, 원격 교육 등 다양한 학습 네트워크를 활용하여 신지식을 획득할 수 있다. 또한 각급 조직에는 수많은 경험에 의해 축적된 노하우(Know-how)라는 명문화되지 않은 지식들이 있다. 리더는 각 구성원과 조직이 가지고 있는 이러한 지식과 지혜를 다양하게 체계화하여 전 구성원이 공유할 수 있도록 해야 한다. 이를 위해 창의적 의견을 높이 평가하고 새로운 것에 대해 학습하여 사고력을 증진시키며, 임무 및 훈련 종료 후에 반드시 사후검토를 하는 등 배우고 익히며 숙달하는 활동이 활성화돼야 한다.

이순신 장군이 한산도에 주둔하고 있을 때 운주당(運籌堂)이라는 집을 지었다. 이순신 장군은 그곳에서 장수들과 밤낮을 가리지 않고 전쟁을 연구하면서 지냈는데, 아무리 병졸이라 하여도 군사(軍事)에 관한 내용이라면 언제든지 와서 자유롭게 말할 수 있게 하였다. 그러자 모든 장수와 병사들이 군사에 정통하게 되었으며 전투를 시작하기 전에는 장수들과 의논하여 계책을 결정하였기 때문에 싸움에서 패하는 일이 없었다.

— 징비록(유성룡) —

제4절 임무형 지휘

부하들에게 '어떻게 하라(방법)'고 말하지 마라. '무엇을 하라(임무)'고만 말하라. 그러면 그들은 무한한 잠재력으로 당신이 예측하지 못한 놀라운 결과를 보여줄 것이다.

— 조지 패튼 장군 —

1. 지휘 유형

앞에서 설명하였듯이 군과 일반사회에서의 리더십은 근본적으로 큰 차이가 없다. 그러나 군은 필요에 의해 조직 구성원의 생명까지도 요구하며, 군 구성원의 의지와 상관없이 부여된 임무를 달성해야 할 때에는 일반조직과 확연히 다른 조직운영 개념을 요구한다. 이러한 차이를 극복하고 문제를 해결하기 위한 군대의 특별한 조직운영 개념이 바로 지휘이다.

■ 지휘

지휘란 '지휘권에 입각하여 부대를 이끌어 가는 일체의 행위로서 임무완수를 위하여 부대활동을 계획, 지시, 협조하는 기능' 이다. 지휘는 부여된 임무달성을 위한 부대운용계획 수립, 부대편성, 지시, 협조, 통제 등의 권한과 책임을 포함한다. 또한 예하장병의 건강, 복지, 사기, 규율 등에 대한 책임도 포함한다. 지휘는 단지 명령을 수행하고 각종 규정이나 규칙, 법규 등 군의 지휘 및 행정체계를 통하여 단순히 이행하는 것 이상의 것을 포함한다.

■ 지휘권

지휘권이란 '지휘관이 자신의 계급과 직책에 의해서 예하부대에 행사하는 합법적인 권한'을 말한다. 지휘권은 필요한 경우 군법에 의해 명령을 강요할 수 있는 특성을 지닌다. 지휘는 궁극적으로 지휘권이란 합법적 수단을 통해 지휘관의 의지를 구현하고, 부하의 생존을 보장하기 어려운 위험에서도 부하의 복종을 강요할 수 있다. 바로 이 점이 일반 조직의 명령과 규정에 의한 권한과 차별되는 점이다.

■ 지휘관

지휘관이란 '중대 이상의 단위부대장과 함선부대의 장 또는 함정 및 항공기를 지휘하는 자'를 말하며 부대의 핵심으로 모든 역량을 통합하여 지휘·관리 및 훈련하고, 부대의 성패에 대한 책임을 진다. 지휘관의 궁극적인 책임은 전투에서 승리하는 것이며, 이를 위해 법률과 규정에 따라 합법적인 권한을 보장받는다. 지휘관은 권한을 위임할 수 있으나 책임을 위임할 수 없다. 지휘관은 직책에 의한 합법적인 지휘권 이외에도 개인적인 권위를 가지고 있다. 개인적인 권위(Personal Authority)는 준거적·전문적 영향력을 반영하며, 궁극적으로 지휘관의 솔선수범과 언행일치의 행동을 통해 부하로부터 신뢰를 얻는 것이다. 개인적 권위는 종종 법적 권한보다 강력하며 지휘관이 행사하는 리더십의 영역으로 볼 수 있다. 따라서 지휘관은 합법적인 권한을 바탕으로 솔선수범, 설득, 그리고 강제의 조화를 통하여 지휘한다. 임무완수, 부하의 복지, 자원관리 모두 지휘관의 중요한 책임 분야이지만 상황에 따라 서로 상충되거나 일치되지 않을 수도 있다. 지휘관은 항상 이러한 갈등을 최소화하기 위해 노력해야 하나 임무달성과 부하복지 간 서로 합일점을 찾을 수 없는 경우에는 임무달성이 우선시되어야 한다. 그리고 명문화된 임무수행 이외에도 임무에 대한 면밀한 구상과 창의적인 행동이 필요하다. 훌륭한 지휘관은 규정과 명령을 창의적으로 해석하고 부대를 지휘하기 위한 결심수립 과정에 자신의 의지와 신념을 적용할 수 있는 자신감과 용기를 가진 사람이다.

가. 통제형 지휘와 임무형 지휘

앞서 환경 변화와 리더십에서 살펴보았듯이 전쟁양상과 사회 환경의 변화는 군의 지휘환경에도 많은 변화를 가져왔다. 〈표 3-4〉는 지휘환경에 따른 통제형 지휘와 임무형 지휘의 적용개념에 대해 설명하고 있다.

〈표 3-4〉 지휘유형

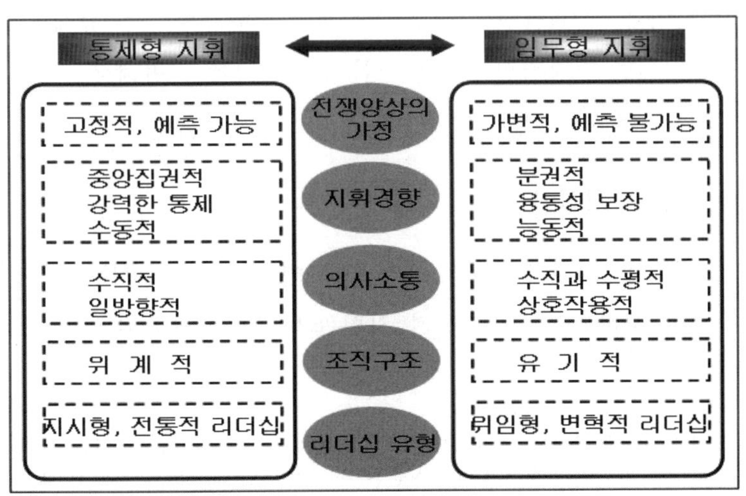

(1) 통제형 지휘의 개념

통제형 지휘는 계획과 결심수립에 대한 권한이 상급부대 지휘관에게 집권화 되어있어 부하에게 엄격한 복종을 요구하는 지휘 유형이다. 통제형 지휘는 부하의 창의적이고 주도적인 임무수행을 요구하기보다는 지휘관의 세부적인 계획과 명령을 충실히 실행하는 부하의 역할을 요구한다.

통제형 지휘는 전쟁양상을 고정적이며 예측가능하다는 가정에 바탕을 두고 있기 때문에 상급부대에 의한 중앙집권적이며 강력한 통제를 통해 지휘하는 경향이 있다. 따라서 지휘관이 현장 상황에 대한 정확한 정보수집과 판단이 가능하고 대량의 정보처리 및 효과적인 지휘통제 시스템을 갖추었을 때 보다 더 효율적이다. 또한 예하 지휘관(자)의 능력이 부족하여 스스로 결심하여 임무를 수행할 수 없을 경우, 본인의 판단보다는 상급부대의 지시된 사항을 수동적으로 이행하도록 하여 임무를 완수케 한다.

통제형 지휘는 정보 및 권한의 집중과 효율적인 분배를 중시하는 위계적 구조에 적합하다. 위계적 구조 하에서의 의사소통은 일방향적이고 수직적이며 지시형 · 전통적 리더십[28] 발휘에 효과적이다. 따라서 지휘관의 직접적인 통제력이 잘 발휘될수록 매우 효율적인 지휘유형이나, 통제형 지휘에만 익숙하게 되면 현장지휘관이 급격한 상황변화에 직면해서 자율성과 적극성을 지니고 적시에 대처하는 능력이 감소될 수 있다.

(2) 임무형 지휘의 개념

임무형 지휘는 '시시각각(時時刻刻)으로 변화하는 현장상황에 신속하고 능동적으로 대처하기 위해, 부하가 지휘관의도를 기초로 주도적으로 임무

---

28) 전통적 리더십: 본서에서는 상관과 리더의 거래적 관계에 의한 리더십(Transactional Leadership)을 지칭하는 것으로서의 상관의 지시에 대한 부하의 복종과 이에 대한 보상적 대가에 의해 발휘되는 리더십을 의미.

를 수행'하는 지휘유형이다. 이를 위해 지휘관은 부하에게 임무와 자신의 지휘의도를 명확히 제시하고 임무수행에 필요한 자원과 수단을 제공하며, 부하는 임무를 수행하는 과정에서 임무와 지휘관의도를 기초로 자율적·창의적·적극적으로 임무를 수행해야 한다. 즉, 지휘관은 부하에게 임무부여 시 '누가·언제·왜·어디서·무엇을'의 요소를 구체적으로 제시하고, 부하는 임무수행 과정에서 어떻게(HOW TO)에 관한 것에 행동의 자유[29]를 보장받는 지휘 유형이다.

임무형 지휘는 전쟁양상이 가변적이며 예측 곤란하다는 가정에 바탕을 두고 있기 때문에 예하부대의 융통성이 보장되고 분권화된 지휘경향을 지닌다. 따라서 지휘관의도 내에서 각급 제대의 예하 지휘관이 훈련된 주도권[30]을 적극적으로 행사할 때 성공적 임무형 지휘가 가능하다.

임무형 지휘는 권한과 정보와 자원이 분권화되고 신속한 흐름이 가능한 유기적 조직에 적합하다. 유기적 조직에서 의사소통은 상호작용이며 수직과 수평적이다. 따라서 위임형, 변혁적 리더십[31] 유형이 적합하며 부하의 능력이 잘 갖추어지고 적절한 권한과 자원이 할당될수록 매우 효과적이다. 하지만 현장 상황에 대처할 자원이 제공되지 않거나, 부하의 능력이 부족하여 지휘관의도를 명확히 이해하지 못할 때에는 기대했던 결과를 가져올 수 없다.

나. 임무형 지휘의 필요성

지식정보화시대의 전장 환경은 전후방이 따로 없고 비선형의 5차원 입

---

29) 행동의 자유: 지휘관의 의도 범위 내에서 어떻게(HOW TO)에 관한 것을 현장 상황에 맞게 조치하는 것.

30) 훈련된 주도권(Disciplined Initiative): 지휘관의도 내에서 행사하도록 평시부터 부대의 전체 목표에 지향되어 발휘하도록 훈련된 부하의 주도권.

31) 변혁적 리더십(Transformational Leadership): 구성원들의 동기와 욕구에 관심을 기울이며 그들이 능력을 최대한 발휘할 수 있도록 내면의 변화에 초점을 둔 리더십.

체전투로서 수행된다. 이는 이라크전의 예와 같이 민간인, 적군, 아군과 테러리스트가 혼재되어 불확실한 전선에 현장지휘자가 홀로 떨어져 있는 상황을 연상할 수 있다. 예기치 않게 변하는 전장상황은 최초 계획을 무용지물로 만들고, 현재 조성된 기회와 상황을 상급지휘관의 새로운 지시수령 이전에 변화시키거나, 조치가 늦을 경우 아군에게 불리하게 작용하도록 만든다. 바로 이런 이유로 인해 다음과 같이 임무형 지휘의 필요성이 대두된다.

첫째, 전장 환경의 급격한 변화에 적합한 부대지휘를 하기 위해서는 현장 지휘관의 신속한 상황대처와 융통성이 필수적이다. 단계별로 해야 할 일들을 세부적으로 계획하여 융통성을 제한한 통제형 지휘로는 급격한 변화에 대해 능동적 대처가 곤란하다. 따라서 현장지휘관은 지휘관의도를 명확히 이해한 후, 자신의 능력과 상관의 지원범위 내에서 변화된 환경에 자발적 · 창의적 · 주도적으로 대응하는 임무형 지휘가 필요하다.

둘째, 지식정보화시대 전쟁의 지배적 요소인 지식과 정보의 창출, 그리고 효과적인 활용을 위해서는 임무형 지휘가 필요하다. 상관에 의해 모든 업무가 일일이 지시되고 부하의 엄격한 복종이 강조되는 통제형 지휘에서는 개인의 주도성에서 나오는 지식과 정보의 활용이 곤란하다. 반면에 지휘관의도 내에서 자율적인 결심수립과 행동의 자유가 허용되는 임무형 지휘는 부하들의 창의적이고 적시 적절한 지식과 정보를 상대적으로 잘 활용할 수 있다.

셋째, 임무형 지휘는 통제형 지휘에 비해 부하의 자발적 · 적극적인 노력과 잠재능력을 도출하기 위한 상 · 하 공감대 형성에 적합하다. 공감대는 일방향적 지시나 통제보다 상호 의사소통이 잘 될수록 쉽게 형성된다. 또한 조직 구성원 내면의 변화, 자발적인 노력 그리고 적극적인 참여를 유도하는 리더의 준거적 · 전문적 영향력이 임무형 지휘에서 좀 더 잘 발휘될 수 있다. 육군이 지향하는 지휘는 지휘관의도, 상황, 방침에 대한 상 · 하 공감대가 형성된 상태에서 부하가 임무를 자발적 · 적극적 · 창의적으로 수행하는 임무형 지휘여야 한다.

넷째, 미래 전장상황 대처에 적합한 지휘관들의 지휘역량 계발을 위해서 임무형 지휘를 위한 여건 조성과 훈련이 필요하다. 아직까지 육군이 임무형 지휘를 구현하기 위한 수행기반을 제대로 갖추지 못했다 하더라도 우리 육군은 미래 전장을 지배하기 위해 준비를 해야 한다. 이를 위해 예측 곤란한 미래 전장변화에 능동적으로 대처하고, 조성된 호기를 이용하여 승리를 획득할 수 있는 임무형 지휘를 숙달해야 한다.

임무형 지휘는 상황이 급변하여 상관의 구체적인 지시를 받을 수 없거나 상관과의 통신이 두절된 상황, 현장에 있는 부하의 능력이 우수하여 지휘관의도를 명확히 이행할 수 있을 경우에 효과적이다. 그러나 이와 반대로 통제형 지휘는 상관의 현장 상황파악과 통제력이 우수하여 효율적인 지휘통제를 할 수 있고 현장에 위치한 부하가 임무형 지휘를 소화할 능력이 없을 때 효과적이다.

[그림 3-21] 임무형 지휘로의 전환

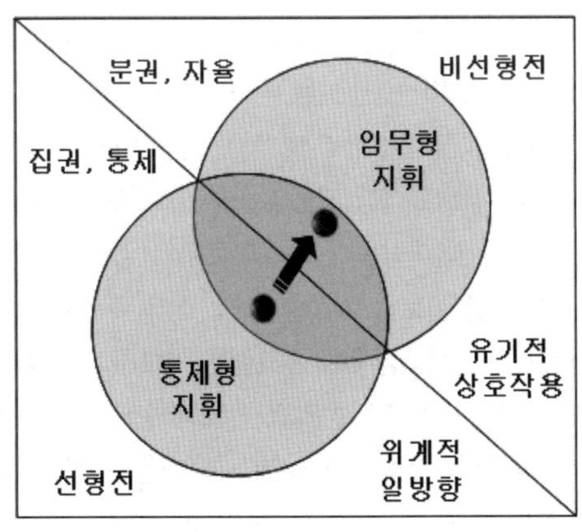

[그림 3-21]은 통제형 지휘에서 임무형 지휘로의 전환을 도식화한 것이

다. 과거의 지휘환경은 권한의 집중과 통제, 선형전, 다계층의 위계적이고 일방향적인 통제형 지휘에 비교적 적합한 환경이었다면 현재 육군이 당면한 지휘환경은 분권과 자율, 비선형전, 유기적인 조직구조와 구성원간의 상호작용을 기반으로 한 임무형 지휘에 적합한 환경으로 변해가고 있다. [그림 3-21]에서 보면 각 지휘유형의 구심점이 서로 공통영역 내에서 이동하는 모습은 임무형 지휘의 당위성을 제공하는 한편, 지휘유형의 단절된 전환이나 변화가 아니라 통제형 지휘와 임무형 지휘의 공통된 영역을 공유한 상태에서 연속선상의 전환과 변화를 의미한다. 즉, 임무형 지휘가 육군이 지향하는 지휘 유형이라 할지라도 임무수행에 있어 부하 성숙도, 자원할당 및 시기의 적절성, 적 능력, 아군 지휘통신체계의 질적인 능력 등 여러 가지 요소에 의해 통제형 지휘가 요구되는 상황이 조성될 수 있으며 이에 따른 적합한 지휘유형 적용이 중요함을 의미한다.

동락리 전투시의 임무형 지휘

1950년 7월 1일 국군 6사단 7연대는 금왕일대에서 적 15사단의 진출을 막기 위해 방어진지를 편성하고 있었다. 7연대 2대대가 644고지 일대에서 방어편성을 하던 중, 대대장 김종수 소령은 동락리 초등학교 여교사로부터 "북괴군이 학교를 점령하고 약탈하고 있다"는 첩보를 받고, 동락리 초등학교 일대에 연대규모의 적이 집결중인 것을 발견하였다. 이때 적은 경계병도 없이 옷을 벗은 채로 나무 그늘 밑에서 휴식을 취하고 있었고, 그 일부가 저녁식사 준비를 하기 위해 민가를 들락거리고 있었다. 대대장은 연대장으로부터 명령받은 644고지의 방어에만 충실할 것인가, 아니면 절호의 기회를 이용, 적의 주력을 격멸하기 위해 공격할 것인가를 고민했지만, 당시 상황에서 지형을 확보하여 방어하는 것보다 적 부대를 격멸하는 것이 상급부대 작전상황과 연대장의 의도에 맞는 최선의 행동이라고 판단하여 적을 공격할 것을 결심하였다. 대대장은 예하중대를 이동시켜 초등학교 부근에 은밀히 접근시킨 후 17:00를 기해 일제히 공격을 개시하였다. 주·야 계속된 행군으로 지쳐있던 적은 아군의 불의의 기습으로 아수라장이 되어 이리 뛰고 저리 뛰는 사이에 아군 사격에 의해 쓰러져 갔고, 다음날 아침까지 적

15사단 48연대의 주력은 완전 격멸되었다. 동락리 전투는 작전이 최초 계획과 상이한 상황으로 전개되고 연대장의 추가 지침을 기대할 수 없는 상황에서도 대대장이 작전의 목적과 상급지휘관의 의도를 정확히 이해하고 전체작전에 기여하기 위해 주도적이고 창의적인 부대 운용을 통해 적의 주력을 격멸하여 임무형 지휘의 기본 개념을 구현한 작전이라 할 수 있다.

다. 임무형 지휘와 인간중심 리더십의 연관성

인간중심 리더십은 임무형 지휘의 원활한 적용을 위한 전제 조건이다. 일례로 인간중심 리더십을 통해 구성원 상호간에 신뢰감을 형성하고, 수동적인 부하를 자발적이고 능동적이며 주도적인 부하로 변화시키게 되면 임무형 지휘를 위한 보다 좋은 여건이 조성된다.

인간중심 리더십과 임무형 지휘는 [그림 3-22]와 같이 서로 긴밀하고 유사하며 상호 불가분의 연관성을 지니고 있다. 임무형 지휘의 지향방향은 인간중심 리더십이 추구하는 모습과 매우 흡사하므로 인간중심 리더십이 적용되는 조직에서 임무형 지휘가 더욱 효과적으로 구현될 수 있다. 임무형 지휘는 지휘관 의도를 명확히 숙지한 부하가 지휘관의도 구현을 위해 추가적인 지휘관 지시나 확인이 없어도 주어진 환경, 자원, 권한을 이용하여 능동적·자발적으로 지휘관의 입장에서 임무를 완수하는 지휘를 지향한다. 인간중심 리더십 또한 리더의 다양한 영향력 발휘로 구성원의 내면을 변화시키고 조직의 전 구성원이 주어진 임무에 대한 리더로서 지식과 정보를 최대한 활용하여 자율적·창의적으로 임무를 수행하는 리더십을 추구한다. 구체적인 연관성은 다음과 같다.

[그림 3-22] 인간중심 리더십과 임무형 지휘의 연관성

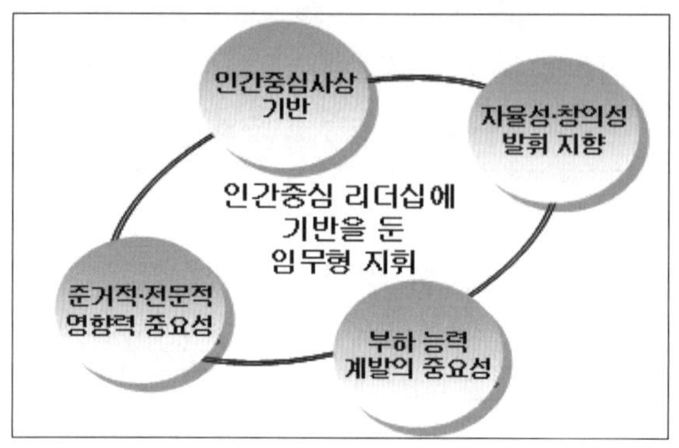

첫째, 인간중시의 사상을 공통적으로 지니고 있다. 인간중심 리더십은 인간을 근본적으로 자율적이고 창의적인 존재로 보고 격려와 인정과 칭찬을 통해 더욱 성장하는 존재라는 Y-이론적 관점을 지니고 있다. 임무형 지휘는 부하에 대한 상관의 신뢰를 바탕으로 부하의 주도성을 보장해 주면 통제형 지휘보다 효과적이라는 관점, 그리고 당장의 오류에 대한 지적과 질책보다는 창의적 시행착오에 대한 관용이 부하의 능력을 계발할 수 있다는 인간중시의 긍정적 관점을 내포하고 있다.

둘째, 인간중심 리더십과 임무형 지휘는 공통적으로 분권화 및 자율성, 창의성 발휘를 지향한다. 인간중심 리더십은 적절한 권한의 위임을 통해 더 많은 구성원의 참여와 변화를 추구하고 있다. 이와 마찬가지로 임무형 지휘는 능력을 고려하여 부하에게 임무수행에 적절한 권한을 위임해서 현장상황에 가장 부합된 의사결정과 창의성, 주도성을 발휘하도록 장려하고 있다.

셋째, 부하능력계발의 중요성에 대한 공통된 인식이다. 인간중심 리더십은 조직의 발전과 개인의 계발이 매우 밀접한 관계가 있기 때문에 구성원이 지닌 잠재능력의 발현, 지식과 정보 창출을 위한 학습과 계발을 리

더의 중요한 역할로 인식하고 있다. 임무형 지휘는 지휘관의도를 명확히 이해하고 육군에서 시행되는 정책에 대한 공통된 인식과 해 직책을 수행할 수 있는 직무지식과 능력, 전술지식의 습득 및 공유를 위한 부하능력계발을 전제조건으로 보고 있다. 따라서 부하능력계발은 인간중심 리더십과 임무형 지휘 모두에게 조직목표 달성을 위한 중요한 촉진요소이다.

넷째, 준거적·전문적 영향력에 대한 중요성이 강조된다. 인간중심 리더십이 리더의 인격과 능력에 기초한 준거적·전문적 영향력을 중요하게 여기듯 임무형 지휘도 이에 기반한 상하 신뢰감과 임무수행 능력을 임무형 지휘의 전제조건으로 여긴다. 부하를 신뢰할 수 있고, 부하가 임무수행에 필요한 전문능력을 구비할수록 임무형 지휘가 용이하다. 그러나 육군의 초급지휘자(관)의 미숙하고 부족한 지휘능력을 임무형 지휘의 걸림돌로 보기보다는 이들을 지휘할 상급 지휘관들이 자신의 준거적·전문적 영향력을 더욱 계발하여 초급지휘자(관)의 부족한 지휘역량을 보완해야 한다.

외국군의 사례를 살펴보면 그들 또한 '군인은 군복을 입은 시민(Uniformed Citizen)'이라는 인간중심의 군인관이 있으며 '군인은 군인이기에 앞서 시민으로서의 권리를 인정받고 또한 군인은 시민으로서 국가가 지향하는 목적 내에서 군인답게 판단하고 행동해야 한다.'는 임무형 지휘와 인간중심 리더십 정신을 제도화하고 교리화하고 있다. 미국의 경우는 월남전의 패전을 교훈삼아 지식정보화전인 이라크전을 치르면서, 1999년 리더의 자질과 능력과 실천(Be, Know, Do)에 기반을 둔 새로운 리더십 교리를 정립하고 2003년 임무형 지휘를 미 육군이 지향해야 할 지휘개념으로 채택하였다. 독일의 경우는 150여년 전통의 임무형 전술을 바탕으로, 인간존중의 사상과 인적요소의 관리를 총 망라하여 리더십 개념을 확장한 '내적지휘'라는 개념을 정립하여 1956년부터 사용하고 있다. 이를 기반으로 1998년 임무형 지휘를 공식적인 독일군의 지휘개념으로 채택하였다.

2. 수행기반

임무형 지휘 수행기반은 [그림 3-23]과 같이 임무형 지휘를 구현하기 위한 전제 조건이자 임무형 지휘를 활성화시킬 수 있는 토대이다. 각각의 수행기반들은 상호 밀접한 연관성이 있으며, 임무형 지휘의 활성화를 위해 육군 전 구성원의 노력이 요구된다.

[그림 3-23] 임무형 지휘 수행기반

상·하 공감이 형성된 군사지식과 전술관 공유
- 1,2 단계 상·하급제대 전술관 공유
- 상급제대 지휘관의도에 의한 부대운용

상·하간 신뢰 형성
- 직무 능력/인간적 신뢰 구축
- 임무수행 능력 구비/부하의 능력계발 중요

부하의 창의적 임무수행 여건 조성
- 평시 창의성 발휘 →전시 창의적 전술·전략 발휘
- 지휘관의도 내 창의성 발휘의 중요성 강조

무결점 주의(無缺點主義) 지양(止揚)
- 100% 무결점이 아닌 집합적 우수성 달성이 중요
- 치명적인 분야에 대한 선별적 완전무결주의

가. 상 · 하 공감이 형성된 군사지식과 전술관 공유(共有)

'상 · 하 공감이 형성된 군사지식과 전술관 공유'란 불확실한 전상상황에서도 공통의 사고와 행동의 기준이 형성되어 있어야 임무형 지휘가 가능함을 의미한다. 임무형 지휘의 목적은 전투에서 호기를 포착하였거나 중요한 부대 운용의 순간에 상급 지휘관의 지시를 받지 못해도 현장 지휘관이 가장 적절한 판단과 결정을 하는 주도권을 행사하여 성과를 극대화하는 것이다. 이는 부하가 지휘관의도 내에서 훈련된 주도권(Disciplined Initiative)을 행사하는 것을 의미한다. 훈련된 주도권은 평소부터 다양한 실전적 훈련과 개방적 의사소통을 통해 전술관과 군사지식에 대한 상·하간의 공감대가 형성되어 있어야만 필요시에 발휘할 수 있다.

군사지식과 전술관의 공감대 형성은 각급 지휘관이 1단계 상급제대 지휘관뿐만 아니라 2단계 상급제대 지휘관과도 공통된 전술적 공감대를 형성해야함을 말한다. 또한 상급제대뿐만 아니라 1·2단계 하급제대 지휘관이 자신과 동일한 전술관을 공유하도록 지도할 수 있어야 한다. 예기치 못한 상황의 변화와 실시간 통신이 제한될 때 상·하간 군사지식과 전술관의 공감대 형성은 이심전심의 상태에서 부하들로 하여금 자율적이고 주도적인 판단의 기준을 갖도록 해준다. 상급 지휘관 또한 이것을 통해 부하의 자율적·주도적 행동을 예측하고 적절한 지원을 위한 사전준비에 만반을 기할 수 있다.

나. 상·하간 신뢰 형성

상·하간 신뢰 형성은 임무형 지휘 적용을 위한 핵심적인 수행기반이다.

임무형 지휘는 상관의 직접 지시나 통제가 없더라도 부하가 그 상황에 가장 적절하게 임무수행을 할 것이라는 믿음에서 출발한다. 신뢰는 크게 두 가지 측면에서 형성되며 첫째는 능력에 대한 신뢰이고 둘째는 인간적인 신뢰이다.

(1) 능력에 대한 신뢰

능력에 대한 신뢰는 부하의 임무수행능력과 결과뿐 아니라 상관의 전술적 능력과 전문적인 직책수행능력에 대한 신뢰를 말한다. 상·하간에 서로 능력을 신뢰할 수 있다면 임무형 지휘가 용이하다. 따라서 지휘관은 부하의 임무형 지휘 수행능력을 구비하도록 교육하고 부하의 취약분야를 계발하도록 해야 한다. 자신의 지식뿐만 아니라 경험과 노하우(Know-how)를 정성스럽게 알려주어, 부하의 멘토[32)]가 되어야 한다. 또한 이러한 자세가 부하로 하여금 상관을 신뢰하도록 한다.

(2) 인간적인 신뢰

인간적인 신뢰란 상관과 부하간의 품성과 특성, 특히 사명감에 대한 신뢰를 말한다. 어려운 상황에서도 내 부하는 틀림없이 임무완수를 위해 최선을 다할 것이라는 믿음, 상관과의 통신이 전혀 안 되는 상황에서도 상관이 내 부대를 위해 필요한 조치를 하고 있으리라는 신뢰는 상관과 부하의 친밀한 인간적 관계에서 비롯된다. 이를 위해 부하는 임무를 반드시 달성하겠다는 자세 즉, 사명감이 있어야 한다. 자신을 단순히 명령 수령자로만 생각하는 게 아니라, 임무를 달성하는데 상급 지휘관과 공동 책임을 지고 있는 중요한 일원이라는 자세를 갖고, 항상 지휘관의도에 부합되게 임무를 수행해야 한다. 또한 상관은 부하가 신뢰할 수 있는 훌륭한 인격을 갖추도록 끊임없는 노력을 해야 한다.

> 장병 각자의 왕성한 책임감과 진심어린 협력은 필승의 요인이며, 이는 상관과 부하, 지휘관과 예하부대간의 상호 신뢰를 바탕으로 이루어진다.
>
> — 몽고메리 —

32) 멘토: 존경하고 신뢰할 수 있는 스승, 선배, 조언자로서 상대에 대한 사랑과 애정을 지니고 자신의 지식과 경험을 전수해 주는 사람.

다. 부하의 창의적인 임무수행 여건 조성

임무형 지휘는 상관에 의한 일방적 지시만으로 구현되는 것이 아니라, 부하가 상관의 의도 내에서 취해야 할 행동이 중요하다. 따라서 부하는 현장 상황을 정확히 파악하기 위하여 끊임없이 활동해야 하며, 전체 국면에서의 상황파악을 통해 지휘관의도를 정확히 파악하기 위하여 지속적으로 노력해야 한다. 이러한 활동은 주어진 명령에만 반응하는 수동적인 태도로는 시행될 수 없고, 부하의 주도적이고 창의적인 임무수행을 통해서만 효과를 극대화할 수 있다. 임무형 지휘는 상관과 부하간의 시간적·공간적 간격을 극복하고, 상황변화 요인에 능동적으로 대처하기 위해서 부하가 현장 상황에 대한 주도권을 갖고 창의적으로 임무를 수행할 때 그 성과가 가장 극대화되기 때문이다. 부하의 창의적인 임무수행 여건을 조성하기 위해서 상관은 평소부터 부하 자신이 주도적으로 임무를 수행할 수 있는 여건을 마련해 주어야한다. 창의적인 사고와 행동은 평소부터 체질화·습성화되지 않으면 유사시 발휘될 수 없다. 창의성은 실수에 대한 질책보다는 새로운 도전과 시도에 대한 관용과 격려, 그리고 인정과 칭찬으로 배양된다. 또한 의사결정 과정에 대한 부하의 참여기회가 확대될수록 주도성과 창의성을 키울 수 있다. 그러나 군과 같은 다계층 구조에서는 업무와 직접적인 관련이 없는 구성원의 참여가 제한되거나 회피하는 것이 현실이다. 따라서 임무형 지휘를 활성화하기 위해서는 제도적인 참여기회 확대, 부하의 적극적이고 도덕적인 용기 계발, 그리고 상관의 참여적 리더십을 발휘하여 부하가 주인정신을 가지고 창의적인 성과를 낼 수 있는 풍토가 조성되어야 한다.

> 임무수행에 있어서 주도성을 발휘하지 못하고 상부의 지시에만 의존하는 자는 우수한 지휘관이 될 수 없다.
>
> — 주코프 —

라. 무결점주의(無缺點主義) 지양(止揚)

모든 일에 있어서 100% 완벽함을 추구하는 무결점주의(無缺點主義) 풍토는 진실을 외면하게 만들 수 있다. 모든 것이 완벽하다는 것은 어느 것도 완벽하지 않을 수 있다는 점을 인식해야 한다. 예를 들어 부대가 수행하는 100가지 임무에서 모두 완벽하게 수행하는 것은 현실적으로 불가능하다. 부대의 능력과 가용자원을 고려하여 중요한 70가지에서 집중하여 우수성을 달성하고 나머지 30가지는 합격수준을 달성하는 것이 좀 더 현실적이다. 실제로 모든 부대는 선택과 집중[33]을 통한 집합적 우수성[34]을 달성함으로써 임무를 달성하거나 전투에서 승리할 수 있다.

무결점주의의 가장 큰 폐해는 결점을 방지한다는 명분으로 지시된 것 이상의 어떠한 개선과 조직발전을 위한 노력도 하지 않고, 현상유지에만 급급해하거나 발견된 오류나 실수마저 숨기려 할 수 있다는 것이다. 또한 '무결점주의 지양'은 안전을 담보로 힘들고, 어렵고, 위험한 훈련과 임무를 기피하려는 왜곡된 '안전제일주의'시각을 버리자는 것이다. 과도한 무결점주의 현상은 부하가 지시된 임무를 수행할 때 상관의 의도 내에서 행동의 자유를 갖고 임무를 수행하기보다는 상관이 지시한 범위 안에서 상관의 질책을 벗어날 궁리만을 하게 만든다.

■ 무결점주의 지양의 예외

물론 결점을 단 1%도 허용하지 않기 위해 노력해야 한다거나 윤리적으로 단 1%의 실수도 허용할 수 없는 임무가 있는 것도 사실이다. 우리가 지양해야 할 무결점주의는 일을 하는 방식과 사고에 있다. 즉, 모든 일을 완

33) 선택과 집중: 조직에 필요한 필수분야에 대한 집중과 기타 분야에 대한 기본임무수행, 전술의 집중과 절약 개념과 유사.

34) 집합적 우수성: 각각의 요소에 대한 하나하나의 우수성이 아닌 전체적인 차원에서 우수함을 의미.

벽하게 한다는 목표자체의 오류와 이러한 목표가 조직에 미치는 비합리적 시스템과 문화, 그리고 이런 환경에 영향을 받아 구성원들의 도덕적 해이(Moral Hazard)와 복지부동이라는 타성이 길러져서는 안 된다는 것이다. 결점의 최소화를 위해 노력하되 문제의 진실을 외면하지 않는 도덕적 용기와 단편적 과오 하나만으로 전체를 판단하지 않고 집합적 우수성을 중시하는 인식 전환이 무결점 주의를 타파할 수 있으며, 부하들의 적극적인 참여와 건설적인 시도를 장려할 수 있다. 그러나 업무의 경중이 있듯이 반드시 달성해야 하는 분야에 대해서는 전 조직의 역량이 무결점을 지향해야만 한다. 예를 들어 낙하산 포장과 같은 경우 생명과 직결되는 일이기 때문에 단 1%의 오차도 허용하지 않는 노력을 해야 한다. 또한 '작전에 실패한 지휘관은 용서할 수 있어도 경계에 실패한 지휘관은 용서할 수 없다'고 한 것처럼 평시부터 중요시설 경계, 총기·탄약 관리 등은 한 치의 착오 없이 반드시 완수해야 한다. 따라서 임무달성 실패 시에 치명적인 영향을 미치는 부대활동들은 예상되는 위해요소가 무엇인지 사전에 정확한 확인과 점검으로 철저히 대비하고, 단 한 치의 오차도 없이 임무를 완수해야 한다.

3. 세부 실천방향

실천방향은 임무형 지휘의 수행기반을 구현하기 위한 구체적인 실천과제들로 다음과 같이 지휘관과 부하의 실천지침으로 구분하여 제시하였다.

가. 지휘관 실천지침

[그림 3-24] 지휘관 실천지침

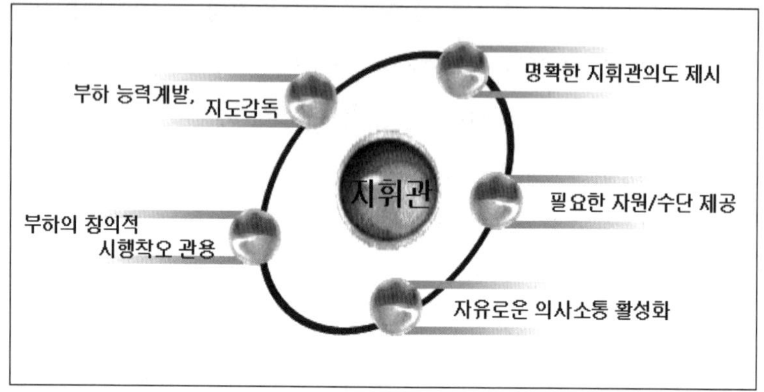

(1) 명확한 지휘관의도 제시

지휘관은 부여받은 임무를 부하가 정확하게 이해할 수 있도록 임무, 목적, 부하의 임무수행에 대한 자신의 복안, 임무수행 결과의 최종상태를 명확히 제시해야 한다. 임무형 지휘는 지휘관의도의 위임 또는 상급부대에서 수립해야 할 계획의 위임이 아니다. 더구나 모든 것을 '네가 알아서 잘 해보라'는 식의 책임전가나 방임은 더더욱 아니다. 임무형 지휘를 잘못 이해하여 지휘관은 임무와 포괄적인 지침만을 부여함으로써 지휘관 자신이 해야 할 고유 업무까지 부하에게 미루는 것은 잘못이다. 임무형 지휘는 부하로 하여금 지휘관의도 내에서 행동의 자유를 허용하는 것이다.

(2) 임무수행에 필요한 자원과 수단의 제공

지휘관은 부하의 임무수행에 필요한 자원과 수단을 제공해야 한다. 필요한 자원과 수단이란 병력, 장비, 물자, 예산, 필요한 권한 등 임무수행과 관련한 모든 것을 말한다. 임무부여 후 필요한 자원과 수단을 제공하지 않는 것은 상급부대에서 해야 할 기본적인 것을 하지 않은 채 부하에게 모든 부담을 전가하는 것이다. 이것은 임무형 지휘에 대한 올바른 이해가 부족한 지휘관의 행위로서 임무형 지휘의 성과를 달성할 수가 없다.

(3) 자유로운 의사소통 활성화

지휘관은 전·평시 임무수행 간 일방적인 의사소통이 아니라, 부하와의 양방향 의사소통이 자연스럽게 이루어질 수 있도록 분위기와 여건을 조성해야 한다. 지휘관과 부하가 상호 이해를 증진하기 위해서는 자유로운 토의와 의사소통이 활성화되어야만 한다. 일방향의 지시만으로는 상관의 의도와 결심사항에 대한 부하의 올바른 이해를 기대하기 어렵다. 평소부터 자유롭게 자기 의견을 개진할 수 있도록 하는 개방된 토의문화는 지휘관과 부하가 서로의 내면적 사고와 행동체계까지 이해할 수 있는 기회를 제공한다.

(4) 창의적인 시행착오에 대한 관용

'부하의 창의적 시행착오에 대한 관용'이란 '창의적이고 적극적으로 임무를 수행하는 부하의 제반 노력을 지휘관이 인정하고 관용하는 것'을 의미한다. 사람에 따라 개인능력차가 있기 마련이며 처음부터 완전한 사람은 존재할 수가 없다. 사람은 시행착오의 과정을 통해 성장하고 성숙해 나가는 것이다. 비록 당장의 시행착오가 있다 하더라도, 부하의 적극적인 시도와 노력을 장려하는 것은 이를 통해 부하가 배우고 더 성장하는 계기가 되기 때문이다. 그러나 창의적으로 노력했다고 해서 임무에 대한 모든 책임을 면할 수 있다는 것은 아니다. 따라서 상관은 자신이 감당할 수 있는 책임과 권한범위 내에서 부하에 대한 관용을 베풀며, 부하는 도덕적 용기와 모험정신을 가지고 성공적인 임무달성을 위해 노력해야 한다. 부하의 모험정신은 창의적이고 적극성을 지녀야 하는 동시에 실패가 미칠 영향을 감안한 지휘관의도 내에서의 '계산된 모험[35]'이어야 한다. 따라서 상관의 관용은 이러한 과정을 통해 부하의 자발적인 복종을 유발하는 동시에 부하의 성장을 촉진하게 될 것이다.

(5) 부하의 능력 계발 · 지도 · 감독

'부하의 능력을 계발하고 지도 및 감독한다.'는 것은 '간섭이나 불필요한 통제를 하는 것이 아니라, 부하가 자발적 · 창의적 · 주도적으로 임무를 수행할 수 있도록 교육하고 지도하며 돕는다.'는 뜻이다. 즉, 부하에 대한 관심과 애정을 갖고, 부하가 창의성 · 잠재능력을 발휘할 수 있도록 하는 것이다. 그러나 지휘관은 부하가 임무를 수행하는 동안 자신의 의도구현이 도저히 불가능하다고 판단 시에는 적극적으로 개입하여 적절한 조치를 취하여야 한다.

나. 부하의 실천지침

[그림 3-25] 부하의 실천지침

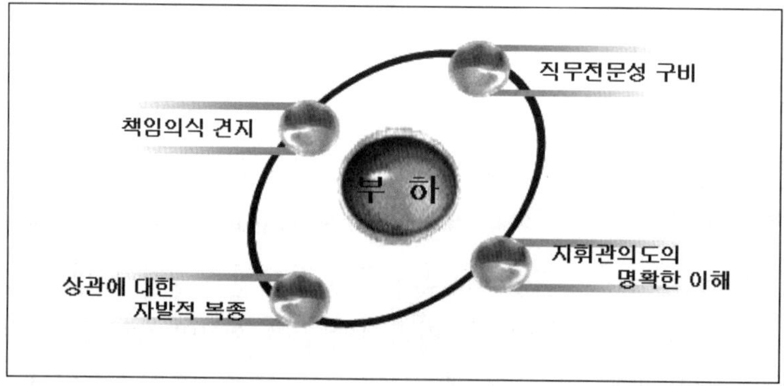

35) '계산된 모험'이란 현장 상황, 자원 및 수단, 능력 등을 고려해 임무달성이 가능하고 임무달성에 보다 더 효과적이라고 판단되었을 때 행하는 모험을 의미.

(1) 직무전문성 구비

직무에 대한 전문성은 지휘관이 부하를 신뢰할 수 있는 가장 중요한 요소이다. 직무에 대한 전문성이 있어야 지휘관이 부하를 믿고 임무를 맡길 수 있다. 신뢰감 형성을 위해 부하는 직무에 대한 지식과 기술, 전술적 식견을 구비하여 상관으로부터 신뢰받을 수 있는 능력을 구비해야 한다. 직무전문성을 바탕으로 상관으로부터 신뢰를 얻고 자신감을 가진 부하는 좀 더 능동적이고 창의적으로 주어진 임무를 수행할 수 있다. 전문성을 갖추기 위해서는 자신의 직무경험과 관련한 노하우(Know-How)를 축적하고 직무와 관련한 교범과 규정, 각종 서적의 탐독을 통해 전문지식을 습득하며, 주변의 경험자를 통해 간접적으로 체득하는 등 다양한 방법을 통해 지속적으로 추진해야 한다.

(2) 지휘관의도의 명확한 이해

부하는 지휘관으로부터 임무를 부여받은 후 지휘관의도를 명확히 이해해야 한다. 지휘관의도의 명확한 이해는 평상시부터 지휘관과 의사결정 과정을 공유하고 전술지식 및 임무수행절차에 대한 공감대를 형성하는 것이 중요하다. 이를 위해 임무수행 간 복명복창과 임무브리핑의 실천이 필요하다. 복명복창의 생활화는 임무에 대한 착오와 혼돈을 방지할 수 있으며 의사소통 저해요인을 감소시킨다. 또한 부하는 부여받은 임무를 수행하기 위한 구체적인 방법(HOW TO)인 임무수행계획을 지휘관에게 브리핑해야 한다. 평소 임무브리핑 과정에서 지휘관은 임무와 자신의 의도에 대한 부하의 이해 여부를 확인할 수 있고, 부하는 자신이 수행해야 할 임무와 지휘관의 의도를 명확히 이해함으로써 상·하간 신뢰를 증진시킬 수 있다. 이러한 과정이 축적됨으로써 상호 신뢰와 공감대가 확산되어 유사시에 이심전심의 상태로 부하가 지휘관의 의도를 명확히 알고 임무를 수행할 수 있다.

(3) 자발적 복종

'자발적 복종'이란 '부하가 지휘관의도에 맞게 지휘관의 입장에서 창의적이고 적극적으로 임무를 수행하는 것'을 의미한다. 부하는 임무수행과정에서 지휘관의 명령이나 지시가 변화된 상황에 맞지 않을 경우, 지휘관 의도를 기초로 하여 현장 상황과 부합되게 판단하고 적극적으로 적절한 조치를 해야 한다. 상황 및 여건이 어렵고 힘들다고 편의적(便宜的) · 자의적(恣意的)으로 임무를 수행해서는 안 되며, 반드시 지휘관의 입장에서 임무를 수행해야 한다.

(4) 책임의식 견지

부하의 자발적 복종에는 명확한 책임의식이 요구된다. 책임의식은 자신을 조직의 주인처럼 생각하고 행동하는 주인의식으로부터 출발한다. 상관의 입장에서 생각하고 행동하는 습관은 평시부터 주인의식을 가지고 부대를 관리하고 훈련하는 과정에서 형성된다. 자신이 맡은 임무수행 결과에 대해 그 누구에게도 책임을 전가하지 않고 자신이 책임을 져야 한다. 지휘관이나 부하 또는 동료에게 책임을 전가하는 행위는 상 · 하간 신뢰를 저해하는 요인이 된다.

제 4 장

전장 환경 하에서의 리더십

제1절 개 요

제2절 전장의 환경과 극복요소

제3절 전투의 특성과 지휘관

제4절 전장속의 인간이해

제5절 전장에서의 각종 심리현상과 극복대책

제6절 전승을 위한 리더십

제7절 역사상 성공적 전투지휘 사례

LEADERSHIP

제4장 전장 환경 하에서의 리더십

제1절 개 요

전장은 적에게 아군의 의지를 강요하기 위하여 직접 힘을 사용하는 장소이며, 직접 적과 대치하여 전투가 이루어지는 곳이다.

전장은 시시삭삭으로 변화하는 상황 속에서 인간의 생명을 위협하고 고통을 안겨다 주며, 공포와 불안을 느끼게 하여 비정상적인 행동을 유발시킨다. 전장이라는 특수한 환경 속에서 전투원은 생명에 대한 위협과 고통으로 인해 미묘한 심리적 갈등과 변화를 겪는다.

이와 같은 전장 환경 속에서의 심리적 변화를 전장심리라 한다. 주로 전장 환경에서 유발되는 장병들의 심리는 불안과 공포와 같은 공통된 현상으로 나타나게 된다. 이러한 전장심리는 장병들의 전투의지를 약화시키고 전투능력을 감소시킨다.

전투 시 지휘관(자)는 평시와는 전혀 다른 지휘통솔의 환경이 존재함을 이해해야 한다. 따라서 지휘관(자)는 전장의 본질과 실상을 이해하고 장병의 심리를 파악하여 효과적인 리더십을 발휘함으로써 전투에서 승리할 수 있다.

> 군대의 의지는 지휘관의 의지이고, 전투의 승패는 지휘관의 의지에 의해 결정된다.
> 고울을 정복한 것은 로마인이 아니라 「시저」이다.
> 무적을 자랑한 로마를 전율케 한 것은 카르타고군이 아니라 「한니발」이다.
> 인도까지 원정한 것은 마케도니아군이 아니라 「알렉산더」 대왕이다.
>
> — 통수강령 —

제2절 전장의 환경과 극복요소

오늘날 전장은 교리의 발전과 무기체계의 발달로 지상, 해상, 공중뿐만 아니라 지하와 해저 그리고 우주공간과 사이버 영역으로까지 확대되었다. 따라서 지휘관(자)는 전장에 영향을 주는 환경요소와 극복요소를 이해하고 이에 적합한 리더십을 발휘해야 한다.

1. 전장 환경 영향요소

전장 환경에 영향을 주는 요소는 일반적으로 다음과 같다.

전장환경 영향요소	
• 자연환경	• 적의 의도와 활동
• 무기체계	• 소속집단의 분위기
• 언론매체	

가. 자연환경

전장에서 병사들은 자기가 원하지 않는 지형과 기후조건 그리고 질병과 해충, 야음 등 악조건의 자현환경에서 싸우지 않으면 안 된다.

특히 불리한 자연환경은 병사들의 정신적, 육체적인 피로와 고통을 주어 전투의지를 약화시키고 전투능력을 감소시킨다.

나. 적의 의도와 활동

전투는 피아 의지의 충돌이다. 적은 기습을 통하여 아군의 의지와 심리적인 균형을 와해하고 전투력을 파괴시키기 위해 의도적으로 계획된 방법을 사용하게 된다. 적의 의도와 활동을 파악하고 이에 대응하지 못하면 결국에는 아군의 계획과 의도가 좌절되게 된다.

따라서 전투의 승리를 위해서는 무엇보다도 적의 의도와 활동을 정확히 파악하여 대응해야 한다.

다. 무기체계

고도의 과학기술 발전에 따라 무기체계는 갈수록 치명적이며 이에 따라 대량 살상의 위험도가 증가되고 있다. 무기체계의 효과가 전투력의 직접적인 파괴와 살상을 가져오므로 전장에서는 이러한 공포와 공황을 유발하고, 지각능력이나 판단능력을 감소시켜 전투능률을 저하시킨다.

라. 소속집단의 분위기

소속집단의 분위기는 구성원들에게 연대의식(連帶意識)을 갖게 하고 구성원을 결속시켜 주며, 동기를 부여하여 개인의 활동에 활력을 준다. 또한 부대의 전통과 관례를 구성원에게 강요함으로서 개인의 행동에 제약을 주기도 한다.

따라서 소속집단의 분위기가 어떠냐에 따라 전장에서 건전한 행동을 조장하기도 하고, 반대로 개인의 행동을 방해하거나 심리를 위축시키기도 한다.

마. 언론매체

발달된 언론매체는 국민에게 많은 정보를 전달하고 여론을 형성한다. 잘못되거나 과장된 보도는 국민의 전의(戰意)를 상실시켜 총력전에 지대한 영향을 가져오며, 전장의 사기(士氣)에도 영향을 미쳐 계획된 작전수행에 차질을 가져오게 한다.

또한 첨단 지휘통제체계와 고도의 정밀무기가 정확히 목표에 명중되는 현대전의 TV보도는, 마치 비디오게임을 보는듯한 착각을 일으켜 전쟁이 더 이상 고통과 어려움을 동반하지 않는다는 환상을 국민들에게 심어 줄 수도 있다.

2. 전장 환경 극복요소

일반적으로 악조건의 전장 환경은 장병들의 의지를 약화시키고 단순한 본능과 감정이 인간의 행동을 위축시켜 부대단결과 질서를 파괴시킨다. 그러나 전장 환경이 아무리 험악하고 극한상황이 내포되어 있다 해도 인간의 강인한 정신력으로 극복할 수 있다.

이러한 전장 환경을 극복하는 요소는 개인적인 요소와 집단적인 요소로 대별할 수 있으며 요소별 주요 내용은 다음과 같다.

구분	요소	
개인적 요소	• 정신력 • 경 험	• 체 력 • 감 정
집단적 요소	• 결속력 • 동 조	• 통제력 • 경 쟁

가. 개인적 요소

(1) 정신력

전장에 임해서 '기필코 싸워 이기겠다.'는 필승의 신념이나 종교적인 신앙심은 정신전력의 좋은 표본이다. 흔히 용기나 담력 등으로 표현되는 인간의 정신력은 물질적인 것보다 강한 힘을 가지며, 전장에서 난관을 극복하게 하는 원천이 된다.

이와 같은 정신력은 각자의 선천적인 성격에 의한 것일 수도 있지만, 자신이 견지하고 있는 가치관이나 신념 그리고 자신의 위치와 역할을 의식한 책임감에서 비롯된다.

따라서 지휘관(자)는 부하들에게 강인한 정신력을 배양시켜 주기 위해 확고한 국가관과 투철한 군인정신을 확립시키고, 체계적인 정신교육과 신앙의 전력화 등으로 가치관 및 신념을 정립시켜 주어야 한다.

(2) 체력

전장에서 적에 대한 불안과 공포, 각종 소음과 섬광, 수면부족 그리고 잦은 행군과 전투행동 등은 전투원에게 극심한 육체적, 정신적 소모를 강요한다.

이는 적도 마찬가지의 입장이다. 전쟁은 쌍방 간 의지의 대결이기 때문에 상대적으로 강한 체력을 가진 쪽이 더 오랫동안 참고 견디며 전투를 계속할 수 있으므로 승리할 수 있다.

그러므로 지휘관(자)는 평소에 행군 및 운동 등을 통해 부하들의 강인한 체력을 유지시키고 적절한 임무와 휴식을 조화시켜 체력을 단련해야 한다.

(3) 경험

체력이 소모되고 피로가 극심하여 활동력과 판단력이 저하되면, 인간은 경험에 따른 반사적인 행동을 하게 된다. 경험은 불안과 공포를 감소시켜 주고 상황을 정확히 파악하는데 도움을 준다.

경험은 직접 체험하는 경험과 훈련이나 사례연구에 의해서 습득되는 간접경험이 있다. 전장적응을 위한 가장 값진 경험은 실전경험이다. 전사를 연구 하거나 전장심리를 사전에 교육하는 것은 간접경험을 쌓는 훌륭한 방법이다.

인간은 직·간접경험을 통해서 전장공포를 극복하고 전장에서의 모든 장애요소에 대한 적응력을 기르게 되며, 적과 싸워 이기는 방법을 배우게 된다. 따라서 지휘관(자)는 반사적인 전장적응 능력을 숙달할 수 있도록 평소 교육훈련 시에 실전과 같은 훈련을 반복 실시해야 한다.

(4) 감정

인간의 감정은 다양하지만, 그중에서도 공포, 분노, 증오, 애정 등은 전투력의 기초적인 에너지를 공급한다. 즉 전우의 목숨을 구하기 위해 또는 전우의 희생에 대한 적개심으로 사선(死線)을 향해 뛰어들게 된다.

이와 같은 격한 감정은 전장 환경의 자극에 의해 유발되며, 이에 대응할 수 있는 정신적 자세와 신체적 준비가 기본적으로 갖추어져 있을 때 평시보다 강한 힘을 발휘할 수 있다. 그러나 적절히 통제되지 않은 감정은 무모한 행동을 야기할 수도 있다.

따라서 지휘관(자)는 부하들의 격한 감정을 적절히 통제하여 임무수행에 기여할 수 있도록 감정과 이성이 조화된 판단능력을 길러주어야 한다.

나. 집단적 요소

개인이 가진 능력은 저마다 상이하며, 개인이 발휘할 수 있는 힘은 미약하지만 집단으로 결속되면 큰 힘을 발휘할 수 있다. 집단의 능력은 단순히 개개인의 능력을 합친 것이 아니라 그 이상의 힘을 발휘하게 된다.

(1) 결속력

집단은 개개인의 능력이 결속될 때 큰 힘을 발휘할 수 있다. 자신이 속한 집단이 타 집단에 비해 지위나 능력 그리고 분위기면에서 우월하다고 인식하거나, 마음에 맞는 전우가 다수 있을 때, 그리고 지휘관(자)에 대해서 존경과 신뢰를 갖게 된다면 집단에 대한 긍지와 결속력은 더욱 강하게 나타난다.

이러한 경우 자발적으로 집단의 가치와 규범을 따르게 되며, 구성원 간에 상호 높은 의존성과 일체감을 갖게 되고, 나아가 집단에 대한 외부로부터의 위험을 효과적으로 극복해 나갈 수 있다.

(2) 통제력

통제력은 개인의 행동을 집단의 목표달성에 부합되도록 하는 힘이다. 이러한 통제력에는 법과 같이 직접적인 제재를 가하는 것도 있지만 개인이 심리적으로 중압감을 느끼게 하는 타인의 눈총이나 평가 또는 집단의 분위기 같은 것도 있다.

따라서 지휘관(자)는 법과 규정을 엄격히 집행하고 바람직한 집단의 분위기를 형성시켜야 한다.

(3) 동조

행동과 신념에 유사성이 나타나는 것을 동조라 하며 동조현상은 긍정적인 면에서 비공식적인 통제요소로 작용한다. 동일한 가치관이나 비슷한 배경 그리고 유사한 경험이나 훈련 등은 인간의 행동과 신념을 유사하게 만들어 준다.

비슷한 신념을 갖고 행동을 하게 되면 자발적으로 집단의 가치와 규범을 따르게 되므로 그만큼 외부로부터의 압력을 견디어 낼 수 있는 힘을 증가시켜 준다. 따라서 지휘관(자)는 평시 부하들에게 동일한 신념을 갖고 행동할 수 있도록 훈련시켜야 한다.

(4) 경쟁

사람들은 누구나 남과 자신을 비교하여 평가하려는 속성을 가지고 있으며, 남보다 더 나은 평가를 받으려 하는 욕구가 있다. 이러한 욕구는 유사한 유형의 활동에 참여하고 있는 집단에서 더욱 두드러지게 나타난다.

포상제도는 심리적인 우월감과 더불어 물질적인 혜택도 수반시켜 구성원들로 하여금 어떠한 고난도 극복하고 집단이 요구하는 최고의 가치를 실현하도록 해준다. 따라서 지휘관(자)는 집단별로 과업수행 결과에 따라 적절한 상과 벌을 활용함으로써 선의의 경쟁 심리를 자극하여 전투력을 강화시켜야 한다.

제3절 전투의 특성과 지휘관

전장상황은 수시로 변하고 복잡하게 전개되므로 앞으로 진행될 상황을 예측하기가 매우 어렵다. 전투지휘를 훌륭히 수행해 낸 성공적인 전투지휘관들은 전장이 갖고 있는 특성을 이해하고 그것을 극복하여 승리를 쟁취할 수 있었다.

전투는 적의 의지와 전투력을 파괴시켜 더 이상 능력을 발휘할 수 없는 상태로 만드는데 그 목적이 있다. 그러므로 어떤 방법을 사용하든 전투는 적의 전면적 혹은 부분적 파괴를 목표로 삼는다.

생사의 위험에 직면하게 되는 전투는 모든 사물이 안개 속에 잠겨져 있는 것과 같은 불확실, 생명을 노리는 각종 위험, 피아의 마찰과 그 밖의 여러 가지 요인이 부딪쳐 일어나는 갈등, 인간이 어떤 활동 속에서도 겪어볼 수 없는 극한의 정신적, 육체적 피로와 고통으로 가득 차 있는 영역이다.

전투의 특 징

- 전투는 불확실의 영역이다.
- 전투는 위험의 영역이다.
- 전투는 마찰의 영역이다.
- 전투는 정신적, 육체적 피로와 고통의 영역이다.

1. 전투는 불확실의 영역이다.

가. 중대한 결정은 대부분 불확실의 안개 속에서 이루어진다.

전장에 임하는 순간부터 지휘관은 불확실한 상황에 직면하게 된다. 전투는 전장의 지형과 기상, 적의 의도와 능력, 적의 배치 등이 정확히 파악되지 않은 상황에서 단편적인 정보에 의존하여 실시되며 변화되는 상황도 신속히 파악하기 곤란하다.

전투에 있어서 가장 중요한 요소 중의 하나는 시간이다. 시기를 놓친 결심, 그것은 곧 패배를 의미하기 때문에 지휘관은 불확실성이라는 근본적인 속성을 이해하고, 불확실한 가운데에서도 현명한 결단이 적시에 이루어질 수 있도록 평소 정확한 상황판단과 조치를 위한 훈련을 철저히 해야 한다.

나. 정보는 개연성(蓋然性)만을 나타낸다.

대부분의 군사이론은 신뢰할 수 있는 정보에 근거하여 행동할 것을 제시하고 있으나 전투 시 확실한 적정에 근거를 두고 행동하기란 대단히 어렵다. 정보의 부족, 적의 역(逆)정보, 허위 등은 전투를 더욱 불확실하게 만든다. 따라서 지휘관은 평소 자신의 경험과 지식을 토대로 최선의 방책을 선택해야 한다.

불확실한 요소 중 지휘관의 노력으로 비교적 확실하게 파악할 수 있는 것은 지형과 지리이다. 지휘관은 도상연구와 지형정찰 그리고 전례 연구를 통하여 군사적인 혜안을 습득해야 한다.

다. 불확실의 영역이라고 하여 요행만이 결정적인 역할을 하는 것이 아니다.

전투 중 지휘관의 중대한 결심이 불확실한 근거에 의존하는 경우가 있다고 해서 전장에서의 승리가 요행에 의해 좌우된다고 생각해서는 안 된다. 전투의 불확실성은 끊임없는 전장에 대한 연구와 경험을 통해서 극복되어진다는 사실을 명심해야 한다.

「프레데릭」(Frederick) 대왕의 불확실한 상황 속에서의 결심

7년 전쟁 중인 1757년 11월 5일 프러시아의 「프레데릭」 대왕은 약 2만 2천의 병력을 이끌고 로스바하의 북쪽에 진을 치고 있었다.

적군인 불란서와 오스트리아의 연합군은 약 4만의 병력으로 뮈헬른 남쪽에 위치하고 있었으며 연합군은 「프레데릭」군(軍)을 배후에서 공격하기 위해 페쉬데트를 거쳐 라이하르쯔 베르벤으로 이동하기 시작하였다.

한편 「프레데릭」 대왕은 이러한 사실을 전혀 모른 채 당시의 상황을 여러 각도에서 판단한 다음 '적이 틀림없이 우리의 배후를 노릴 것이다'라고 추정하여 그는 일부 병력으로 야누스 고지를 점령케 하고 우익군을 동쪽으로 방향을 돌려 룬스테트로 이동시킨 다음 좌익군을 라이하르쯔 베르벤으로 이동할 것을 명령하였다.

오랜 경험과 연구 끝에 나온 「프레데릭」 대왕의 결심은 적중하여 좌익군은 라이하르쯔 베르벤으로 향하는 적의 선두부대를 급습하여 결정적 승리를 거두었다. 「프레데릭」 대왕은 군사적 혜안을 가지고 불확실한 상황 속에서 중대한 결심을 단행하여 작전을 성공으로 이끈 위대한 지도자였다.

2. 전투는 위험의 영역이다.

전투는 철저한 파괴의 속성을 지니고 있으므로 전투 시 지휘관은 엄청난 파괴가 이루어지는 위험스런 전장의 시련을 극복해야 한다. 전투는 승자나 패자 공히 희생을 각오하지 않으면 안 되는 위험의 영역이다.

가. 생명의 위험속에서 전투지휘가 행해진다.

역사상 성공적인 지휘관은 전투중 적의 공격이나 포탄으로부터 신변 위협을 당하는 결전장에서 전투를 지휘하였다.

병사들과 위험을 같이 나눔으로써 그들의 사기를 높이는 지휘관의 자세가 절대적으로 필요하다. 지휘관이 자신의 안전만을 생각하고 위험을 회피한다면 부하들로부터 신뢰를 잃게 된다.

나. 위험에 대한 지휘관의 정신적 태도가 전투의 결과를 규정한다.

전장의 위험에 대해서 지휘관이 어떤 태도를 갖느냐에 따라 전투결과에 결정적 영향을 미친다. 전장의 위험을 극복하기 위해서는 용기가 절대적으로 필요하다.

소심한 지휘관은 위험에 압도되어 패배하며 대담한 지휘관은 과감히 극복하여 승리와 영광을 쟁취하게 되는 것이다. 육체적 위험을 극복하는 용기는 승리와 영광을 쟁취하게 되는 것이다. 육체적 위험을 극복하는 용기는 기본적인 것이며 고급지휘관이 될수록 정신적, 도덕적 용기를 갖추어야 한다.

신변의 위험 속에서 전투지휘를 한 지휘관

◉ 「롬멜」 장군

「롬멜」은 전투 중 항상 최전선에 위치하였다. 그는 직접 전선의 상황을 눈으로 보고 결단을 내렸다. 이러한 그의 전투지휘 방식은 항상 커다란 위험을 안고 있었다.

아프리카에서 전투 중 어느 날 그는 직접 정찰기를 타고 전진이 늦어진 부대를 찾아 사막의 상공을 날아다녔다. 부대를 발견한 그는 부대 근방에 착륙하여 전진을 독려하였는데 이때에 부관과 전령이 모두 적탄에 쓰러지자 「롬멜」 자신이 직접 전차를 조종하여 사령부로 복귀하였다.

아프리카 사막전 때 「롬멜」에게 패배하여 교체된 4명의 영국군 사령관들은 「롬멜」이 최전선에서 진두지휘하였음에 비하여 항상 후방에서 지휘하였다는 사실을 명심할 필요가 있다.

◉ 「릿지웨이」 장군

1950년 12월 북한군에 밀려 퇴각 중이던 미 8군의 사령관으로 부임한 「릿지웨이」 장군은 진두지휘로 침체된 미8군에 공격정신을 불어넣는데 성공하였다.

그가 서울에 도착했을 때 미 8군의 참모부는 심한 타격을 입어 아무런 결정을 못 내리고 있었다. 도착과 동시에 전투 중에 있는 사단을 방문한 「릿지웨이」 장군은 적의 총탄이 빗발치듯 날아오는 위험한 상황 속에서 직접 최전선을 찾아가 그 부대의 실정 특히, 그 능력과 취약점을 파악하여 적절한 명령을 하달하였다.

위험으로 가득한 전장에서는 자신의 안전에 집착하지 않고 최전선의 병사들과 위험을 같이 나눔으로써 그들의 사기를 높이는 지휘관의 자세가 절대적으로 필요하다.

3. 전투는 마찰의 영역이다.

전장에서 지휘관은 미처 예기치 못했던 수많은 마찰을 겪게 된다. 마찰은 아군의 계획적인 전투를 방해하거나 불가능하게 만드는 저항과 혼란을 가져온다.

가. 전투는 지휘관의 의지대로 이루어지지 않는다.

전투는 아군의 일방적인 게임이 아니고 정반대의 의지를 가진 적과의 싸움에서 승패가 판가름 나는 것이다. 또한 적과의 교전뿐만 아니라 여러 가지 마찰적 요인에 의해 전투는 지휘관의 의지대로 이루어지지 않는다.

전투의 마찰적 요인을 극복하기 위해서는 전장의 특성을 이해하고 사전에 각종 난관을 예상하여 급변하는 상황에 적절히 대처할 수 있는 능력을 갖추어야 한다. 평시 훈련 시에도 각종 마찰이 발생되는 상황을 상정하여 실전과 같이 훈련해야 한다.

나. 마찰의 인간적(人間的)요인

아무리 의지가 강한 지휘관이나 완벽한 조직, 그리고 최상의 군기를 유지하고 있을지라도 부대를 구성하는 수많은 병력의 행동과 생각을 항상 지휘관의 의도대로 통제할 수는 없다. 인간적 제요인(諸要因)은 전투 시 지휘관의 의도와 계획에 차질을 가져오게 한다.

각급 지휘관간에 일어나는 심리적 갈등, 이견, 명령지시에 대한 오해, 그리고 장병들의 욕구와 지휘관의 목표와의 갈등 등이 인간적 마찰의 주요인이다. 따라서 지휘관은 평시부터 부하에 대한 깊은 이해와 상호 신뢰를 쌓음으로써 마찰을 최소화해야 한다.

다. 마찰의 인간외적(人間外的)요인

인간외적 마찰의 주요인은 기상 및 지형, 질병, 기아, 물자의 부족 등에서 나타나며 이러한 마찰은 지휘관의 작전의도를 좌절시키기도 한다.

이처럼 전쟁이란 아무런 저항이나 방해도 없이 일방적인 계획대로 진행되는 것이 아니라 부대 내의 여러 가지 요인과 자연조건 그리고 상반되는 적의 기도가 상호 작용되는 가운데 이루어지는 것이기 때문에 예상하지 못한 결과를 초래하는 경우가 많다.

지휘관은 평소 실전적 훈련을 실시함으로써 전장에서 일어날 수 있는 여러 가지 마찰을 감소시킬 수 있도록 지속적으로 노력하여야 한다.

전장에서의 각종 마찰

- 1206년 몽고를 통일한 징기스칸이 중국에 대한 정복을 감행하던 중 흑사병의 만연으로 전쟁을 중단해야만 했다.
- 1812년 나폴레옹의 불란서군은 러시아 원정으로 60만 대군중 54만을 잃는 비극을 겪어야 했다. 이 중 전투에서 사망한 병력은 4만 정도밖에는 안되었고 대부분 추위나 기아 때문이었다.
- 1942년 북아프리카 전투에서 롬멜이 수에즈 운하를 지척에 두고도 공격을 단념하지 않을 수 없었던 것은 연료부족 때문이었다. 롬멜의 재능과 병사들의 우수한 전투능력은 물자부족으로 인해 결정적인 순간을 놓치고 목전에서 승리를 상실하고 말았다.

4. 전투는 정신적, 육체적 피로와 고통의 영역이다.

강한 육체와 정신을 가진 장병일지라도 전장에서 육체적 피로와 고통을 겪지 않을 수는 없다. 이러한 피로와 고통을 극복할 수 있는 심신의 단련은 전장에 임하는 지휘관과 병사들이 군인으로서 갖추어야 할 필수 조건이다.

가. 전장에서 육체적 피로와 고통을 겪지 않는 자는 없다.

아무리 높은 사기와 전투력을 유지했던 부대일지라도 오랜 전투의 지속은 부대원의 정신적, 육체적 힘을 약화시킨다. 이러한 육체적, 정신적 고통의 정도는 훈련을 통해 숙달된 부대와 훈련이 안된 부대 간에 현격한 차이가 있다.

전투 중 훈련이 부족한 병사들은 직면하고 있는 육체적 고통이 오로지 지휘관이 범한 실책 때문이라고 생각하는 경향이 있다. 그러나 평시 강한 훈련에 의해 여러 난관을 극복한 경험이 있는 병사들은 이러한 생각을 하지 않는다.

나. 피로와 고통속의 지휘관

지휘관의 전투지휘는 극도의 피로와 고통스러운 위험 속에서 행해지므로 지휘관은 무엇보다도 강인한 정신력을 갖추어야 한다. 지휘관은 건강해야 전장이 강요하는 고통을 이겨내고 전투의 시련을 극복할 수 있으므로 지휘관의 건강은 전승의 관건(關鍵)이라 할 수 있다.

또한 지휘관은 새로운 위기에 대처할 수 있도록 항상 머리를 맑게 해 두어야 하며 지속되는 피로를 극복하기 위해서 절제 있는 생활을 습관화하여 육체적인 힘을 기르고 계속되는 정신적인 활동에 자신을 단련시켜야 한다.

「쿠트초프」(Kutusov) 장군의 피로와 고통의 극복

1812년 불란서군에 대한 러시아군(軍)의 추격전에서 불란서군은 물론 러시아군 또한 엄청난 고통을 겪지 않으면 안 되었다. 추격전은 그해 11월과 12월에 눈과 얼음으로 뒤덮인 전장에서 약 50일 동안 6백 마일에 걸쳐 이루어졌다. 또한 견딜 수 없을 정도로 보급이 제대로 이루어지지 않았으나 추격전은 끊이지 않고 계속되었다.

러시아군의 주력은 타루티노에서 11만의 병력으로 출발하였으나 빌라에는 단지 4만정도의 병력이 도착하였다. 나머지는 모두 사망, 부상, 병약(病弱)해져 손실된 인원이었다.

당시의 병사들은 혹한, 육체와 정신적 고통, 결핍된 물자, 부상 등으로 완전히 피로에 지쳐 있었으며 행군로는 죽은 병사, 죽어 가는 병사, 지쳐 일어설 수 없는 병사들이 누워있는 처참한 광경이었다.

이와 같이 어려운 상황 속에서도 러시아의 「쿠트초프」 장군은 강인한 정신력과 의지로 고통에 지쳐있는 병사들을 독려하였다. 「나폴레옹」군에 막대한 손실을 입힌 이 성공적인 전투에서 승자인 러시아군 역시 큰 고통을 겪지 않으면 안 되었던 것이다.

제4절 전장속의 인간이해

전투 시 지휘관(자)는 승리를 위하여 전장의 모든 특성뿐만 아니라 전장 속에서 반응하는 인간의 심리를 깊이 이해해야 한다. 그것은 인간이 전장의 모든 사물을 지배하며 전투의 승패를 최종적으로 결정하는 주체이기 때문이다.

역사는 인간의 정신적 요인이 전장을 지배하는 최고의 힘이라는 불변의 진리를 가르치고 있다. 그러므로 인간에 대한 철저한 이해는 전투지휘의 본질이며 승패의 관건(關鍵)이 되는 것이다.

1. 전사(戰史)의 교훈과 창조적 적용

가. 전사의 중요성

전사는 전투의 속성뿐만 아니라 전장의 극한상황 속에서 인간의 진면목을 적나라하게 보여 주어, 지휘관(자)의 의지력을 단련하게 하며 실전외의 유일한 전투지식의 원천이 된다. 따라서 전쟁을 통해서 얻어진 올바른 교리에 기초를 둔 이론과 생생한 전사를 통해서 간접 경험을 쌓아야 한다.

나. 보편적 진리의 추구(追求)

전쟁에는 영구히 적용 가능한 보편적인 불변의 진리가 내재되어 있으며 전사 연구의 목표도 바로 여기에 있다.

보편적 전쟁의 원리를 추구하기 위해서는 기상, 지형조건, 무기, 수송수단, 전술 등 가변적 요인이 어떻게 이용되었으며, 지휘관(자)는 어떤 정신으로 전투에 임했는지, 병사들의 사기, 지휘관(자)의 전투지휘는 어떠했으며 또한 그 결과는 어떠하였는지를 연구해야 한다.

이러한 원리의 추구는 전사를 개략적으로 연구하거나 전사의 결과만을 연구하는 것이 아니라 전투의 진행과정을 세밀하게 분석하고, 그 전장에서 실제 전투를 수행한 지휘관(자)와 같은 심경에서 연구해야 한다.

다. 훌륭한 전투지휘는 지휘관의 타고난 천재성에서가 아니라 역사의 창조적 적용에서 나온다.

역사상 위대한 지휘관의 전투지휘는 천부적인 천재성에서 나온 것이 아니었다. 그들은 예외 없이 과거 명장들이 행한 전투를 연구함으로써 얻은 교훈을 기초로 하여 창조적으로 적용하였던 것이다.

「나폴레옹」은 전쟁의 모든 법칙은 과거 명장들이 행한 전투 속에 존재한다고 생각하였다. 「나폴레옹」은 "내가 어떤 위기에도 대처할 수 있었다면 그것은 내가 오랫동안 그러한(위기가 도래할 수 있는) 가능성을 생각했기 때문이었다. 위기에 처해 무엇을 할 것인가를 말해주는 것은 급작스럽게 떠오른 영감이 아니라 끊임없는 연구와 사고의 결과이다."라고 말하였다.

따라서 군인은 전사를 통한 과거 명장들의 전투를 연구함은 물론 변화하는 전장 환경에 창조적으로 적응할 수 있는 능력을 배양해야 한다.

2. 전투지휘의 본질 – 인간이해

가. 정신적 요소는 물질적 요소를 압도한다.

아무리 훌륭한 물질적 수단을 갖고 있는 군대도 그것을 사용하는 지휘관(자)나 병사들의 정신이 침체되어 있다면 승리를 기대하기 어렵다. 불란서의 「포쉬」(Ferdinand Forch) 장군은 물질력에 대한 과신이 팽배한 현대의 전투에서도 장병들의 사기를 전승의 기본적인 전제로 보고 "전쟁은 정신의 영역이며 전투는 쌍방 의지간의 투쟁인 동시에 승리는 정신력의 우월에서 나온다."고 강조하였다.

열세한 적에게 항복하게 되는 이유는 바로 정신적인 면에서 패배했기 때문이다. 지휘관(자)는 항상 이러한 사항을 잘 이해하고, 부하가 강인한 정신력을 견지할 수 있도록 훈련시켜야 한다.

나. 전투지휘의 성공은 인간심리를 철저히 파악하는데 있다.

정신력은 전장에서 결정적인 역할을 하기 때문에 지휘관(자)는 인간이해의 기반 위에서 전투지휘를 하여야 하며, 인간성을 파악하고 이를 잘 활용하여야 한다. 따라서 지휘관(자)는 부하들의 사고방식을 이해하여 그것을 군사적 목적에 합치되도록 유도하고, 자신의 의지와 사고를 그들에게 불어넣어야 한다.

전투의 승패 여부는 지휘관(자)가 얼마나 부하들을 잘 이해하고 그들에게 승리에 대한 확신과 높은 사기를 유지할 수 있느냐에 달려있으며 이것이 바로 전투지휘의 본질인 것이다.

「한니발」(Hannibal) 장군의 부하 이해

로마군과 대치한 「한니발」군은 보병이 3만 2천, 기병이 1만이었고, 반면 로마군은 보병이 6만 5천, 기병이 7천이었다. 이에 「한니발」 장군은 적의 배치에 대해 신중히 검토한 다음 「바로」(Varro)군의 약점을 최대한 이용할 수 있도록 병력을 배치하였다. 그러나 전투경험이 없고 로마군보다 수적으로 열세한 상황에 대한 부담감으로 인하여 전투 도중에 도주하거나 항복하는 병사나 부대가 발생할 수 있다는 부하들의 심리상태를 이해하고 이러한 동요를 막기 위해 부하들에게 전투 직전 자신의 작전계획을 설명하였다.

그는 "중앙군은 약하고 붕괴될지 모른다. 그러나 걱정하지 말라. 나에게는 복안이 있다." 그리하여 부하들은 中央軍이 약하다는 사실에 대해 조금도 걱정하지 않고 확신을 갖고 전투에 임할 수 있었다.

그는 또한 병사들의 사기를 높이면서 가장 약한 중앙군의 대열을 확고하게 견지하기 위해 중앙군을 자기 자신이 직접 지휘하였다.

로마군의 전 병력이 「한니발」군의 중앙군을 공격하기 시작하자 「한니발」군은 월등한 적의 공격에도 당황하지 않고 질서정연하게 후퇴하여 활 같은 모양을 이루었을 때 「한니발」은 양익에 대한 공격명령을 하달하였다.

이상적인 양익포위 작전으로 로마군은 7만에 달하는 사체를 전장에 남겼고 「한니발」군은 불과 5천5백의 전사자로 대승(大勝)을 거두었다.

「한니발」의 승리 요인은 부하의 심리상태를 정확히 이해하여 열세한 중앙군의 전의(戰意)와 사기를 앙양시킨데 있었다. 또한 지휘관이 몸을 아끼지 않고 가장 약한 중앙군을 진두지휘하여 승리에 대한 확신을 불어넣었기 때문이다.

3. 극한상황 속의 인간모습

고통과 절망의 극한상황에 처한 인간이 나타내는 본연의 모습은 어떤 것일까? 인간들은 각기 상이한 심리구조, 인생관, 세계관을 갖고 있어 나타내는 행동양식이 모두 다르다. 획일화되지 않은 인간을 다루는 것이 리더십이기 때문에 리더십은 과학적 측면(관리기능)을 가심과 동시에 예술적 영역인 것이다.

지휘관(자)는 평소에 극한상황 속에서의 인간본성에 관한 모든 요인을 잘 분석하고 터득하여 그러한 상황에 부딪친 부하들에게 감화를 주어 위기를 극복할 수 있도록 해야 한다.

월남전 시 미군 포로의 상황과 교훈

월남전 시 미군 포로들은 상처나 부상을 제대로 치료받지 못하고 쇠사슬에 묶인 채 격리 수용되어 심한 고문으로 언제 죽을지도 모르는 극한상황 속에서 자신들의 생명을 굳건히 유지시키는데 성공하였다. 그들은 자체 내에서 암호와 전달방식을 만들어 비밀리에 정기적으로 의사전달을 하여 군기를 세우고 단절된 생활을 극복하였다. 또한 자신들의 건강을 유지하기 위해 규칙적인 운동을 실시하였다.

이렇게 적과 죽음에 대해 효과적으로 대처할 수 있게 한 주요 요인은 첫째, 미군 포로들이 대체로 높은 교육수준을 가졌다는 사실이다. 월남전에 참전한 미군들은 포로행동강령에 따라 자신을 지킬 줄 아는 능력을 지녔기 때문에 포로생활을 좀 더 건강한 상태에서 마치고 귀환할 수 있었던 것이다.

둘째, 그들의 효과적인 투쟁의식을 불러일으킨 것은 미군의 「행동강령」이었다. 이는 우리 군대의 「군진수칙」과 같은 것으로서 평시의 「행동강령」 교육이 월남전에서 미군 포로들에게 결정적인 영향을 주었던 것이다.

극한 상황 속에서 공동의 목표가 정립되어 있지 않으면 그 집단은 붕괴하기 시작한다. 공동목표의 결여는 집단내의 개개인을 서로 고립시키며 각자의 권리와 이익을 위해 투쟁하도록 하여 공포에 떨게 하고 서로 의심을 증대시킨다는 점을 명심해야 한다.

4. 전의(戰意)를 촉진시키는 정신적 요소

전의를 촉진시키는 요소는 물리적 요소와 정신적 요소로 구분할 수 있다. 물질적 요소에 대해서 각급 지휘관(자)가 할 수 있는 것은 주로 관리 및 운영의 효율화, 합리화이다. 그러나 정신적 요소는 무한한 개발과 발전이 가능하다.

가. 지휘관(자)에 대한 부하의 태도와 전의(戰意)

지휘관(자) 개인에 대한 부하들의 평가는 그들의 전의에 크게 영향을 미치게 된다. 지휘관(자)는 군대내의 법이나 제 규정이 보장하고 있는 공식적인 지휘수단 뿐 아니라 비공식적인 지휘수단을 동시에 사용할 줄 알아야 한다.

지휘관(자)가 부하들로부터 개인적인 존경과 충성심, 그리고 신뢰를 받아 서로 일체감을 느낄 때 부하들은 부대를 위해 헌신하겠다는 결의를 다짐하게 된다. 반면, 부하들이 지휘관(자)를 신뢰할 수 없을 때는 상관에게 가졌던 모든 충성심과 존경심을 버리고 전의를 상실하게 된다.

나. 전우간의 관계와 전의(戰意)

부하들은 부대 속에 하나의 인간적 집단을 형성하게 된다. 이러한 인간관계는 전시에 전우애로 나타나며 전의에 결정적인 영향을 미치게 된다. 부대의 단결력과 전투력의 발휘는 전우애로부터 나오는 힘에 의해 크게 좌우된다. 공포가 휩쓰는 전투상황 속에서 병사는 옆에 있는 전우를 보고 힘을 얻게 된다.

이러한 힘은 서로의 일체감에서 비롯되며 전우의 고통, 슬픔, 기쁨, 성공, 실패는 곧 나 자신의 것이 되며, 전우는 나의 존재와 마찬가지가 된다. 전투 중 이러한 전우관계는 극한상황 속의 병사들에게 안정감을 주고 전의를 북돋우는데 큰 영향을 미치게 된다.

지휘관(자)는 평소 부하들이 진정한 전우애를 갖도록 팀웍을 개발하고 지도해야 한다.

전장에서 전우애의 중요성

제2차 세계대전 중 1944년 12월 아르덴느 전투에서 미군의 낙오병들이 보여준 행동은 병사들이 전우관계가 없는 조직 속에서는 전투의지를 상실한다는 사실을 입증하고 있다, 독일군의 공세에 밀려 후퇴 중이던 미군의 낙오병들은 새로운 부대에 합류하여 방어 임무를 맡게 되었다.

낙오병들은 음식을 먹고 약간의 휴식을 취한 다음 전선으로 배치되었으며 적의 공격이 시작되었을 때 후방으로 도주하여 안전한 곳을 찾기에 급급하였다. 그들을 알아주고 의지할 수 있는 전우가 없는 곳에서 전투의욕을 발휘할 수 없었던 것이다.

반면 분대별, 소대별 건제를 유지한 채 본대에서 낙오된 병력들은 새로운 부대에 합류해서도 훌륭히 싸웠다. 그들은 기대 이상으로 용감히 전투임무를 수행하였다. 그들에게는 분대와 소대 안에 자신과 고통을 같이 나누고 자신을 지켜 줄 전우가 있었기 때문에 전의(戰意)를 잃지 않고 유지할 수 있었던 것이다.

또한 미군 부상자는 다음과 같이 말하였다. “우리들은 서로 의지하였다. 우리는 전우가 적탄에 맞아 쓰러지게 내버려두지 않았다. 전우가 죽느니 차라리 자기 자신이 죽는 게 더 낫다고 생각하였다. 이것이 우리들을 당황하거나 불안하지 않게 해주는데 큰 힘이 되었던 것이다."

제5절 전장에서의 각종 심리현상과 극복대책

전장 환경은 끊임없이 생명을 위협하고 피로와 고통을 강요한다. 아무도 자신의 장래를 예견할 수 없기 때문에 여러 가지 정신적인 스트레스를 받기 마련이다. 때문에 전장에는 전장특유의 심리현상이 나타나게 되고 이는 직·간접적으로 전투력 발휘에 지대한 영향을 주게 된다.

전장에서 나타나는 심리현상

- 필승의 신념과 패전의식의 공존
- 유언비어
- 지각능력의 저하
- 동화의식 확산
- 공 포
- 공 황
- 가치기준의 하락
- 전투 피로증

1. 필승의 신념과 패전의식의 공존

가. 필승의 신념

필승의 신념이란 싸움에서 승리할 수 있는 자신감으로서 신념은 행동을 지배한다. 필승의 신념은 지휘관(자) 대한 신뢰와 적보다 우수한 전투장비 등의 신뢰를 통하여 얻게 된다.

(1) 지휘관(자)에 대한 신뢰

부하는 항상 지휘관(자)를 판단할 수 있는 능력을 가지고 있다. 부하들이 '우리 지휘관은 탁월한 능력을 구비하고 있어 부대를 조금도 불필요한 행동이나 수고를 하지 않도록 해준다. 따라서 우리에게 헛된 죽음을 당하게 하지 않는다.'라고 확신하면 여기에 이상적인 신뢰가 형성된다. 즉 '나는 이러한 지휘관의 부하가 됨으로써 믿고 따를 수 있으며 그 지휘관의 부하가 된 것이 자랑스러우며 그 지휘관 밑에서는 나의 진가를 완전하게 발휘할 수 있다.' 라고 생각했을 경우에 이성과 감정을 초월한 신뢰가 생기는 것이며 이는 필승에 대한 신념을 갖게 되는 중요한 계기가 된다.

(2) 우수한 전투장비에 대한 신뢰

전투장비가 적보다 정교하거나 우수한 경우 이에 대한 신뢰감이 생기며 병사들은 자신감을 가지고 전투에 임할 수 있다. 이와 같은 전투장비에 대한 신뢰는 곧 부대와 지휘관(자)에 대한 신뢰를 구축하는데 긍정적인 영향을 준다.

나. 패전의식

(1) 패전의식의 발생원인

'승리는 그것을 확신하는 자에게 돌아가고, 패전은 장수가 스스로 패배를 자인하는 데서 생긴다.'라는 말이 있다. 패전의식은 일반적으로 적의 기습으로 뜻밖의 충격을 받았을 경우나 후퇴명령을 받았을 경우 그리고 전세(戰勢)가 극도로 불리해 질 경우 나타난다.

(2) 패전의식 극복방법

부하들이 패전의식을 갖게 된 경우에는 무엇보다도 상하간의 신뢰를 회복하는 것이 최우선 과제이다. 왜냐하면 비록 패전의식을 느끼고 있는 경우라도 상하 또는 동료 간 신뢰가 구축되어 필승의 신념을 가지면 이를 극복해 낼 수 있기 때문이다.

따라서 지휘관(자)는 전장에서 많은 병력의 손실로 인하여 부하들이 패전을 의식하고 있을 경우에 병력을 보충하는 것도 필요하지만 그보다 먼저 상호간의 신뢰감을 회복하고 강화시켜야 한다.

2. 공포

공포(恐怖)란 어떤 위험을 예견하거나 또는 직면할 때 자신의 능력으로 이를 감당하기 어렵다는 것을 감지함으로써 발생되는 위축되고 두려움을 느끼는 감정이다. 전장에서의 정서 상태는 평시에 비해 격렬하며 극한상황에서 장시간 생명의 위협을 겪게 되면 누구나 태연할 수 없으며 평소 대담한 사람이라도 언제 불안과 공포상태에 빠질지 모른다.

공포는 전장에서 나타나는 일반적인 반응으로서 위험에 대한 본능과 감정의 종합적 결과이며 너무나도 당연한 현상이다. 그러나 이러한 공포를 적절히 통제하지 못할 경우에는 전의가 상실되고 전투력을 발휘할 수 없게 된다.

가. 공포의 원인

전투 시 많은 병사들이 갖는 불안과 공포의 원인은 전투 그 자체와 전투에서의 패배보다는 자신의 죽음이나 부상, 무기 및 탄약의 부족, 예기치 못한 적의 기습에 더 크게 기인한다.

특히 생명에 대한 애착심이 강하거나 생명을 희생해도 좋을 만큼 정당하고 가치 있는 이유를 갖지 못한 사람일수록 공포심은 더 커지게 된다.

또한 예기치 못한 기습을 받았을 때에는 심리적인 균형이 깨어져 적절한 대응책을 강구하지 못하고 공포에 떨며 우왕좌왕하게 된다. 대부분의 기습이 소수의 병력에 의하여 이루어지면서도 우세한 적을 격멸할 수 있는 것은 바로 적의 심리적인 균형을 파괴하고 공포에 몰아넣을 수 있기 때문이다.

나. 공포의 통제와 극복

공포를 안다는 사실만으로는 전투 시 공포를 완전하게 없앨 수는 없다. 그러므로 지휘관(자)는 평소에 실전과 같은 교육훈련을 통하게 부하에게 공포를 유발할 수 있는 위험을 경험하게 하고 예측하게 함으로써 공포를 극복할 수 있는 능력을 갖게 해주어야 한다.

공포의 통제와 극복방법

- 공포의 느낌에 대한 공개적인 집단토의를 실시하라.
- 당면한 사태에 대한 지식과 정보를 알려 주라.
- 침착한 행동과 유머를 사용하여 분위기를 전환하라.
- 끊임없는 활동을 하도록 하여 공포를 억제할 수 있도록 하라.
- 전우간의 접촉기회를 많이 갖게 하라.
- 도덕적, 종교적 신념을 바탕으로 사생관을 확립하도록 하라.

3. 유언비어

유언비어(流言蜚語)란 전혀 근거가 없거나 어느 정도 근거가 있더라도 터무니없이 왜곡, 과장되어 전파되는 출처미상의 소문이다. 유언비어는 부대의 계획을 수포로 돌아가게 만들고 사기를 저하시키며 심한 경우에는 공황과 패배감을 초래하여 패전의식에 휩싸이게 하므로 철저히 단속해야 한다.

가. 유언비어의 발생원인

부하들은 자신들이 관심 있는 것에 대하여 알고자 하며, 잘 모르는 상황에 대한 관심이 클수록 더 많은 정보를 요구하게 된다. 그러나 상황이 급박해지면 정상적인 의사소통의 통로가 막히기 때문에 그들은 기대하는 만큼의 충분한 정보를 제공받지 못하게 된다.

따라서 부하들은 알고 싶은 것이나 의혹이 가는 것에 대하여 자기 나름대로 가능한 수단을 통하여 알고자 하나 정보가 불충분하기 때문에 필연적으로 헛소문에 쉽게 현혹되게 된다.

유언비어의 발생원인

- 적의 의도적인 계획일 수도 있다.
- 불안, 불만, 좌절, 권태에 의해 발생된다.
- 상상이나 추측에 의해서도 발생한다.
- 사실을 전달하는 적절한 방법이 없을 때 발생한다.
- 어느 정도 자기의 기대와 욕구가 일치할 때 발생되며 확대된다.

나. 유언비어의 통제방법

전장에서 장병들은 억압된 욕구불만이나 공통적인 희망사항 등을 유언비어를 통하여 발산하려는 경향이 있다. 또한 이러한 유언비어를 가능한 신속하고 광범위하게 퍼뜨리려는 시도가 반복되고 지속되기 때문에 그것을 믿지 않는 장병들까지도 쉽게 사실로 받아들이게 된다.

따라서 효과적으로 유언비어를 통제하는 방법은 그 내용을 정확히 확인하여 원인을 제거하는 것이다. 특히 유언비어는 적의 대정보 활동에 따라 고의적으로 조작되어 파급될 수 있다는 사실을 간과해서는 안 된다.

효과적인 유언비어의 통제방법

- 부하에게 수시로 상황을 알려 주어라.
- 장차 해야 할 일을 알려 주어라.
- 불안과 욕구불만의 요인을 사전에 제거하라.
- 유포되고 있는 유언비어는 진실성 여부를 확인하여 공개하라.
- 지휘관(자)에 대한 부하들의 신뢰감을 제고하라.
- 부대활동을 활성화 하라.

4. 공황

공황(恐慌)은 극단적인 공포에 의해 야기되는 집단적인 도피행동이다. 공황 상태에 빠지게 되면 극도의 이상 흥분으로 꼼짝도 하지 않고 그 자리에 멍하니 서 있거나 갑자기 전열(戰列)을 이탈하여 도망치거나 일정한 방향감각도 없이 자신의 생존을 위한 본능에 따라 움직인다. 공황의 동기는 생존을 위협하는 어떤 자극에 대한 공포감정이다.

공황은 그 행동이 극히 충동적이고 전염성이 강해서 옆에 있는 다른 전우들까지 쉽게 말려들게 됨으로써 조직전체에 확산되어 부대를 파멸의 수렁으로 몰아넣게 된다.

가. 공황발생의 원인

개인의 안전에 영향을 주는 공포, 불안, 분노 등을 느껴 심리적으로 긴장되었을 경우 어떤 계기가 되는 사건이 발생하기만 하면 즉각 공황으로 전이(轉移)된다.

또한 일단 공황이 발생하면 옆에 있던 전우까지도 이에 합세하게 되어 기하급수적으로 확대되기 쉽다. 긴장이 고조되어 있을 경우 사소한 사건이 바로 공황의 실마리가 될 수 있다.

공황 발생의 영향 요인

- 물리적인 원인: 기후조건(혹한, 혹서), 무기 및 탄약의 부족
- 생리적인 원인: 기아, 질병, 갈증, 피로, 수면부족 등
- 정서적인 원인: 지속적인 긴장 상황, 상황의 불확실성, 전황에 대한 무지, 정신적인 고립감 등.
- 사기저하 원인: 지휘통솔자에 대한 불신, 군기의 해이, 계속되는 후퇴, 모순된 명령, 지휘통솔자의 상실

나. 공황의 억제 방법

공황을 억제하는데 있어서 무엇보다도 필요한 것은 공황에 빠지지 않는 의연한 지휘관(자)이다. 지휘관(자)는 공황에 빠진 병사들에게 분명하고 차분하게 임무를 지시하는 등 침착한 행동을 보여 줌으로써 그들의 행동을 통제할 수 있다.

공황의 억제방법

- 평소 강한 훈련과 사기를 유지하여 자신감을 갖도록 하라.
- 공황의 징후가 나타나면 즉각적이고 결정적인 조치를 취하라.
- 의연한 자세를 갖고 지휘관(자)가 부하와 함께 있다는 사실을 알게 하라.
- 지휘관(자)의 진두지휘와 침착성, 용기, 결단으로 위기를 극복하라.
- 전투이탈자가 생기면 이를 차단하고 처벌하라.

현리지구 전투의 공황

한국전쟁 중인 1951년 5월 중공군의 제2차 춘계공세 시 강원도 인제 지역을 방어 중이던 국군 제3군단은 중공군 2개 군과 북한군 3개 사단의 공격을 받고 방어에 실패한 후 하진부리까지 철수하였다.

이때 아 3군단 정면으로 공격하던 중공군의 일부병력(약 1개 중대 100여명)이 서 측방으로 침투하여 군단의 주보급로인 '오마치고개'를 차단하자 대부대에 의해 포위된 것으로 판단한 군단은 철수로를 돌파하려 하였으나 실패하였다. 적 포탄이 집결된 부대위에 떨어지자 순식간에 지휘체계가 와해되고 장교가 계급장을 떼고 도주하는 등 급격한 사기저하와 극심한 공황상태에 빠져 무질서하게 철수하면서 많은 병력손실과 더불어 주요장비를 대부분 유기한 채 산악을 따라 60km를 후퇴하였다.

적 1개 중대에 의한 차단으로 1개 군단이 공황에 빠지게 됨으로써 동부지역에 대규모의 돌파구를 허용하였고, 3군단이 해체되는 결과를 가져 왔다.

5. 지각(知覺)능력의 저하

전장에서 겪는 과도한 피로와 수면 부족, 그리고 흥분과 긴장은 감각기관의 기능과 판단력을 저하시킨다.

작렬하는 포탄의 섬광과 폭음은 시각과 청각에 자극을 주어 지각기능을 저하시키며 순간적으로 기능을 마비시키기도 한다. 또한 격렬한 활동에 의한 피로와 밀려오는 수면은 전체적인 신체의 기능과 감각기관을 마비시켜 주의를 집중할 수 없도록 하며 판단력을 흐리게 한다.

지각능력 저하 방지 방법

- 눈의 피로를 방지하고 주·야간 관측능력을 향상시켜라.
- 각종 소리를 식별할 수 있는 청각능력을 향상시켜라.
- 각종 냄새를 식별할 수 있도록 후각능력을 향상시켜라.

6. 가치기준(價値基準)의 하락

가치는 개인의 주관에 의하여 어떤 대상을 인식하고 평가하는 일정한 태도를 말한다. 이러한 가치기준은 생사의 갈림이 교차하는 전장 속에서 정상적인 상태로 존재하지 않으며, 상황의 변화에 따라 쉽게 하락되게 한다.

가치기준의 하락은 장래를 생각하지 않고, 눈앞의 쾌락을 추구하므로 강간이나 약탈 등 전시범죄가 늘어나게 한다.

가치기준의 하락 예방 대책

- 바람직한 국가관, 가치관 등을 갖도록 지도하라.
- 건전한 행동규범과 윤리의식을 함양시켜라.
- 바람직한 삶의 태도를 솔선수범을 통하여 제시해 주어라.
- 규정과 방침을 명확히 인식하고 상·벌을 엄격히 적용하라.
- 개인과 부대에 대한 긍지를 갖게 하여 전우 간 단결심을 앙양(昂揚)시켜라.
- 공포, 불안, 유언비어, 공황 등의 발생 원인을 제거하라.

7. 동화(同化)의식 확산

동화란 질이 서로 다른 것이 감화나 영향을 받아 동일하게 되는 현상이다. 다른 사람에 의하여 전달된 생각이나 신념에 영향을 받아 감화되거나 또는 논리적 근거가 없음에도 불구하고 무비판적으로 받아들여 동화되는 경우도 있다.

인간은 본능적으로 육체적으로나 정신적으로 홀로 있는 것을 두려워하기 때문에 단체의 감정이나 분위기에 쉽게 동조하게 된다. 동화의식이 확산되면 합리적으로 자신의 행동을 결정하지 못하기 때문에 주위의 감정에 쉽게 동화된다.

어느 한 병사의 비겁한 행동이나 겁을 먹는 태도는 쉽게 전염되어 부대 전체의 사기를 떨어뜨리고 전의(戰意)를 상실케 하며 경우에 따라서는 전투 공황으로 발전될 수도 있다.

따라서 지휘관(자)는 동화의식이 확산되지 않도록 조치하되 이는 평소부터 훈련을 통해서 예방해야 한다.

동화의식 확산 방지 방법

- 긴장을 풀고 의식적으로 여유를 가지고 생각이나 판단을 할 수 있도록 하라.
- 자기 소신을 분명하게 피력할 수 있도록 교육하라.
- 진실과 허구를 판별할 수 있는 비판능력을 길러 주어라.
- 논리적인 사고(思考)과정을 연습시켜라.
- 편견이나 선입관 등의 고정관념을 배제토록 교육하라.
- 새로운 정보나 지식을 부여해주고 많은 경험을 쌓도록 하라.

8. 전투피로증

전투피로증이란 전투에 참여 후 때때로 나타나는 매우 극단적인 형태의 정서반응으로 이는 대개 어려운 임무를 끝낸 후에 나타난다.

전투피로증의 초기 증상은 정서적 민감성, 수면장애 및 과장된 반응으로 나타나지만 때로는 심한 전율, 침묵, 환각, 히스테리성 실명(失明), 혼미상태와 통제할 수 없는 정도의 공포로 나타나기도 한다.

피로가 심해지면 신경계통의 기능이 약화되어 모든 일에 흥미를 잃게 되고 행동은 거의 기계적이 되며, 나아가 비관주의에 빠져 기본적인 자기 몸의 관리까지도 등한시함으로써 많은 사상자를 발생하게 한다. 한마디로 피로는 장병들을 비능률적으로 만들며 전투력을 약화시키는 주된 원인이 된다.

따라서 지휘관(자)는 전장에서 이러한 정신적, 육체적인 피로로 인하여 전투력이 약화되지 않도록 적절한 조취를 취하여야 한다.

전투피로 방지 및 회복 대책

- 적절한 시기에 전투부대의 임무를 교대시켜라.
- 전투력 보존을 위하여 전투근무지원을 원활히 해 주어라.
- 적절한 휴식 대책을 강구하라.
- 합리적인 명령과 지시로 불필요한 활동을 억제시켜라.
- 정신적, 도덕적 신념을 불러 일으켜라.
- 인내심이나 극기력을 길러 주어라.
- 적절한 문화 활동을 통하여 정서적인 안정감을 갖도록 해 주어라.

제6절 전승을 위한 리더십

현대전은 전·후방 동시전투가 전개되면서 전장의 종심이 깊어지고 전투의 치열성과 속도가 빨라지게 되었다. 이러한 전장상황에서 자칫 부하에 대한 관리가 소홀해져 발생하는 누적된 전투 스트레스는 전투력 발휘에 영향을 줄 뿐만 아니라, 전투의지의 약화로 이어질 수 있다.

따라서 지휘관(자)는 이와 같은 스트레스에 의한 부하의 전장심리 변화를 이해하고 평시부터 체계적으로 대응할 수 있는 계획을 수립, 시행해야 한다.

전투 투입 전에 중점적으로 실시해야 할 전장 적응훈련은 다음과 같다.

- 강력한 지휘체계 확립
- 현장지휘
- 독단활용
- 전투 스트레스 관리
- 공포와 공황(恐慌)의 통제
- 명확한 지휘관 의도 전파
- 통합전투력 운용
- 전장군기 확립
- 사상자 처리
- 적 심리전 방어

1. 강력한 지휘체계 확립

전투 시에는 상황의 불확실성이나 통신두절에 의한 심리적인 동요 그리고 불안등으로 평시보다 전장군기 확립을 위한 강력한 지휘체계의 확립이 더욱 요구된다. 즉 명령계통의 유지와 상명하복의 임무수행 자세 면에서 지휘체계가 확립되지 않았을 경우에 전투력을 응집시킬 수 없으며 나아가 임무수행이 어렵게 된다.

따라서 지휘관(자)는 평시에 모든 명령이나 지시를 지휘계통을 통하여 하달하고, 업무의 처리나 보고도 지휘계통을 통해 조치하도록 습관화시킴으로써 강력한 지휘체계를 확립해야 한다.

2. 명확한 지휘관 의도 전파

전장에서 계획대로 상황이 진전되는 경우는 극히 드물며, 전투간 차후 전개될 상황을 정확하게 예상한다는 것은 쉬운 일이 아니다. 이러한 불확실한 상황에서 지휘관들은 예하 부대원들에게 가능한 한 명확하게 지휘관 의도를 전파해야만 작전의 성공을 보장할 수 있다.

지휘관 의도는 예하부대 및 부하에게 목적, 동기부여, 방향 등을 제공하며 부대임무의 전반적인 목적과 예상되는 결과를 포함한다. 또한 지휘관 의도는 지침이 되고, 한계를 설정해 주며, 부대를 승리로 이끌어 가는데 필요한 원동력을 발휘하기도 한다.

지휘관은 자신의 의도를 부대 내에 충분히 전달하고 명확히 이해시켜야 한다. 전투를 준비함에 있어서 지휘관 의도는 명확하고 간단해야 하며, 이러한 지휘관 의도를 확인하는 수단으로서는 철저한 예행연습, 우발사태에 대한 계획수립 그리고 임무수행에 대한 계획보고 등이 있다. 이러한 것들은 구성원간의 협조된 행동을 보장하고 계획이 잘못되었을 경우에는 적절한 시정을 가능하게 하며, 우발사태 발생 시 반응시간을 줄일 수 있다.

걸프전시 미 7군단의 신속한 추격 작전

1991년 2월 25일 05:30에 이라크 수비대 메디나사단과 타와칼나사단이 그들의 최초방어 진지로부터 10km를 이동하여 새로운 방어진지를 구축하고 있었다.

7군단장 「프랭크스」 중장은 작전참모인 「체리」 대령과 의논하여 군단의 전진 방향을 우측으로 전환하기로 하고, 기갑수색연대를 선도 공격 엄호부대로, 3개 사단을 병진대형으로 하여 수비대를 공격하기로 결심하였다.

군단에서는 공화국 수비대가 취할 수 있는 행동을 예상하고 다양한 우발계획을 수립해 놓고 있었다. 「프랭크스」 중장은 작전 개시일 전에 예하사단 지휘관 및 참모들과 함께 다양한 계획과 우발계획을 수립하고 워게임과 사판장에서 예행연습도 해 두었다.

최종 작전명령은 그날 오후 16:00에 하달되었으며 「프랭크스」 중장은 즉각 전방의 각 사단 지휘부로 가서 투명도를 이용하여 한 번 더 상세하게 작전명령을 설명하고 방향전환에 대한 지휘관의도를 밝혔다. 이때 전투지경선이 조정되었고, 간접 화력지원 요구는 즉시 조치되었다.

26일 여명에 1,3기갑사단, 보병 1사단 그리고 2기갑 수색연대는 광활한 사막에서 동시에 이동하여 우측으로 방향을 전환한 다음, 병진대형으로 이라크군을 공격하였다. 26일 10시 25분에 「프랭크스」 중장은 '27일 일몰시까지는 지역 내 공화국 수비대를 격멸'하도록 명령하였으며, 이에 따라서 작전의 속도(Tempo)가 명확하게 정해졌다. 27일 오후 세시쯤 되어서는 메디나사단과 타와칼나사단의 1,2차 방어선이 붕괴되었고 7군단은 완전 추격단계에 돌입하였다.

전술 상황변화에 이와 같이 신속하게 대응할 수 있었던 것은 기본 작전계획 외에도 여러 가지의 우발계획을 만들고 그에 대한 예행연습을 미리 해 두었기 때문이었다. 사단장들은 군단장 의도와 단편명령의 내용을 완전히 이해하고 있었기 때문에 일단 명령을 접수한 후에는 7군단의 호기가 사라지기 전에 전술적 호기를 최대한 이용하여 지체 없이 추격할 수 있었다.

3. 현장 지휘

지휘관은 주 결전장의 전투현장에 가능한 직접 위치하여 지휘를 해야 한다. 이는 전투상황을 직접 파악할 수 있을 뿐만 아니라 예하부대로 하여금 자신의 의도 및 개념을 보다 성공적으로 수행할 수 있도록 보장하는 한편 부하들이 지휘관을 직접 볼 수 있게 함으로써 자신에 대한 신뢰감을 심어주고 사기를 앙양시키는 데 있다.

지휘관은 전투현장에서 예하 지휘관(자) 및 병사들과 접촉함으로써 그들의 사기, 건강 등과 전투상황을 정확히 파악하고, 전투력의 통합운용을 위한 신속한 결심과 적시 적절한 조취를 취해야 한다.

그러나 지휘관은 자신이 전투현장에 위치하여 지휘하는 근본적인 이유를 망각하고 현장부대 지휘관의 지휘권 행사를 간섭하려 해서는 안 된다.

백마고지 전투 시 김영선 소령의 진두지휘

백마고지 전투가 한창이던 1952년 10월 중순 9사단 30연대 1대대(대대장 소령 김영선)는 백마고지 주봉인 364고지 방어 임무를 부여받고 3대대의 10, 11중대를 배속 받아 11중대를 전초로 배치하여 방어를 실시하였다.

적은 전초중대에 대한 공격을 시작으로 수차례 걸친 파상공격을 실시하여 우측의 10중대 지역부터 돌파하기 시작했고 후속부대를 투입하여 돌파구 확장을 시도하였다.

적의 치열한 포사격으로 유·무선이 모두 두절되어 중대 상황을 알 수 없게 되자 대대장은 당번병 1명만을 대동하고 전방 중대를 순회하며 장병들을 격려하고 작전을 지도했다.

상황이 급박한 가운데도 대대장의 출현으로 사기가 높아졌으며 여기저기서 "대대장님이 오셨다"라는 소리가 들려왔다. 전초중대인 11중대가 무질서하게 철수하자 대대장은 현장에서 이를 재편성하고 사주방어 진지를 편성하여 방어를 강화하였다.

적의 공격이 계속되고 부상자가 속출하였으나 대대장의 현장지휘에 고무(鼓舞)된 부상자들까지 전우와 같이 싸우다 죽겠다고 후송을 거부하면서 밤새 용감하게 싸웠다. 날이 밝자 적은 시체 1,000여구와 각종 소총 200여정을 유기한 채 퇴각하였다.

대대장은 상황이 불명확하고 위험한 전투현장에서 결정적인 시기와 장소에 위치하여 각 중대를 순회하며 부하들을 격려하고 작전을 지도함으로써 부하들의 사기를 오르게 하고 부대를 단결시켜 전투를 승리로 이끌 수 있었다.

4. 통합전투력 운용

전투를 직접 실시하는 대대 및 중대급 부대들을 적절히 편성하여 필요한 시간과 장소에 투입시켜 각종 전투에서 싸워 이길 수 있도록 조치하는 것은 상급제대 지휘관들의 책임이다.

전투에서 승리하려면 전투력의 집중 운용이 이루어져야 하며, 또한 제 전장기능 및 제병협동부대를 통합 운용할 수 있는 능력이 있어야 한다. 통합전투력운용은 결정적인 시간 및 장소에서 적보다 상대적으로 전투력의 우위를 달성하기 위하여 시·공간 그리고 효과 면에서 제작전 요소를 조정, 통합하는 것을 의미한다.

5. 독단활동

장차전의 양상은 전·후방 동시 전장화 및 비선형 전투가 이루어질 것이므로 분권화 작전수행은 불가피하다. 전투상황은 계획대로 진전되지 않으며, 사전에 수립된 계획은 상황변화에 적시 적절히 대응할 수 없을 경우가 많다. 이러한 경우 지휘관은 상황변화에 맞는 새로운 명령에 의거 부대를 지휘하여야 하나 여러 가지 이유로 명령을 수령할 수 없는 상황이 발생할 수도 있다. 이때 독단 활용이 필요하게 된다.

지휘관(자)는 상황변화에 적시에 적절히 대응하기 위해 독단활용을 평시부터 숙달하여야 한다. 특히 통신두절 등으로 재 결심을 받을 수 없는 경우, 상황 상 독단행동을 하지 않으면 안 되는 경우에 지휘관(자)는 상급지휘관의 의도에 부합된 범위 내에서 건전한 판단과 사고로 독단적으로 작전을 실시하고 결과에 대해 책임을 질 각오를 해야 한다.

평시 상급지휘관이 지나친 간섭을 하게 되면 예하 지휘관(자)는 상관의 눈치와 지시만 기다리는 소극적인 태도를 갖게 되어 창의성이나 자주성, 책임감이 부족하여 독창적이고 자율적인 행동을 할 수 없게 된다. 따라서 상급 지휘관은 하급 지휘관(자)를 신뢰하는 가운데 그들 스스로 할 수 있는 일에 대하여 간섭을 삼가고 권한을 과감히 위임하여 자율성을 허용하되 그 결과에 대한 책임도 감수할 줄 아는 독단활용의 분위기를 조성해 주어야 한다.

걸프전시 4기병여단 대대장의 독단행동

1991년 2월 27일 미 보병 제1사단은 이라크 정예 공화국수비내를 완전히 궤멸시키기 위해 북동쪽으로 공격을 계속했다. 사단은 「밥 윌슨」(Bob wilson) 중령이 지휘하는 4기병여단 1대대에 사단예하 타 부대들과 병진공격하여 바스라–쿠웨이트시 간 감제고지를 탈취하도록 명령을 하달하였다. 군단장과 사단장의 의도는 쿠웨이트로부터 이라크군의 퇴로를 봉쇄하는 것이었다.

대대가 바스라–쿠웨이트시 간 고속도로에 접근해감에 따라 사단 전술지휘소 및 인접부대들과의 통신이 잘 안되기 시작했다. 대대의 A중대는 고속도로가 보이는 곳까지 전진해 갔으며 이들은 이라크군 기갑차량들이 북쪽으로 이동하고 있다고 보고해 왔다. 대대는 이를 사단 전술지휘소 및 최기 인접여단에 보고하려고 애를 썼다. 그러나 거리가 너무 떨어져서 어디와도 무선교신이 되지 않았다.

「윌슨」 중령은 어려운 결심을 하지 않을 수 없게 되었다. 우군의 증원이 있을지 없을지도 모르고, 증원이 있다 하더라도 언제 될지도 모르는 상황에서 만일 그가 도로를 차단한다면 이라크 부대에 의해 자기부대가 궤멸될 위험도 있었다.

반면 통신소통을 하고 우군부대의 위치를 찾는데 시간을 소비하여 차단작전이 지연된다면 더 많은 이라크군이 탈출하고 말 것이었다.

선택의 기로에 서 있을 때 군단장 및 사단장의 의도가 머리를 스쳐 지나갔다. 기회는 지금이고 선택방안은 분명했다. 대대장은 공격하여 도로를 차단하고 방어진지를 편성하라는 명령을 하달하였다. 이로부터 몇 시간 동안 대대는 2,000여명의 이라크군을 포로로 획득하고 다수의 적 기갑차량을 파괴하였으며, 결국 지휘관의 의도를 충족시켰다.

당시 「윌슨」 중령은 전장에서 사단장의 지휘의도를 충족시킬 수 있는 전술적 결심을 할 때 혹시라도 자신의 독단적이고 공세적인 조치 때문에 꾸지람을 듣거나 처벌을 받지 않을까 하는 걱정을 한 적이 없었다. 지휘관이면 누구나 자기의 부대 내에 이러한 정도의 상호 신뢰풍토를 구축하는데 목표를 두어야 할 것이다.

6. 전장군기 확립

전장군기란 전장에서 야기되는 각종 범법행위나 부적절한 행동을 통제하여 질서를 확립시키는 제반조치 및 활동이다. 전장군기가 문란해질 경우 지휘체계가 확립되지 않으며, 이성을 잃은 각종 범법행위가 만연되고 적에게 아군의 작전기도를 노출시켜 임무수행에 결정적인 장애요인이 된다.

전장군기 확립은 자발적인 복종심을 유발하고 행동을 자제하며 질서정연한 부대활동을 할 수 있도록 보장해 줌으로써 전투에서 승리할 수 있는 바탕을 마련해 준다. 이를 위하여 지휘관(자)는 평시부터 교육훈련이나 내무생활을 통하여 전장군기가 확립될 수 있도록 제법규를 철저히 준수시키고 개인행동을 적절히 통제해야 한다.

7. 전투 스트레스(Stress) 관리

평소 일상생활은 물론 전장에서도 적당한 스트레스는 오히려 효율과 능률을 향상시키는 자극제의 역할을 한다. 그러나 전장에서는 사소한 두려움, 초조 및 공포 때문에 육체적, 심리적인 최악의 스트레스를 겪게 된다. 이를 위하여 지휘관(자)는 부하들의 복지를 도모하고 부하들에게 긴장을 완화시키는 방법 등 스트레스를 해소시킬 수 있는 방법을 숙달해야 한다.

특히, 스트레스는 자신감과 사기가 높을 때 감소된다. 또한 자신감은 지휘관(자)에 대한 신뢰와 자기가 받은 훈련에 대한 자신감, 소속부대에 대한 믿음, 그리고 보유한 장비에 대한 신뢰 등이 복합적으로 작용하여 형성된다. 따라서 지휘관(자)는 효과적인 스트레스 관리계획을 작전의 전 단계에 걸쳐 수립하여 시행해야 한다.

8. 사상자 처리

전장에서 사상자 처리는 전투에 참가한 병사의 사기는 물론 후방에 있는 국민들에게도 지대한 영향을 주게 되므로 신중하게 처리하고 예우해야 한다.

사상자는 가능한 신속하고 정중히게 처리하고 행방불명된 사상자는 최선의 노력을 경주하여 찾아야 한다.

따라서 지휘관(자)는 평시 골육지정(骨肉之情)에 의한 전우애를 발휘토록 강조하고, 전장에서 전사상자 발생 시 인간의 존엄성을 바탕으로 한 취급요령과 조치요령을 교육시켜야 한다.

9. 공포와 공황의 통제

전장의 각종 소음과 섬광, 죽음에 대한 두려움 그리고 상황의 불확실성과 적에 의한 위협 등은 불안과 공포를 유발시키고 극심한 육체적, 정신적인 소모를 강요한다. 이러한 현상이 지속되면 공황(恐慌)이 발생하여 임무수행이 곤란해진다.

따라서 지휘관(자)는 평소 실전과 같은 전장실상을 묘사하여 훈련시킴으로써 전투시의 공포를 경험시켜 이를 극복할 수 있도록 해야 한다.

10. 적 심리전 방어

전장에서 집요하고 교묘한 적의 심리전 활동을 차단하지 못하면 아군의 전투의지에 막대한 손상을 초래하여 패배의 원인이 될 수 있다.

따라서 지휘관(자)는 적의 방송을 청취하는 행위를 금지시키고 적이 살포한 전단을 수거하여 허위선전이나 유언비어에 현혹되지 않도록 적절한 통제대책을 강구함은 물론 적의 심리전에 이용될 수 있는 요인이 없는가를 확인하여 제거해야 한다.

또한 장병들에게 적의 심리전과 유언비어에 대한 사례를 소개시켜 그들 스스로가 방어하고 차단할 수 있는 능력을 갖추도록 해 주어야 한다.

제7절 역사상 성공적 전투지휘 사례

1. 도덕적 용기를 발휘한 지휘관

도덕적 용기란 불의 및 부정과 타협하지 않고 옳지 않은 유혹을 과감히 물리치는 지조(志操)이며 정의(正義)를 구현하기 위하여 행동하는 힘이다.

따라서 지휘관은 자신의 지성(知性)과 냉철한 판단에 입각하여 행동해야 한다. 전투 시 전장상황을 올바르게 판단하여 자신의 안전에 집착하지 않고 더욱 위험한 임무를 스스로 찾아서 행(行)하는 도덕적 용기는 지휘관이 구현할 수 있는 책임감의 중요한 요소이다.

중대장「바버」(Barber) 대위의 도덕적 용기

한국 전쟁 시 중공군 개입 직후 미 제1해병사단이 함경남도 장진호 서편 유담리로부터 흥남까지 약 100km 이상의 철수작전을 감행 중 탁동 통로 확보 임무를 부여받은 미군 F중대(중대장「바버」대위)가 보여준 무용담이다.

F중대는 3마일 가량이나 되는 긴 소로를 방어하기 위해 방어진지를 구축하였다. 방어해야 될 소로는 포위되어 있는 약 8천명의 해병대와 해안으로 후퇴중인 미군 주력부대와의 연결을 의미하는 것이었기 때문에 그 중요성은 엄청난 것이었다.

중공군은 예상대로 야음을 이용 약 1개 연대 병력으로 공격을 해왔지만 사기 충전한「바버」대위 예하의 중대원들은 7시간의 격렬한 사투 끝에 중공군을 격퇴시키는데 성공하였다.

전투 간「바버」대위는 절박한 상황 속에서 공중지원이 있어야만 진지를 사수할 수 있겠다고 상부에 보고하였으나 오히려 상부로부터 후퇴중인 병력과 합류할 수 있도록 즉각 철수하라는 명령을 받게 되었다.「바버」대위는 이러한 철수가 유담리에 갇혀 있는 약 8천명의 해병대를 고립시키고 하갈우리에 있는 약 3천명의 다른 해병대가 본대와 합류하는데도 막대한 지장을 가져올 것이라고 생각하였다.「바버」대위는 명령의 변경을 건의하기로 하고 대내징과 무전교신을 시도했으나 교신이 되질 않았다.「바버」대위는 자기중대의 철수가 우군에 미칠 모든 위험을 숙고한 다음 이 탁동 통로를 최후까지 사수할 것을 결심하였다. 그는 후퇴명령의 거부로 후에 어떠한 처벌을 받더라도 우선 유담리에 갇혀 있는 해병들을 구출해야 한다고 확신한 것이다.

중대장은 절박한 상황 속에서도 부하들의 초인적 의지력과 행동을 불러일으키고자 격려하며 적의 모든 공격을 성공적으로 방어해냈고 사단이 죽음의 포위로부터 무사히 후퇴하는데 결정적인 공헌을 세운 것이다.

2. 과단성(果斷性)으로 난군을 극복한 지휘관

지휘관은 혼란에 빠진 전투 상황 하에서는 물론 필요에 따라 언제, 어떠한 상황에서도 치밀한 판단과 결단력으로 올바르게 결심하여 명령과 지시를 해야 한다. 따라서 지휘관은 가능한 한 정확한 정보를 수집하고 예상치 않았던 상황이 발생하였을 경우 짧은 시간에 결단을 내릴 수 있도록 준비해야 한다.

공세로서 위기를 승리로 역전시킨 임표(林彪)

1929년 6월 정강산을 방어하기 위해 진군하던 홍군부대는 목표 정상에 이미 국부군의 대부대가 진을 치고 있는 것을 보고는 더 이상 갈수가 없는 난처한 상황이 되었으며 배후로부터는 국부군의 주력이 공격해 오고 있었다. 이런 상황 하에서 간부들을 모두 집합시켜 놓고 철퇴하느냐, 공격하느냐의 의견이 분분할 때 제1대대장 임표 소좌가 다음과 같이 소리쳤다.

"여러분 적이 뒤로부터 공격해 오면 우리는 정면의 적을 격파하여 뒤의 적으로부터 우리의 후방을 지키면 되지 않습니까?"라고 하면서 적을 과감하게 격파하는 것만이 승리를 쟁취하는 유일한 방법이라고 역설하였다.

임표군의 병력은 열세였으며 화력은 매우 부족한 상태였다. 산 정상에 배치되어 있는 국부군은 병력상으로 임표군의 2~3배, 화력에 있어서도 수배 이상이나 되는 것 같았다. '이렇게 지극히 불리한 형세를 어떻게 극복할 수 없을까?' 고심한 끝에 소규모 단위 결사조에 의한 돌격방식을 고안해 냈다. 240명의 용사를 뽑아 24명씩 10개 돌격조를 편성하였으며 또한 24인은 다시 3인, 5인, 7인, 9인으로 나누어 기관총과 창, 소총 등으로 무장시켜서 야간기습을 단행함으로써 국부군 진지를 격파하고자 한 것이다. 국부군의 휴식시간과 경계가 허술한 틈을 이용하여 결사대는 10개조로 나누어 동시에 맹공격을 가했다.

국부군은 대부대의 기습을 받았다고 생각하여 총도 내버린 채 급히 패주하였으며 전세는 일변하여 후방에서 공격해 오던 국부군은 도리어 측면을 협격당하는 꼴이 되었다. 좁은 산길에서 치열한 백병전으로 국부군의 주력은 창으로 찔리거나 벼랑, 낭떠러지에 떨어져 궤멸되었다.

이 정강산 전투로 임표의 위명(威名)은 높아졌으며, 1935년 11월 대장정을 끝낼 무렵에는 28세에 중장이 되어 홍군의 제1군단장이 되었다.

3. 고도의 용기를 발휘한 지휘관

용기는 전장의 공포심을 최소화하고 희망이 거의 없는 악조건 하에서도 이를 극복하고 전투에서 승리해야 하는 지휘관의 정신적 기본요소이다.

전장에서 지휘관은 몸을 도사리지 않고 부하들에게 앞장서는 용기로써 전투의지를 보여 주어야 하며 그러한 지휘관의 행동에 의하여 부하들의 신뢰와 사기는 높아진다.

「엘스톱」(Elstob) 중령의 군인정신과 용기

1918년 3월 영국군 만체스터연대의 제16대대장 「엘스톱」 중령은 적의 강력한 포격이 영국군의 진지를 뒤엎은 상황 속에서 자신의 안전을 돌보지 않고 고지를 오가며 부하들을 격려하였다. 이러한 그의 노력에도 불구하고 적의 계속되는 공격은 영국군의 방어선을 위협하기 시작했다.

그는 이러한 위기에 직면하여 자신이 휴대하고 있던 화기로 직접 적에게 여러 차례 사격을 계속하였다. 얼마 후 탄약이 고갈되자 그는 빗발치는 적의 탄환을 뚫고 고지를 오르내리며 탄약 공급을 직접 지휘하였다. 계속된 전투에서 두 차례에 걸쳐 입은 부상에도 불구하고 「엘스톱」 중령은 숭고한 모범적 행동으로 부하들의 감투정신을 고취시켰다.

만체스터 고지는 적의 파상공격으로 완전히 포위되어 절망적인 상황에 처하게 되었지만 대대장은 연대장에게 "우리 16대대는 만체스터 고지를 최후까지 사수할 것입니다."라고 자신 있게 보고하였다.

압도적으로 우세한 적에게 만체스터 고지는 결국 함락되었지만 대대장의 전투 중에 보인 감투정신은 영국군의 전통 속에 영원히 살아남아 있다.

4. 냉정과 침착으로써 위기를 극복한 지휘관

위험에 직면할 때 인간은 누구나 정도의 차이가 있을 뿐 공포와 불안을 느끼게 된다. 그러나 부하들이 불안과 두려움에 떨며 사기를 잃어 가고 있을 때 지휘관도 그들과 같이 동요하거나 불안과 초조의 빛을 띠어서는 안 된다. 지휘관은 어떠한 상황에서도 침착하고 여유가 있는 모습을 부하들에게 보임으로써 그들이 '자기가 처해 있는 상황이 그렇게 두려워 할 정도는 아니다'라는 확신을 갖게 해야 한다.

침착한 태도로 부하들의 동요를 막아낸 중대장

제1차 세계대전이 한창이던 1916년 8월 독일군의 한 중대는 동맹군인 오스트리아군 전선을 강화토록 명령을 받고 커다란 오두막집에 도착하여 밤을 지새우게 되었다. 날이 밝자 러시아군은 오두막에서 얼마 떨어지지 않은 오스트리아군 진지를 향해 맹렬한 포격을 가하기 시작했다.

러시아군이 발사하는 포탄이 오두막 근처에도 떨어지기 시작하자 중대원들은 불안과 공포를 느끼기 시작하였다. 적의 포탄에 희생이 될 것을 두려워 한 중대원들은 중대장에게 오두막에서 빨리 떠나자고 요구하였다.

그러나 예비진지의 노출을 불리하게 판단한 중대장은 이러한 부하들의 요구를 묵살하였고, 이에 부하들은 불만을 토로하고 점차 침착성을 잃고 동요하기 시작했다.

이때 중대장은 태연한 자신의 모습을 극적인 행동으로 부하들에게 보여야 할 필요성을 절감하였다. 그는 중대 이발병을 불러오게 한 다음 포탄이 날아오는 곳을 향하여 등을 돌리고 태연자약하게 머리를 깎기 시작했다. 이를 본 중대원들은 중대장이 머리를 깎을 수 있는 상황이라면 그들이 우려하는 만큼 그렇게 위험하지 않다는 느낌을 갖게 되었다.

중대원들은 불안 속에 끊어졌던 대화를 서로 나누기 시작하고, 카드놀이도 하는 등 분위기는 삽시간에 호전되었다. 이제 적의 포탄에 신경을 쓰는 병사는 더 이상 없게 되었다. 결국 2명의 병사가 부상을 당했지만 되찾은 병사들의 사기는 결코 침체되지 않았다.

5. 인기에 영합(迎合)하지 않은 지휘관

지휘관은 전투에서의 승리와 동시에 부하의 안전을 도모하는 등 부대 전체에 대한 성패의 일체를 책임지게 되므로 자신의 위치와 행동에 확고한 신념을 가지고 임무완수에 전념해야 한다.

부하들의 기호에 맞춰서 업무를 부여하는 소심한 지휘관, 일시적인 인기와 불평에 동요하는 지휘관의 태도는 책임을 망각한 행동이며 유사시 자신과 부하들의 생명을 보장할 수 없다.

사단장의 '새벽 대기'

제 2차 세계대전 당시 「클라크」 장군이 사단을 지휘하게 되었을 때 이른 새벽녘에 모든 병사들을 기상시켜 완전군장을 갖추게 하고 전투태세를 취하도록 명령을 내렸다. 분대 이상의 제대로부터 상황과 경계보고가 들어오고 적의 기습공격 징후가 없을 때에야 아침식사를 시작하고 하루일과를 개시케 하였다.

「새벽대기」에 대해 불평들이 많았으며 보초근무나 야간작업을 한 자에 대해서는 「새벽대기」에서 제외해 달라는 요구가 들어왔지만 단호히 거절했다.

인기 없는 이 매일 매일의 「새벽대기」는 계속되었는데 예상한 대로 어느 날 새벽 기습해 온 적 기갑여단의 공격을 이미 전투준비태세를 유지하고 있던 제37 기갑대대가 강력한 반격으로 적을 패주케 하였다.

특히 사령부 장병들은 이 「새벽대기」에 대해 사단사령부가 접적지역에서 떨어져 있다는 이유로 불평이 많았었다. 그러나 어느 날 새벽에 발생한 전투의 승리는 불평을 일축해 버렸다.

어느 날 새벽, 사령부 지역으로 5대의 적 전차가 기습 공격해 왔다. 그러나 사령부 모든 장병들은 이미 「새벽대기」에 들어가 완전군장을 갖추고 방어진지에 투입되어 있었으며 모든 화기도, 통신상태도 완벽했었다.

기습한 적 전차에 대해 대전차포는 즉시 불을 뿜었으며 3대의 적 전차를 파괴하였다. 완벽한 반격에 혼비백산한 2대의 적 전차는 도주하고 말았다. 이 전투의 승리에 대해 사령부 전 장병은 흥분하였는데 한 병사는 접전하였을 때 추호도

당황하지 않은 우군의 완벽함에 사기 백배했었다고 토로하였다.

이 전투 이후로는 완전군장을 갖추고 정 위치에서 전투준비태세에 완벽을 기하는 「새벽대기」에 대한 불평은 완전히 사라졌다.

병사들을 자신의 자식처럼 여겨라. 그러면 그들은 깊고 험한 계곡이라도 그대를 따를 것이다. 그들을 소중한 자식같이 보살펴라. 그러면 죽음을 무릅쓰고 그대 옆에 있을 것이다.

그러나 관대하기만 하여 지휘관의 권위를 상실한다든가, 순수하기만 해서 지휘통솔을 제대로 못하거나, 더욱이 무질서를 바로잡을 능력이 없을 때는 병사들은 버린 자식처럼 아무 쓸모도 없게 된다.

–손자 —

참고문헌

국방부(2004), 군대윤리(간부 정신교육교재)

국방연구소(2001), 21세기 한국군 리더십 육성방안

육군리더십센터(2007), 리더십교재(초군 및 고군반)

육군본부(2003), 지휘통솔 그 실제와 본질

김남현외(2001), 리더십, 경문사

박유진(2007), 현대사회의 조직과 리더십, 양서각

박흥렬(2005), 지휘통솔 소고

신응섭외(2002), 리더십의 이론과 실제, 학지사

육군본부(2004), 야교6-0-1, 지휘통솔

육군본부(2006), 인간중심 리더십에 기반을 둔 임무형지휘

박기복(2000), 이슈 리더십, 창민사

국방대학교(2005), 병영문화 혁신을 위한 분대장 리더십교육 프로그램

오섬록외(1999), 한국군 리더십, 박영사

국방대학교(2001-2005), 한국군 리더십(1-5권)

육군본부(2006), 교참8-17, 부대관리 Know-How

육군본부(2007), 미야교 6-22, 미육군리더십(초안)

김상현(1996), 21세기 변화하는 환경에 부응한 군리더십 연구, 건국대

김종화(1997), 군 환경변화에 따른 지휘통솔방향 연구, 국방정신연구원

남기덕(1995),한국군 지휘통솔의 현재와 미래, 육사

육군사관학교(1993), 군대 지휘통솔

이영민(1991), 장병 의식구조변화와 신 지휘통솔, 정인사

황의돈(1998), 리더십 발전방향, 교육사

육군본부(2008), 교참8-7-19, 리더십교육 프로그램

about the Authors

남 기 봉

육군사관학교 졸업
경남대 행정대학원 북한학 석사
육군 보병 대령 예편
현 연성대학교 군사학과 교수

신 상 우

육군3사관학교 졸업
육군대학 정규과정 졸업
육군보병학교 전술학교관 근무
육군 보병 중령 예편
경희대 경영대학원 경영학 석사
현 연성대학교 군사학과 초빙교수